懷孕・生產

大百科

いちばんよくわかる 妊娠・出産

監修／
木下勝之
成城木下病院理事長

U0047941

變化・成長一覽表

	2個月	3個月	4個月	5個月
懷孕週數	4・5・6・7	8・9・10・11	12・13・14・15	16・17・18・19
定期產檢	← 2週1次 →		← 4週1次 →	

即將成為母親的身體

身體・心理的變化

害喜
便秘
心情焦躁・容易哭泣

害喜症狀開始會慢慢緩解
不管會不會害喜，都要為了肚子裡的寶寶放鬆心情、開心地過日子！

特別注意！

☑藥
建構寶寶身體基礎的關鍵時期，如果可能懷孕，務必要注意自己服用的藥物。

☑脫水
害喜時不太需要擔心營養流失，不過要是連水分都無法攝取時，會有脫水的疑慮，請與醫師討論。

☑飲食過量
害喜終於結束，食慾會突然變得很好。記得要養成營養均衡的飲食習慣！

享受孕期！

真緊張！第一次產檢
如果透過驗孕得知自己懷孕了，就盡早去醫院做詳細的檢查！第一次產檢是否緊張又期待？

害喜很不舒服還是盡量嘗試吃東西
只要不是害喜得太嚴重，還是應該多少吃一點東西。如果有「突然超想吃某種東西」的感覺，也能成為有趣的回憶呢！

複習一下營養均衡知識吧！
等到害喜告一段落，就以營養均衡為前提為自己準備三餐吧！不妨回想看看以前學習過的營養知識。

身體狀況OK時與先生一起散步吧！
可以做些運動了。但原本就不擅長運動的人也不需要勉強，不妨與丈夫散步聊關於寶寶的話題。

肚子裡的寶寶

胎兒的身體五感發育

身高：約9～14mm
體重：1～4g左右
約1顆葡萄大

身高：約60mm
體重：20g左右
約1顆草莓大

身高：約17mm
體重：100g左右
約1顆奇異果大

身高：約25cm
體重：270～300g左右
約1顆蘋果大

主要器官都是在懷孕初期形成
心臟最早開始成形，大約在6～8週時便能確認寶寶的心跳。接下來肺部、眼睛、耳朵、手臂、腿部等也會急速成長，不過，各器官要能開始運作還要再等一陣子。各器官、臟器剛開始形成，是非常重要的時期。

外生殖器逐漸成形
大約在第8週時會開始形成口部，牙齦部位也差不多是這時期開始形成，但實際長牙則會在出生後半年左右。外生殖器也逐漸成形，性別則是在受精的那一瞬間就決定了。

感覺與動作也開始成長
寶寶的眼睛開始能感覺到光線，腿部也能自由地伸展。不僅身體長大、活動力也變強了，可能可以感受到胎動。手腳的指甲也開始生長。

胎盤已經完成進入「穩定期」
胎盤的機能已經完全發揮功效，可以持續不斷地輸送氧氣與營養給寶寶，寶寶會一下子變大許多。

從得知懷孕的當下、到真正分娩的那一天，懷有身孕的母體與胎兒都一點一滴地成長中。
透過這份一覽表，來看看自己現在正處於什麼狀態吧！

6個月	**7**個月	**8**個月	**9**個月	**10**個月
20・21・22・23	24・25・26・27	28・29・30・31	32・33・34・35	36・37・38・39・40・41・42

◄─── 2週1次 ───► ◄ 每週1次 ►

胎動
便秘

腰痛

對生產的不安

恥骨痛

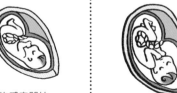

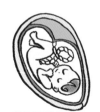
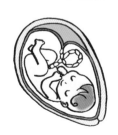
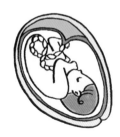

享受孕期生活的最佳時期

最能樂在其中的時期，在不過於勉強自己的範圍內，好好享受這段時間吧！

就快要見到寶寶了！懷孕後期是當媽媽的預備期

雖然快見到寶寶了，但心裡也會開始感到不安。一邊想像著即將誕生的寶寶，期待當天到來吧！

☑ **避免運動過度**

是身體狀況最好的時期，但千萬不可以過於勉強，別忘了自己的肚子裡面還有小寶寶！

☑ **浮腫**

子宮變得越來越大，連帶壓迫到下半身的血液循環，讓下肢容易浮腫。多躺著多休息吧！

☑ **早產**

有不少寶寶選在還差一點點就足月的此時誕生。要多多注意自己身體的變化，撐到37週之後會比較理想。

出門旅行、享受胎動的感覺

出門旅行也是不錯的主意。開始能感覺到明顯的胎動，設法讓自己每天都有一段寧靜的時光享受胎動吧！

先將生產必備物品準備周全

趁著現在肚子還不算太大時，先去買好生產時需要使用的東西吧！就算不急著全部買齊，也可以先看看，以備不時之需。

趁現在享受穿孕婦裝的樂趣！

雖然被說看不出來是孕婦的感覺很不錯，不過也只有現在才能驕傲地展示越來越大的肚子。趁現在穿上幸福滿滿的孕婦裝吧！

可以開始列出待產包清單

上班的孕婦，可以考慮開始休產假，認真準備寶寶的誕生了。除了購買必備物品外，也可以準備待產包並構想寶寶的名字了！

不管何時分娩都OK！超過預產期時請多走路、活動身體

為了讓自己在37～41週下寶寶，必須適度地活動身體，即使是原先有早產疑慮的人，也可以稍微運動一下了。

身高：約30cm	身高：約32～36cm	身高：約40～41cm	身高：約45cm	身高：約48～50cm
體重：500～660g左右	體重：800～1000g左右	體重：1500～1700g左右	體重：2000～2400g左右	體重：3100g左右
約2顆橘子大	約1個哈密瓜大	約3顆梨子大	約1顆鳳梨大	約1顆西瓜大

寶寶的感官開始越來越發達

寶寶可以聽見聲音，也能記住常常聽見的聲音。雖然還在肚子裡，卻已經可以感覺到許多事情了，媽媽應該盡量讓自己不要有太多壓力。

寶寶在肚子裡大動作揮舞

子宮裡面的空間相對來說還算大，因此寶寶可以自由自在地活動身體、手舞足蹈，媽媽可以確實感受到寶寶的胎動。

胎動漸漸變少

全身幾乎都已經生長完成，就算寶寶提前誕生，也可以適應外面的世界了。平常動來動去、經常變換位置的寶寶，到了30週左右就約有96%已經頭位朝下了。

胎動漸漸規律

寶寶大約以20分鐘為循環或睡或醒，也會開始打嗝。

寶寶已經做好誕生準備

五官及皮下脂肪都已經生長健全，也準備好利用肺部呼吸了！

順利度過陣痛的順產流程表

初產婦 ◀
經產婦 ◀

START

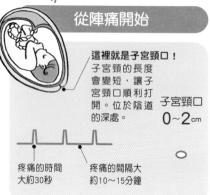

從陣痛開始

這裡就是子宮頸口！
子宮頸的長度會變短，讓子宮頸口順利打開。位於陰道的深處。

子宮頸口
0～2cm

疼痛的時間大約30秒

疼痛的間隔大約10～15分鐘

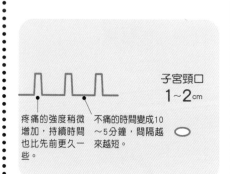

子宮頸口
1～2cm

疼痛的強度稍微增加，持續時間也比先前更久一些。

不痛的時間變成10～5分鐘，間隔越來越短。

● 一開始的陣痛不會很強烈。
● 腰部緊繃感也屬於陣痛的一種。
● 如果感覺到規律性的腰痛，這就是陣痛。
● 一開始的陣痛通常沒有規律性，可再多觀察一陣子。

究竟何時該聯繫醫院，其實因人而異。可於接近預產期的定期產檢時，詳細詢問醫師自己該在何時前往醫院比較好。一般來說，通常都是當陣痛間隔達到10分鐘1次時，不過也有間隔15分鐘的例子。

從落紅開始

卵膜開始從子宮剝落時會出血，這就是所謂的落紅。有些人的落紅呈現粉紅色的分泌物狀、也有些人會像是生理期第2天般的出血。要是出血過多又停不下來，有可能不是落紅，而是別的原因出血，請立即與醫院聯繫。

● 陣痛出現規律性。
● 陣痛的間隔越來越短。
● 前往醫院的時間點，會受到醫院離自家的距離遠近、以及是否為第一次生產的影響。
● 盡量在家裡放鬆休息，到時候生產也會比較順利。
● 在家裡享受最後一次的泡澡時光吧！

從破水開始

● 羊水有可能大量流出，也有可能像是少量漏尿般的一點點破水。
● 如果是漏尿，可以自己控制停止，但如果是破水則無法控制。
● 不能光以氣味來判斷是否為羊水。
● 先以乾淨的毛巾或產褥墊墊住，立刻與醫院聯繫。

哦！又開始痛了！

接近分娩時，有可能會突然破水，可在家裡準備幾條乾淨的浴巾備用。

破水注意事項

● 為了避免感染，破水後不可泡澡或沖澡。
● 盡量不要有太大動作，最好橫躺休息。
● 搭車時躺在後座，小心地前往醫院。
● 肚子不可出力。

終於來到分娩的這一天了！陣痛究竟會強到什麼樣的程度？
分娩到底要花多少時間？先了解關於分娩的流程，到時候就能比較安心。

等待子宮頸口張開的時間

10~12小時
4~6小時

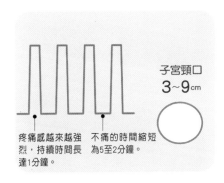

子宮頸口
3~9cm

疼痛感越來越強烈，持續時間長達1分鐘。

不痛的時間縮短為5至2分鐘。

- 肚子彷彿緊縮起來般地疼痛。感覺骨盆被撐開來的痛。
- 陣痛間隔時，較不感到疼痛，好好把握間隔時間休息吧！
- 就算很想用力，在子宮頸口完全打開之前也必須忍耐，不可用力。
- 比起一直臥床休息，不如讓身體多動一動，找到比較舒服的姿勢。

疼痛難耐時可以試試看下列方法！

集中精神吐氣，就可以避免浪費力氣。	以盤腿姿勢坐下，讓胎頭比較容易下降。	蜷曲上半身並側躺，可減輕疼痛感。
採取貓式動作，減低臀部所受到的壓力。	坐在椅子上抱著椅背、或靠在椅背上休息，讓上半身放輕鬆。	抱著抱枕或枕頭，可以增加安全感。
溫暖腳踝與腰部，減緩血液循環不佳所導致的疼痛。	站起來扭動、伸展腰部，能減緩腰部的疼痛感。	刺激三陰交的穴道，緩和疼痛感。
請別人幫忙按摩腰部，舒緩疼痛感。	請人幫忙摩擦手臂或大腿，釋放多餘的緊張感。	藉由握住某樣東西，將自己從疼痛的感覺中抽離。
嗅聞喜歡的香氛精油，讓自己放鬆。	發出聲音、與人對話，可讓心情變得比較輕鬆。	看看家人的照片或護身符，讓自己重新獲得力量。
用一顆球抵住在肛門部位，減輕想用力的感覺。	用球抵住大腿根部按摩。	用扇子搧搧風，讓頭腦冷靜下來。
以冰涼的毛巾擦臉，讓心情重新振作起來。	依照護理師的建議試試看！	

當陣痛逐漸變弱時試試看下列方法！

鼓勵自己不要害怕陣痛	四處走一走，**幫助寶寶往下降**。	試著深蹲，**幫助寶寶往下降**。
吃點東西、喝點飲料，讓自己恢復體力。	在陣痛的間隔時間稍微睡一下，才能養精蓄銳。	在心裡默念：好想快一點見到寶寶！

屏氣用力階段		寶寶誕生之後	
初產婦 ← **2~3**小時 →		← **15~30**分鐘 →	
經產婦 ← **1~1.5**小時 →		← **10~20**分鐘 →	

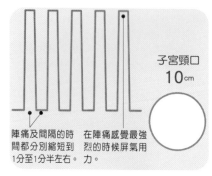

子宮頸口
10cm

陣痛及間隔的時
間都分別縮短到
1分至1分半左右。

在陣痛感覺最強
烈的時候屏氣用
力。

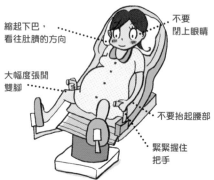

縮起下巴，
看往肚臍的方向

不要
閉上眼睛

大幅度張開
雙腳

不要抬起腰部

緊緊握住
把手

● 彷彿想上大號般的感覺來襲時，往肚子
的方向用力。
● 在最用力的時候，屏住氣息用盡全力。
● 等到陣痛的間隔時間，盡量放盡氣力，
大口深呼吸讓自己放輕鬆。

所謂的自由體位分娩，指的是以跪位、蹲位、
俯臥位、趴位等姿勢進行分娩，只要是產婦
本人感覺最輕鬆的姿勢即可。不過，儘管有
各種姿勢，其共通點是腰部不可抬起、腿部
必須大幅度張開，以及保持眼睛張開。

（在胎兒的頭已經隱隱約約露出來、還沒縮
回產道的時間點，可能會於屏氣用力最強
烈的瞬間剪開會陰部位。）

胎兒頭部出來之後

● 不需再屏氣用力，肚子也可以放輕鬆。
● 可以用短淺的呼吸讓自己放鬆。
● 由於胎頭是最大的部位，只要頭出來了，
身體一下子就可以出來。

媽媽與寶寶的初次見面

● 等待胎盤完整娩出。
● 如果有剪開會陰部位，必須縫合。
● 子宮為了要復元，會引起產後痛。

由下列幾點
確認寶寶的健康程度！

□ 是否有在呼吸
□ 皮膚的顏色
□ 心跳次數
□ 對刺激是否有反應
□ 肌肉是否緊縮

寶寶出生後，醫師會針對以上幾個重點做
Apgar分數評估，確認寶寶的健康程度。
將各項目的分數合計之後，分數越高的寶
寶越健康。確認完畢如果沒有問題的話，
再測量寶寶的體重‧身高，育兒生活就揭
開序幕囉！

生產是
懷孕的終點，
卻也是育兒的
起點！

懷孕・生產 大百科 目錄

〔序幕〕
原來懷孕就是這麼一回事！

Part 1
懷孕中的身體正持續產生變化

Part 2
讓自己盡情 享受懷孕生活吧！

Part 6
為了順產
必須做的準備

Part 5
令人困擾的
孕期小毛病

Part 7
立即開始育兒、產後的身體恢復

最完整的懷孕與生產知識書

文／**林禹宏** 新光醫院不孕症中心主任・輔仁大學醫學院副教授

　　台灣已經進入少子化的時代，不過現代人雖然生的少，對生育品質的要求卻越來越高。

　　為了讓下一代贏在起跑點上，許多準父母可以說是費盡心思，舉凡各種維它命、保健食品、胎教音樂等，不一而足。站在婦產科醫師的立場，為了孕育出優秀的下一代，最重要的是早日生育。因為年紀越大，精、卵的品質、尤其是卵子，就逐漸走下坡，不僅生育能力下降、寶寶產生缺陷的機會也比較高。另一方面，孕婦在懷孕中也比較容易產生併發症。其次準備懷孕後就要遠離有害物質如菸、酒、等，攝取均衡營養、保持心情愉快、定期產前檢查。另外，醫學界目前也提供許多自費的檢查，可以提早發現胎兒的缺陷。

　　在這個知識爆炸的時代，除了傳統的書籍和雜誌，網路上充斥著許多專家或網友提供的知識或個人經驗，反而讓一般民眾眼花撩亂，無所適從。這本《懷孕・生產大百科》是日本知名出版社主婦之友社編輯，以文字配合圖解說明，內容涵蓋了懷孕前的準備、胎兒的發育、孕婦的生理變化、懷孕中的不適與處理、生產的過程、產後的調養、新生兒的照顧等，尤其對懷孕和生產有非常詳細的說明，不僅一般民眾可以從這本書得到完整的有關懷孕與生產的知識，甚至對專業的醫護人員也有參考價值。

　　此外，雖然一般翻譯的書籍常有語意不通順的毛病，這本書卻完全沒有這個問題，可見編輯群非常用心。本人很樂意向讀者推薦本書。

原來懷孕就是
這麼一回事！

此刻，肚子裡正開始上演著名為「懷孕」的一齣電影。
寶寶究竟是以什麼樣的方式，在肚子裡漸漸長大呢？
一起來看看從現在開始到分娩為止，妳的身體即將會出現的變化吧！

懷孕時的子宮
會變成什麼樣呢？

最近生理期遲遲還沒來……

總覺得對什麼都提不起勁，好像感冒了。

會不會可能是懷孕了？

無論是一直在期待懷孕的人、

還是意外發現懷孕的人，

一旦察覺到自己懷孕的當下，

其實身體裡早就開始起了變化。

此時，子宮裡正上演著天翻地覆的劇情。

肚子裡的寶寶究竟是

如何漸漸成形、逐漸成長的呢？

懷孕時的子宮又會是

怎麼樣的狀態？

一起好好來了解吧！

寶寶在肚子裡成長的地方

子宮
以肌肉組成的袋狀組織 本體為子宮壁

子宮是以肌肉組成的袋狀組織，能如同氣球般地伸縮脹大，隨著寶寶在子宮內的成長，子宮也會越來越大，到了分娩時則會以收縮肌肉的方式，將寶寶推擠出來。

胎盤
將血液中攜帶的營養 轉換給寶寶

胎盤的作用是藉由血液輸送母體的營養給寶寶，並且轉換為寶寶利於吸收的養分。胎盤就有如過濾器一般，為寶寶隔絕有害物質，但酒精與尼古丁仍會經由胎盤影響到寶寶。

卵膜
保護寶寶與羊水的 一層堅固薄膜

雖然卵膜極薄，但是卻非常堅固，藉由尿膜、絨毛膜、羊膜這3層組織所構成，防止細菌及病毒的入侵，確實保護寶寶與羊水。

臍帶
連結母親與寶寶的 重要命脈

臍帶是連結胎盤與胎兒的管道，經由胎盤輸送的優質營養成分會通過較粗的臍靜脈提供給寶寶，而寶寶製造出的老廢物質則經由另外二條臍動脈輸送回母體。

胎兒
肚子裡的寶寶 正在一點一滴長大

在子宮內部的寶寶尚稱為胎兒，經由胎盤、臍帶獲得養分，分分秒秒都在成長。

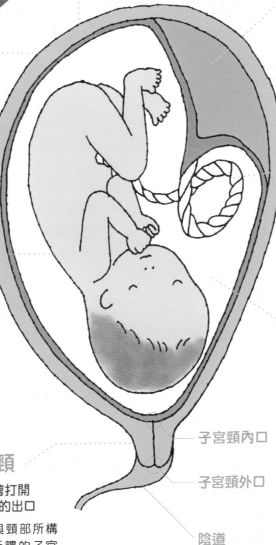

羊水
保護寶寶避免受到外界的 衝擊與影響

由寶寶的尿液及卵膜的分泌物所構成，懷胎十月的期間，寶寶就在羊水之中漂浮度日。羊水也是最佳的防護墊，保護寶寶不受到外界的衝擊與影響。

子宮頸內口

子宮頸外口

陰道

子宮頸
分娩時才會打開 是寶寶對外的出口

子宮是由腔部與頸部所構成，頸部就是所謂的子宮頸。一般來說，懷孕時的子宮頸長度大約為4cm，越接近生產的時刻、子宮頸就會漸漸縮短，因此要是距離預產期還早，但子宮頸卻縮短到2.5cm以下，就可能是早產的徵兆。

從受精、到寶寶心臟開始跳動的期間

察覺自己懷孕前身體發生的變化

從寶寶還不存在的時候開始就已經開始算是懷孕期間了

在日本，懷孕期間被認為是「十月又十天」，其實這是照陰曆的算法。陰曆是以月亮週期為28天＝1個月來計算，懷孕期間為10個月。以陽曆來算，1個月約為30天，因此在歐美，一般認為懷孕期間為9個月。話說回來，懷孕的起點究竟從何算起？答案是最後一次月經來潮的那一天，就算是懷孕的0週又0日，以這樣的算法，懷孕滿40週左右就是寶寶誕生的時刻。

雖然懷孕週數的算法，是從最後一次月經來潮的那一天開始算起，不過實際上懷孕0～1週的這段時間內，寶寶根本還不存在。如果生理期規律，在月經來潮的2週後會排卵。每當此刻，卵巢會輸送出1顆卵子到輸卵管，當卵子抵達輸卵管壺腹部時，若是遇見精子，兩者結合之後便會形成受精卵，而這就是寶寶最原始的雛形。受精卵一邊進行細胞分裂、一邊經由輸卵管前進到子宮，再鑽進準備好充分營養的子宮內膜著床才是真正的懷孕。

著床後的受精卵形成胎兒之前的期間

受精卵順利著床之後，便會在著床的部位開始紮根，

受精卵外側的絨毛與子宮蛻膜共同組成胎盤。這段期間，要是無法繼續成長的受精卵會隨著子宮內膜一起脫落，形成流產；只有能確實在著床部位紮根成長的受精卵，會急速開始細胞分裂、製造器官，成為胚胎，最終成為胎兒，寶寶就是這麼一步一步地慢慢形成。在短短的懷胎過程中，從僅僅0.2mm的單細胞卵子，變成身高近50cm的人類，真是蘊含著不可思議的神秘力量啊！

懷孕週數的計算方式

生理期一旦延遲就可能是懷孕的徵兆

雖然懷孕是從最後一次月經開始的那一天算起，不過在懷孕的前2週，子宮裡可是空空如也。實際上，要到懷孕的第4週左右，肚子裡才有寶寶的存在。

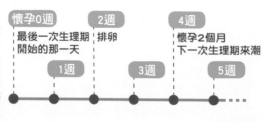

懷孕0週		2週		4週	
最後一次生理期開始的那一天		排卵		懷孕2個月下一次生理期來潮	
	1週		3週		5週

懷孕 **2** 週時

吸收其餘原始卵泡的養分後
在排卵期只會排出一顆卵子

　　在卵巢的原始卵泡，到排卵前會產生十幾個成熟的卵泡，其中的1顆卵泡會吸收其餘卵泡的養分，發育成卵子在排卵期排出卵巢。另一方面，在來自伴侶射精的數千萬個精子當中，僅有1個突破重圍生存到最後的精子，能夠衝破卵膜、進入卵子內部，一旦受精成功，卵膜就會立即關閉，不讓其他的精子再進入這顆受精卵當中。因此，組成受精卵的卵子與精子，都是歷經重重考驗脫穎而出的佼佼者。

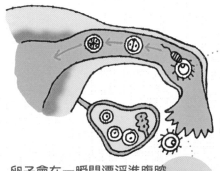

受精

卵子與精子結合
成為受精卵

在受精的那一瞬間，就會以極快的速度開始細胞分裂，並且在輸卵管中慢慢前進。

卵子會在一瞬間漂浮進腹腔
再進入輸卵管

排卵

卵巢與子宮是兩個獨立的器官，從卵巢出發的卵子，會在一瞬間漂浮進腹腔內部，再經由柔軟的輸卵管壺腹部進入輸卵管。

懷孕 **4** 週時

在輸卵管中前進的受精卵
著床於子宮腔內部

　　受精卵大約需要進行細胞分裂6～10天的時間，才能成為胚泡，慢慢移動、登陸子宮內膜，才是所謂的著床。受精卵會在登陸的子宮內膜上開始紮根，以神經細胞、脊椎、心臟、腸道等順序，慢慢發展出器官。雖然還不會察覺到自己懷孕了，但是在這個時期就必須確實攝取葉酸，而且也必須注意酒精、香菸、藥物的影響。如果是希望懷孕、或是有可能懷孕的人，平常就該多注意自己的健康狀況。

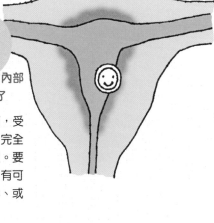

著床

如果能順利登陸子宮內部
就算是著床成功了

在狹窄的子宮腔裡面，受精卵要著床在哪裡，完全是由受精卵自行決定。要是著床的位置不佳，有可能會演變為子宮外孕、或前置胎盤等情況。

懷孕 **6～7** 週時

寶寶終於
開始有了確實的心跳

　　到了第5週，妳可能因為生理期延遲而察覺到自己懷孕了，即使如此，去醫院照超音波檢查時還是只能看到胎囊，而寶寶還藏在胎囊當中。到了第6～7週左右心臟開始跳動之後，才真正算是懷孕了。從尿液檢查得知自己懷孕，到心臟開始跳動，僅需要1週到10天左右的時間，由此能感覺到受精卵成長得有多麼快速。從受精、著床、一直到確認心跳之後，才能真正宣布：「恭喜妳已經懷孕了！」

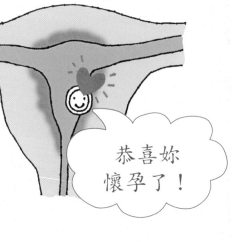

**開始有了
心跳！**

在胎囊中小小的心臟
開始確實跳動

如果開始有心跳，表示流產的危險性大大降低了，不過，在胎盤形成之前，胚胎還是處於非常不穩定的狀態。雖然在這階段不需要採取什麼特別的行動，但媽媽的首要任務就是必須讓自己過著健康的生活。

恭喜妳
懷孕了！

到誕生為止的280天內

肚子裡的寶寶
漸漸成長的過程

身體的各項機能漸漸成長
以順利適應子宮外世界

剛開始懷孕時，就算已經從卵子慢慢演變為胚胎、再進一步成為胎兒，還是沒辦法立刻在子宮外面的世界生存。除了內臟之外，胎兒還必須待在子宮內長出骨頭、肌肉、皮膚、皮下脂肪等，才能成為真正的「小寶寶」。

雖然在懷孕28週之後，寶寶於子宮外能存活的機率已經大幅提升，不過要等到37週以後寶寶才算完全成熟，於此時生產才能稱為足月產，因此，在滿37週之前，寶寶最好都要待在子宮裡好好成長發育。即使到了21世紀的今天，無論醫療再怎麼進步，還是沒有任何東西可以取代子宮這個高精密度的胎兒成長系統，只有在媽媽肚子裡，才是寶寶成長的最佳場所。

尚有咽囊與尾巴的胚胎時期

就算以超音波檢查，還是只能看到一個白色的小點而已。不過，已經可以區分頭部與身體，也已奠定了大腦、肝臟、腸胃等器官的基礎。

懷孕
2個月

懷孕
4個月

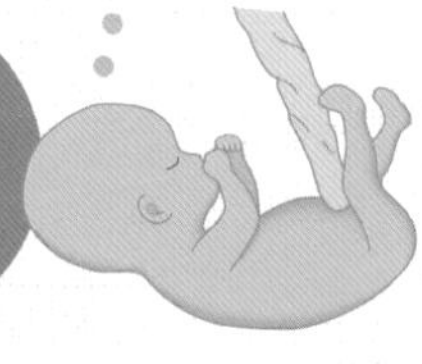

快速成長期骨頭與肌肉也漸漸發達

由絨毛組織擴張形成的胎盤正在子宮裡牢牢紮根。由於能藉由胎盤吸收充分營養，寶寶在這個階段的成長相當快速，內臟與手腳等各個器官也幾乎完成了。

懷孕
3個月

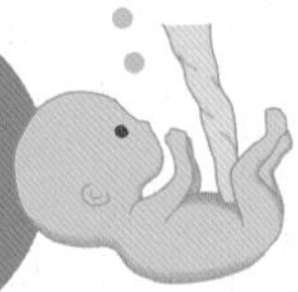

略成人形也能舞動手腳

開始逐漸長成眼睛、鼻子、舌頭、耳朵、皮膚等五官構造，腎臟也漸漸發揮作用，開始排泄、羊水也逐漸增加了、手腳也能舞動。

懷孕
10個月

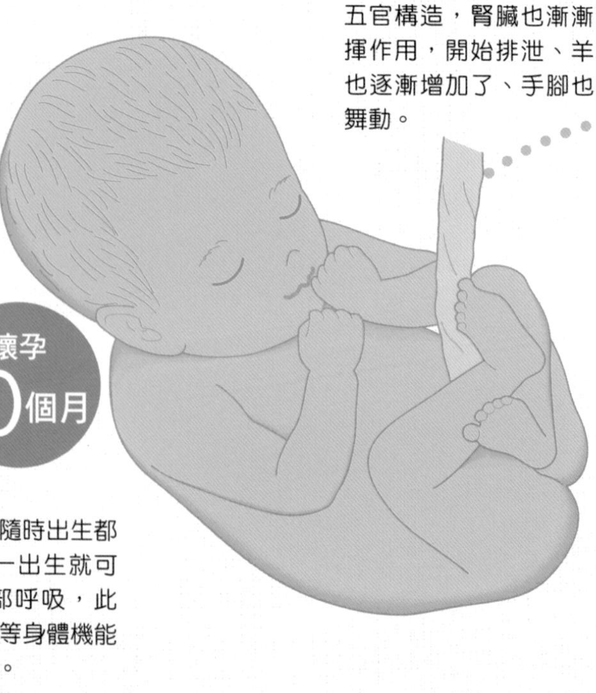

準備好吸奶一切就緒

寶寶已經成長為隨時出生都OK的狀態了。一出生就可以開始利用肺部呼吸，此外，吸奶、排便等身體機能也一切準備就緒。

心臟已分為2心房、
2心室，心跳也變強了

掌控視覺、聽覺、觸
覺的神經與前腦葉也
開始逐漸發達，可依
照自己的意識操控手
腳擺動。全身開始長
出胎毛、頭髮、眉毛
等毛髮。

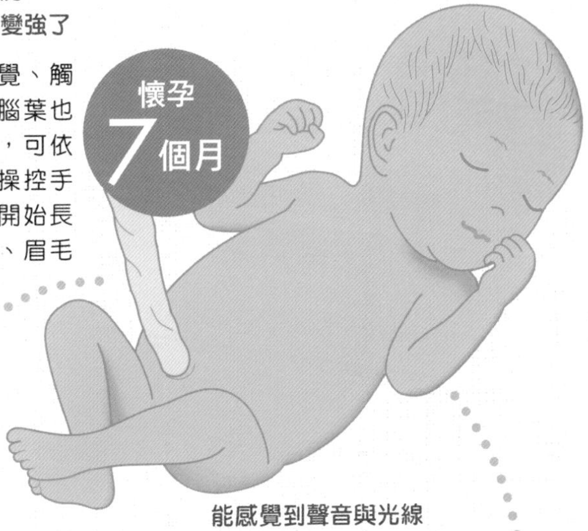

懷孕
7個月

懷孕
5個月

懷孕
6個月

能感覺到聲音與光線

掌管知覺、自主運動、思考
能力、記憶力等能力的大腦
皮質正逐漸發達，已經能夠
判別聲音、並感覺到光線。

嘴巴開開合合
開始練習呼吸

寶寶已經能在羊水之中自
由且強而有力地來回移
動。內耳已幾乎完成，可
以聽見外頭的聲音；腦細
胞的數量也幾乎底定；皮
膚呈現透明的暗紅色。

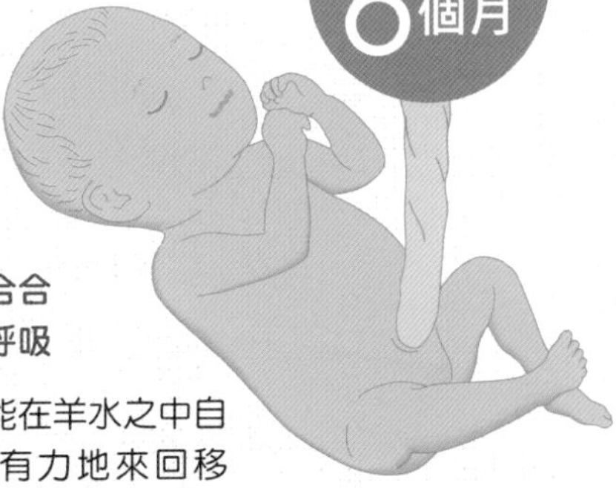

懷孕
8個月

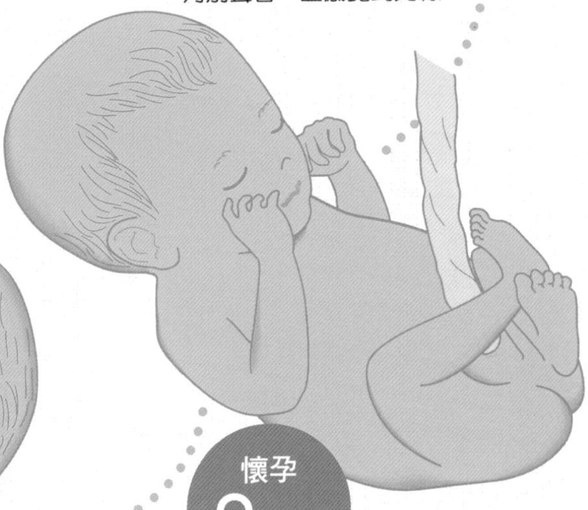

身體輪廓日漸圓潤
看起來比較像小寶寶

外觀看起來已經很接近新生兒，但肺部
機能還尚未健全。胎位朝上的寶寶到了
這時也會開始往子宮頸口的方向旋轉。

懷孕
9個月

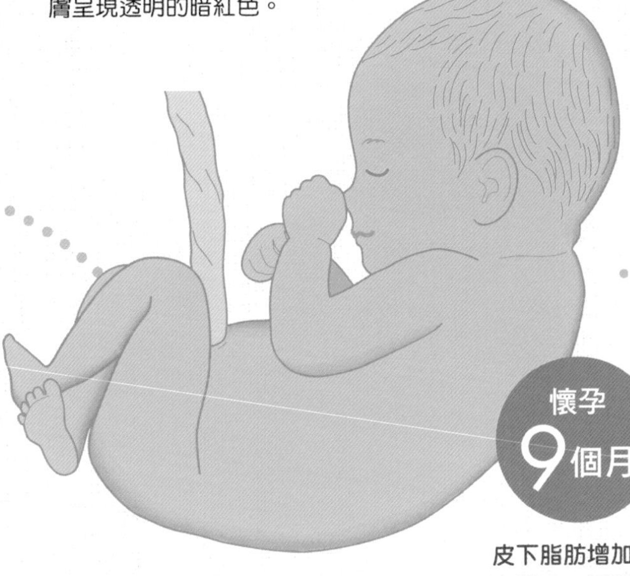

皮下脂肪增加
表情也日漸豐富

寶寶的身體機能都已幾乎完成，
就算是在子宮外面的世界也能生
存，不過，由於早產會影響到之
後的發育，因此還是必須在子宮
裡多待一陣子！

支撐著逐漸變大的子宮

媽媽的肚子裡
產生什麼變化？

隨著子宮越來越大
也會影響內臟器官

一直到分娩當天為止，子宮都會持續增大。不過，孕婦的身體無法無限擴張，這麼一來內臟自然就會受到影響。不僅是腸胃與膀胱漸漸會受到子宮重量的物理性壓迫，而且為了輸送大量血液到子宮，也會對心臟造成負擔。此外，血液的成分構成也會改變。逐漸變大的子宮也會壓迫到大靜脈，導致下半身的血液循環受到阻礙，脊椎與骨盆也會連帶受到壓迫而改變形狀；懷孕時的身體並非只是子宮漸漸變大這麼簡單，其實全身各處都會產生變化。而荷爾蒙就是令身體維持此狀態的幕後推手；由腦下垂體與胎盤所釋放出的荷爾蒙，對懷孕中的身體下了命令，讓孕婦無論是處於再怎麼不適的狀態下都能承受，並且竭力養育肚子裡的胎兒。

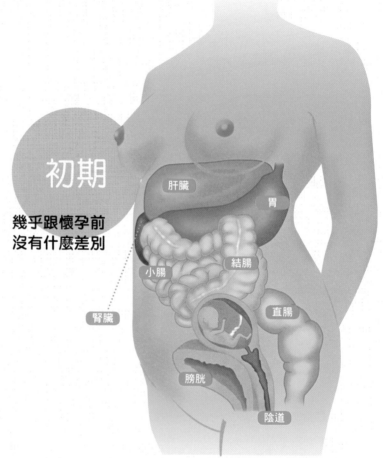

初期

幾乎跟懷孕前
沒有什麼差別

肝臟
胃
結腸
小腸
直腸
腎臟
膀胱
陰道

●支撐著子宮的圓韌帶彷彿被拉扯般的疼痛感
●有些人會為害喜所苦、有些人則不會
●由於荷爾蒙的作用，造成分泌物增加

如果光看外表，懷孕初期幾乎跟懷孕前沒什麼兩樣。不過，原本如雞蛋般大小的子宮，在這段期間內越變越大，有些人會感覺到漸漸變大的子宮壓迫到膀胱。此外，支撐著子宮的圓韌帶，也會出現彷彿被拉扯般的疼痛感。在受精卵著床時，有可能會造成些許的出血。在懷孕初期最令人難受的就屬害喜了，不過至今還是不能確定害喜的原因為何。

中期

肚子開始越變越大
會帶來便秘之類的小麻煩！

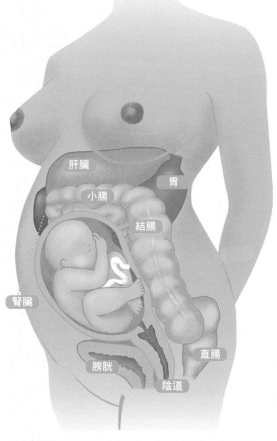

● 由於腸胃受到子宮壓迫，導致便秘、頻尿等
● 由於血流量增加了，引起母體缺鐵性貧血
● 乳頭、乳房也會發生變化

　隨著子宮越來越大，外表也看得出來是一位孕婦了；越來越大的子宮也會壓迫到其它內臟，引起便秘、腰痛、浮腫等身體不適。不僅如此，身體為了輸送血液進入子宮，母體裡的血液量會是懷孕前的大約1.3倍，可是紅血球卻無法同時增加這麼多，因此，許多孕婦都會有缺鐵性貧血的情形。

後期

胎兒壓迫到胃與膀胱
可能會出現令人難受的症狀

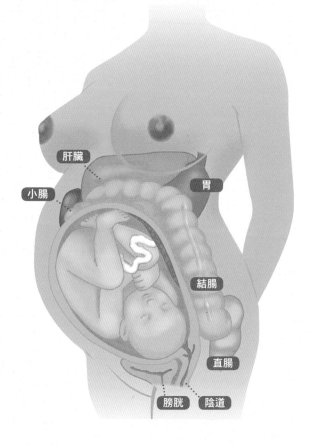

● 變得越來越頻尿，也會出現漏尿情形
● 由於子宮壓迫到胃，導致1次進食的量會減少
● 出現腰痛、痔瘡、靜脈曲張等許多下半身困擾

　體內的各個器官與骨骼都會受到如同西瓜般大小的子宮壓迫而感到不適，除了便秘、腰痛、頻尿、漏尿外，還會產生痔瘡的困擾。由於受到子宮壓迫，胃容量也變小了，1次能進食的量也會跟著減少，不過，等到接近分娩時，寶寶會往下降落，食慾可能又會開始提升。等到寶寶下降後，不僅會引起腰痛，連恥骨也會感到被左右拉扯般的疼痛。

向媽媽前輩們請益，度過愉快的懷孕時光

與周遭的親友一起開心展開育兒生活！

光是夫妻兩人無法育兒
必須借助大家的力量！

在懷胎十月的這段期間，寶寶在媽媽的肚子裡成長茁壯，看起來就像是越來越膨脹的幸福感吧！不過，在媽媽的心中可能也會出現各種不安與煩惱，不知道自己是否能平安度過分娩的難關、產後是否能順利育兒。

無論是誰，在剛開始成為母親時都是一樣的不安，要消除心中的不安，最佳的方式還是積極去了解有關懷孕的一切大小事。雖然任何事都是沒有親身經歷過、無法了解實情，不過，在經歷那些之前先好好預習、問問看前輩們如何解決難題，光是這麼做就可以讓自己感覺安心許多。就算無法真正解決

妳遇到的難題，只要知道「其實大家都是如此」，說不定就能讓妳卸下心頭的重擔，感覺輕鬆不少。

在以前的社會，婆婆媽媽、親戚、鄰居等都會幫忙一起養育小孩，在農村裡，1名嬰兒就可以借助多達30人的力量共同撫育，光是夫妻兩人根本無法負擔如此繁重的工作，更別說是只有媽媽一個人了。如果妳認為以往無論是讀書、工作等，都是靠自己一個人的力量走過來，但在面對育兒這件事務必要拋下這種觀念，因為育兒絕對不是靠自己就做得來。

從今以後，請多多借助前輩們的智慧，一起互相幫忙、鼓勵，整個家族一起愉快地養育寶寶吧！

如何向前輩們請益？

在醫院裡交媽媽朋友

在同一間醫院裡生產，同時也意味著大家都住在附近吧！此外，在媽媽教室、孕婦瑜珈教室裡，也會有很多機會可以交到在同時期懷孕生產的媽媽朋友。

朋友們

以往學生時代的朋友們，或許也有人跟妳在同一時期面臨懷孕生產吧！可以趁著這個機會問候久沒連繫的朋友，要是很要好的朋友也在同時期懷孕的話就太幸運了。

網路

透過社群網站或部落格、臉書，說不定也可以交到除了育兒之外興趣也相投的朋友。不過，在網路上查詢醫學資訊時，務必注意出處是否正確，要是誤信了錯誤資訊就會非常危險。

母親、婆婆、姊妹、親戚

只有女性親戚可以與妳聊聊各種不安與煩惱，有些事無法與不熟的人討論，在懷孕時身邊有一個可以讓妳盡情撒嬌的對象非常重要。

附近鄰居

平常完全沒有往來的鄰居，在懷孕‧生產的這個階段突然變得很親近的例子時有所聞。先從自己開始多向大家打招呼，融入社區裡的生活，對於將來育兒也會有很大的幫助。

PART 1

懷孕中的身體
正持續產生變化

懷孕時的身體到底會起什麼樣的變化？

產後的育兒生活中究竟需要準備些什麼？

本章依照懷孕月數、到產後生活都有詳盡的建議！

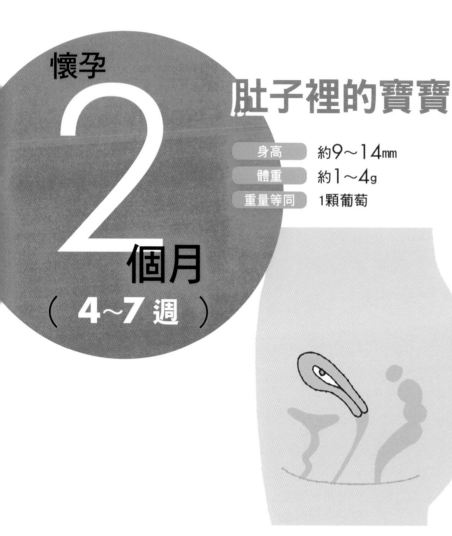

懷孕
2
個月
（ 4~7 週 ）

肚子裡的寶寶

身高	約9~14mm
體重	約1~4g
重量等同	1顆葡萄

擁有咽囊與尾巴
形狀如同海馬一般

　　這時候的寶寶還非常小，就算以超音波檢查，也只能看到裝著寶寶的胎囊而已。此時期的寶寶是比胎兒更早一個階段的「胚胎」，體型尚未發展成胎兒的模樣，還擁有咽囊與尾巴，比起人類、外型看起來更像是可愛的「海馬」。

身體器官逐漸成形
心臟也開始跳動

　　雖然還無法以肉眼看出寶寶的活動狀態，不過寶寶的身體已經從受精卵的狀態長成2頭身的比例，可以清楚

母體的變化

| 子宮底部長度 | 目前還無法測量 |
| 體重增加幅度 | 目前還不會有變化 |

因為生理期遲遲沒來
才剛發現自己懷孕了

　　在這個時期，可能還有些人尚未察覺自己懷孕了吧！不過，也有些人身體已經發生了變化，可能由於生理期遲遲沒來、身體狀況出現異狀而發現懷孕了。除此之外，原本在排卵後2週內基礎體溫會維持在較高溫的狀態，體溫一旦下降就表示下一次的月經要開始了。但要是一懷孕了，基礎體溫便會一直維持在高溫狀態。只要發現自己的生理期延遲了2週左右，就可以前往婦產科檢查，確認自己是否懷孕了。

出現心情欠佳、嗜睡、
疲倦等懷孕的徵兆

　　一旦懷孕了，女性的身體便會發出許多「訊號」，例如由於體溫一直處於較高溫的狀態，可能會感覺身體莫名發熱、無緣無故疲倦不堪等。在懷孕初期的大多數症狀都是由於體內荷爾蒙的平衡改變所引起，除了身體發

辨別出頭、身體、手腳等部位，接下來寶寶會繼續從子宮內膜獲得營養，開始陸續發展大腦、肝臟、腎臟、胃、腸等器官與內臟的基本雛形，因此，也稱作是「器官形成期」。同時開始準備形成胎盤，寶寶的心臟也開始跳動。雖然寶寶還非常小，但他的生命已經確實揭開序幕了。

以超音波觀測子宮

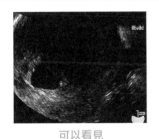

可以看見
包覆著寶寶的胎囊

利用超音波觀測子宮，可以看出子宮內有一團黑色的袋狀物，這就是包覆著寶寶的胎囊，而寶寶就是在其中的一個小白點。

熱及疲倦之外，還會產生嗜睡、乳房腫脹、心情煩躁、分泌物增加、肌膚乾燥粗糙等現象。有些人甚至早在此時就會出現胸悶、想吐等症狀。不過，開始害喜的時間與症狀因人而異，也有些人是過了3個月才開始害喜。實際上，有不少人都是因為發現身體出現了這些異狀，利用驗孕用品確認、或是前往醫院檢查，才得知自己懷孕了。

懷孕 2 個月的準媽媽可以做的事

為了寶寶著想 開始執行健康的生活吧！

得知懷孕之後，請重新檢視自己平常的飲食與生活習慣是否正常吧！要讓寶寶在肚子裡順利成長，最重要的就是媽媽必須擁有健康的身心。此外，只要開始有懷孕的計畫，就請盡量攝取葉酸，在懷孕之前，1天必須攝取240mg的葉酸，懷孕時1天的攝取目標則增為480mg。

服用藥品及健康食品時
務必多加留意

現在正是寶寶身體中各種器官形成的關鍵時期，也是非常容易受到媽媽飲食影響的時候，只要一得知自己懷孕了，就應避免自行服用市售成藥與健康食品等。身體不舒服時，請務必接受醫師的診療，並確實告知醫師自己已經懷孕，再請醫師開出適合孕婦的用藥，才能放心服用。

必須戒菸、 也別再喝酒了

如果平時習慣大量飲酒，會阻礙腹中的胎兒發育及智能發展，帶來各種不良影響。此外，吸菸也會妨害寶寶發育，有報告指出吸菸會導致出生體重過低、流產・早產、新生兒猝死症候群的發生率提高。最好在計畫懷孕時就開始戒菸、或者在發現懷孕時就戒菸會比較好。懷孕前有吸菸習慣、懷孕後就戒菸了，就不需要過於擔心。

不需要太過神經質 放鬆心情度吧！

即使懷孕了，也不代表生活會全然改變。當然，懷孕千萬不可以讓自己太累，不過還是可以照著自己的步調，在注意肚子裡寶寶的情況下愉悅地享受生活。要是因為太過擔心寶寶的狀況，對自己造成壓力，反而會帶來反效果，因此就算懷孕了也不需要太過於神經質，讓自己放鬆地度過孕期吧！

即將成為父親！ 準爸爸 可以做的事

請與妻子一起沉浸在寶寶降臨的喜悅中

要是另一半的懷孕不在預期中，準爸爸想必也會覺得惶恐不安吧！不過，體內孕育著新生命的妻子心中，肯定比你更加無所適從。得知妻子懷孕時，首先請向她傳達「真開心，讓我們一起好好養育寶寶」的心情！讓妻子能感受你的體貼，安心、踏實地做好自己即將成為母親的準備。

懷孕 3 個月
（8~11週）

肚子裡的寶寶

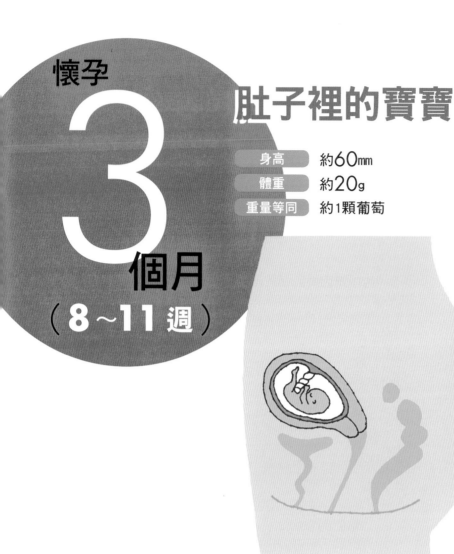

身高	約60mm
體重	約20g
重量等同	約1顆葡萄

已經不是「胚胎」
而是擁有3頭身的「胎兒」

　孕期進入第3個月，肚子裡的寶寶已經不再是胚胎，而是進入了胎兒期。頭部、身體、手腳都儼然成形，到了懷孕第9週的時候，寶寶已經擁有3頭身、體型也具備人類雛形了。雖然媽媽可能還沒有感覺，但此時寶寶已經會踢著小小的雙腿、手部也會搭配腿部的擺動而揮舞了。到了懷孕第10週左右，寶寶的鼻子、下巴、嘴唇等臉部五官會逐漸形成，手腳上也可以看到指甲了。

腎臟開始發揮作用
可以產生尿液了

　到了這個階段，已經可以

母體的變化

| 子宮底部長度 | 目前還無法測量 |
| 體重增加幅度 | 目前還幾乎沒有變化 |

可能會發生便秘
情形或是分泌物增加

　到了這個時期，幾乎所有的準媽媽都已經察覺到自己懷孕了，不過卻還是無法真的感覺到肚子裡有寶寶的存在。子宮在此時會變成拳頭般大小，由於荷爾蒙狀態的

變化，許多人會感覺到身體出現變化，例如便秘、分泌物增加等情形。

害喜達到最高峰
不要太勉強自己

　雖然每個人害喜的程度皆不相同，大概到第10週害喜

明顯地確認出寶寶心臟的跳動了。腎臟與尿道形成連結，並且開始發揮作用，啟動排泄機能；寶寶在此時已經會將喝進去的羊水以尿液的形式排泄出來。此外，眼睛、鼻子、嘴巴、耳朵、皮膚等感官功能正式啟動，五官的構造也開始成形。其中，特別是皮膚的感覺最早發展，對由外界給予的刺激，例如觸碰到寶寶的腳底，會表現出反應。

以超音波觀測子宮

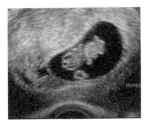

可以看到寶寶正在手舞足蹈的畫面
由於寶寶會同時舞動手腳，因此從超音波上也許可以看見寶寶正踢動雙腿，同時雙手緊握的畫面。

的情形會達到最高峰，一般認為這是因為體內有了寶寶這個異物存在，媽媽的身體自動起了免疫反應的緣故。而害喜剛好就是寶寶身體裡各種器官成形的關鍵時刻，因此，應該好好傾聽身體發出的訊號，感覺身體狀況不佳時就應該好好休息、不要過於勉強自己。盡量找出能讓自己放輕鬆的方法，就能平安地度過難受的害喜階段。

懷孕3個月的準媽媽可以做的事

接受自己已經懷孕的事實

到了這個時期，或許有些人會因為難受的害喜、以及對懷孕生產的不安，使得情緒變得相當低落。雖然無法阻擋身體上起的變化，不過這都是由於懷孕、也就是因為肚子裡有了寶寶才會發生，可以試著這麼想：「我的身體正為了養育寶寶而努力」，這麼一來，就能以正面的心情看待身體發生的諸多變化，讓自己變得積極一些。

想吃的食物只要吃得下就盡量吃

在害喜很難受的這個階段，用餐時可以抱著「只要吃得下就盡量吃」的心態。因為這個時期寶寶只要從媽媽的體內就能獲得充足的營養，因此不需要擔心營養不足。除了用餐方面可以照著自己的喜好盡情享用之外，平時也可以多聽一些喜歡的音樂，在身邊放置能讓心情煥然一新的香氛，尋找一些能讓自己心情變開朗的方式，愉快地度過這段時期吧！

如果還在哺乳差不多該停止了

如果在孩子差不多1歲大的時候再度懷孕了，也許有些媽媽仍持續在哺乳。不過，哺餵母乳時，腦下垂體後葉會分泌一種名為催產素的荷爾蒙，具有促進子宮收縮的作用，要是懷孕後仍持續哺餵母乳，有可能會導致流產／早產。因此，要是發現自己懷孕了，建議停止哺餵母乳。

早一點開始選擇預計生產的醫院

對於剛得知自己懷孕的準媽媽來說，生產感覺起來可能還是相當遙遠的事。不過，由於現在很多準媽媽會到不能接生的診所產檢，要是不早一點預約好生產的醫院，拖到懷孕後期才急急忙忙找醫院，很可能會措手不及。因此，在懷孕前期就可以先仔細思考自己想要在哪裡、以何種方式生產，早一點開始選擇生產的醫院吧！

即將成為父親！ 準爸爸 可以做的事

多體諒正因害喜而難受的妻子

每個人害喜的程度皆不相同，有些人會因為空腹而感到噁心、也有些人會因為吃東西而反胃，無論是哪一種害喜的症狀，對於女性來說都會非常難受。試想，要是宿醉的狀態持續一整天，甚至長達好幾個星期，是多麼的不舒服。因此，要是在這個時期，妻子無法照常準備三餐也別生氣，對妻子說幾句「辛苦妳了」等體貼的言語，光是這樣也許就能讓害喜的感覺不再那麼難受。

肚子裡的寶寶

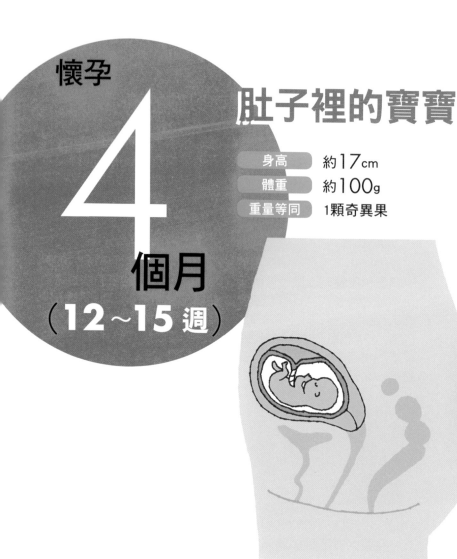

身高	約17cm
體重	約100g
重量等同	1顆奇異果

**手腳與內臟等
身體器官已大致完成**

　　到了懷孕第12週左右，胃、腎臟、膀胱等內臟，以及手腳等各器官都已經大致完成了；此外，雖然從超音波上還看不太清楚，不過外生殖器已經長成，臉上也生出了些許胎毛。這時候的胎兒，骨頭與肌肉都變得相當發達，平時可以在羊水中自由漂浮移動，頻繁地擺動身體，也開始會吸吮手指。聽覺已高度發展，可以接收到周圍聲音的刺激，不僅如此，視覺、嗅覺與味覺也都相當成熟了。

**胎盤已完成
並藉由臍帶吸收營養**

　　胎盤已經完成，寶寶在媽

母體的變化

| 子宮底部長度 | 9~13cm |
| 體重增加幅度 | 比懷孕前的體重＋1~1.2kg |

**害喜情況漸漸趨緩
身體與心靈都會比較穩定**

　　到了懷孕四個月，令人難受的害喜應該會逐漸趨緩，不過由於害喜狀況因人而異，也有些人一直到懷孕中期後還是會持續嘔吐、感到胸悶。等到身體狀況逐漸好轉後，心情應該也會跟著平靜下來，漸漸能

以積極開朗的心態享受懷孕生活。雖然距離安定期還需要一陣時日，不過現階段的身體與心靈都已經變得比較穩定一些了。

**肚子開始
一點一滴變大了**

　　雖然早在前些日子，已

媽的身體裡確實紮根茁壯。連接著寶寶與媽媽的臍帶，擔負著從母體運送氧氣與營養給寶寶的重責大任，並且將寶寶排放出的二氧化碳與老廢物質輸送回媽媽的身體，因此臍帶可說是寶寶的生命之繩也不為過。在這個階段，由於寶寶能夠從媽媽那裡獲得大量的氧氣與營養，因此成長速度也會跟著大幅提升。

以超音波觀測子宮

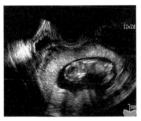

**可以看到寶寶
的細微動作**

從超音波可看出寶寶的手部已經可以做出細微的動作，例如將手指靠近臉部、或是握住自己的手指。有時候也能看見寶寶的眼珠子靈活轉動的模樣。

經可以清楚感受到寶寶的胎動，不過藉由超音波更能看見寶寶活蹦亂跳的模樣，應該會更有自己即將成為母親的感覺吧！

另一方面，慢慢變大的子宮會開始壓迫到膀胱與腸道，導致頻尿與便秘的情形。如果平時有察覺到身體出現異狀，千萬不要獨自忍耐，可以與醫師討論看看。

盡量找出能讓自己放輕鬆的方法，就能平安地度過難受的害喜階段。

懷孕4個月的準媽媽可以做的事

由於害喜已經漸趨好轉
可開始考慮營養均衡的飲食

等到害喜狀況好轉之後，就該從「自己想吃的食物，只要吃得下就盡量吃」的心態中轉換過來。接下來必須考量寶寶的健康，盡量用心準備營養均衡的飲食。在製作三餐時，須注意到蛋白質、維生素、鈣質、鐵質、膳食纖維等各種營養素的均衡。此外，由於食慾回升，很有可能一不小心吃得太多，須避免體重急遽增加。

在職場上必須
先向上司報告懷孕的事

平時有在上班的準媽媽們，差不多應該要跟上司報告自己懷孕的事了。舉例來說，如果平時的工作需要搬運重物或久站，就必須和上司商量看看，是否能調整到比較不會對身體造成負擔的工作環境。只有母親能保護肚子裡面的寶寶，因此必須以身體為第一考量來規劃工作內容。

做需要耗費大量體力、
必須用水的家事時需多加留意

等到害喜與先兆性流產等問題都已經獲得解決，身體狀況好轉之後，基本上像是掃地、洗衣、料理等日常家務都可以照常進行。不過，千萬不要忘了自己是有孕之身，如果要搬舉重物或需要耗費大量體力的時候，請家人幫忙會比較好。此外，要是過度疲倦或身體變冷也會導致肚子緊繃，因此做會碰到水的家事、以及待在冷氣房的時候也要特別注意保暖。

開始換穿
孕婦內衣！

隨著胸部與肚子逐漸變大，若是還穿著原本的內衣，應該會覺得緊繃不舒適吧！此時，差不多該換穿寬鬆的衣物、以及孕婦專用的內衣了。由於內衣會與肌膚緊密接觸，最好選擇觸感佳、透氣性高、吸水性佳的棉料材質。為了好好守護肚子裡的寶寶，建議選擇不會讓身體著涼、能確實包覆住腹部的衣物。

**即將成為
父親！** 準爸爸 可以做的事

必須了解妻子的身體此時正在發生各種變化

雖然現在妻子的肚子還不明顯，外表上也跟懷孕之前沒什麼差別，但其實在她身體裡正為了守護、養育寶寶而起了全面性的變化，而這些變化會引起她的身心狀況不平衡。儘管只是了解妻子目前的處境，應該就會感覺得更愛妻子一些，並且加深了即將成為人父的心理準備吧！多從雜誌或網路上蒐集有關懷孕的相關資訊，也是不錯的方式。

懷孕 5 個月 (16~19週)

肚子裡的寶寶

身高	約25cm
體重	約270g~300g
重量等同	1顆蘋果

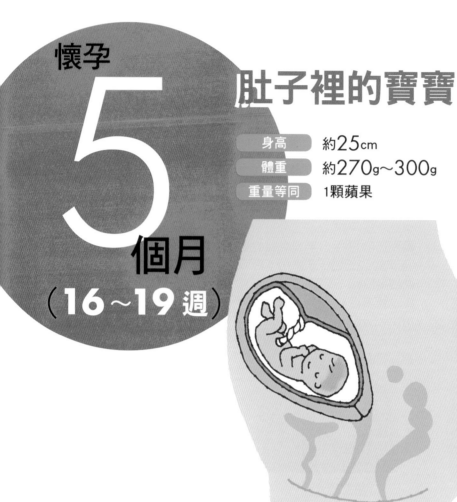

開始長出胎毛與頭髮
心臟也分為2心房2心室

為了保護寶寶嬌嫩的皮膚，全身會長出「胎毛」，另外也會開始長出稀疏的眉毛、睫毛與頭髮。心臟在此時分為2心房與2心室，功能漸趨發達，利用超音波就能看出心臟的模樣，利用聽診器也能直接聽到強而有力的「咚、咚」跳動聲。雖然已經有一些皮下脂肪附著，不過整體看起來皮膚還是皺皺的、而且偏瘦弱。還要再等一陣子，肚子裡的胎兒才會蛻變成比較接近人型的模樣。

母體的變化

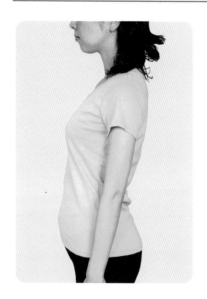

子宮底部長度	14~17cm
體重增加幅度	比懷孕前的體重＋1.2~2.4kg

胎盤已經完成
懷孕進入了安定期

在懷孕第四個月的尾聲胎盤即已完成，準媽媽的身心會進入最穩定的階段，肚子的弧度越來越明顯，乳房也會漸漸變大，皮下脂肪增多，整體來說全身都會變得比較臃腫。

不過，隨著身體狀況好轉，在心情方面也會顯得比較輕鬆，很可能會出現「吃什麼東西都覺得很美味，忍不住越吃越多」的情況。此時也是體重容易飆升的時期，平時要多注意不要飲食過量了。

感官逐漸發達，
可自由擺動身體

負責掌管聽覺、視覺、觸覺等感官的前頭葉與神經都已經成熟，可以依照自己的意思擺動雙手與雙腳，在羊水之中自由自在地來回穿梭。尤其是皮膚的感覺變得更為敏銳，要是觸碰到寶寶的肚子或屁股，寶寶就能立即做出反應。寶寶平時在媽媽的肚子裡一會兒睡著、一會兒清醒，當寶寶清醒時，大部都在舞動身體，非常有活力。

以超音波觀測子宮

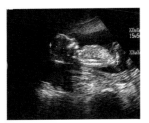

寶寶正用力活動
非常有活力

從超音波中就可以看出寶寶正用力踢著雙腿、手臂開開合合，在羊水裡活潑舞動的模樣。

大多數的媽媽會
開始感覺到胎動

大多數的媽媽都能感覺到寶寶在肚子裡的「胎動」，一般來說，初產婦大約會在第21週、經產婦會在第20週感覺到胎動，不過每個人的狀況還是略有不同。要是遲遲沒感覺到胎動，也不必太過擔心，再等一陣子看看吧！感受到寶寶的胎動後，想必對自己即將成為母親會有更深一層的感受。

懷孕**5**個月的準媽媽可以做的事

會變得很有企圖心
有些人還趁機考取證照

由於身體狀況已經好轉，此時可能會對於各種事物充滿企圖心，想要嘗試新的挑戰。可能會基於「辭職多出了空暇時間」、「為了將來找工作做準備」等理由，開始準備考取資格證照等。如果身體情況允許，積極地進行自己想做的事也無妨，不過還是千萬不要太勉強自己，別忘了在準備考試的同時也要適度休息。

肚子開始漸漸變大
可著手準備保養妊娠紋

由於一旦生成妊娠紋就無法徹底消除，因此必須盡量預防妊娠紋的產生，其中最關鍵的就是「保濕」以及「避免體重急速增加」。在肚子開始變明顯的時期，洗完澡後可以在肚子與大腿等部位塗抹保濕用品。雖然盡力保養還是有可能長出妊娠紋，不過等到產後妊娠紋就會逐漸變淡變白，不用太在意。

用心準備
營養均衡的餐點

身體狀況好轉以後，食慾也會跟著提升，導致體重急速增加。要是體重增加太快，會引起妊娠高血壓症候群等疾病，或是導致腰痛、難產等各種棘手情況。此外，懷孕時也很容易發生貧血及便秘，為了預防這類情形，平時應該注意飲食方面必須維持營養均衡，同時控制鹽分的攝取，以清淡口味為主。

帶著托腹帶
去祈求平安順產吧！

夫婦兩人或全家人一起去祈求平安順產，不僅會感到比較安心，同時也能成為孕期中的美好回憶。另一方面，托腹帶的作用是支撐日漸變大的肚子，還能使身體姿態比較穩定，平時可以選擇穿脫起來比較方便的托腹褲。

即將成為
父親！ **準爸爸** 可以做的事

雖然已經進入了安定期還是要注意別讓妻子太累了

所謂的安定期，名符其實就是準媽媽的身心狀態皆為最放鬆的時期。不過，別忽略了現在還是處於孕期，千萬不可想做什麼就做什麼。如果妻子的身體狀況不錯，也可以安排旅行等，要是一感到疲倦、肚子緊繃時還是必須立刻休息，無論是在任何情況下，都要以妻子的身體狀況為優先考量，盡可能安排寬鬆一點的行程。

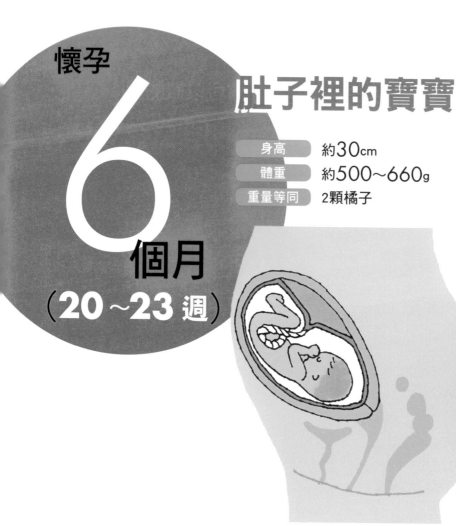

懷孕 6 個月（20～23 週）

肚子裡的寶寶

身高	約30cm
體重	約500～660g
重量等同	2顆橘子

呼吸器官逐漸發達
也開始練習呼吸運動

　　包含肺部等內臟器官、以及腦細胞的數量等，都在這個階段大致底定了。雖然寶寶在羊水裡無法發出聲音，不過已經可以發出哭聲，呼吸器官的機能已經相當發達了。在這個時期寶寶就開始練習呼吸了。平時寶寶會用嘴巴一張一合地喝進羊水，再將累積於肺部的羊水吐出來，進行類似「呼吸運動」的練習。寶寶的皮膚呈現透明的暗紅色，全身也被如同奶油般的「胎脂」所包覆。

母體的變化

子宮底部長度	18～21cm
體重增加幅度	比懷孕前的體重＋2.4～3.6kg

肚子越來越大
易引起一些不舒服的症狀

　　由於肚子越來越大，平時容易將腰部拱起，導致腰部及背部痠痛。再加上心臟與肺部受到壓迫、體內的血液量大增，很容易引起心悸或喘不過氣等情形。不僅如此，下半身的靜脈也會受到子宮壓迫，導致出現彷彿瘤狀的靜脈曲張；同時由於荷爾蒙的影響，肌膚也容易形成斑點及雀斑。

表情變得豐富了起來
內耳也完成了

在第20週左右，內耳已經大致完成，可以清楚聽見周圍的各種聲響及媽媽說話的聲音；骨骼與肌肉也越加發達，在羊水中能更強而有力地舞動手腳。除了臉部輪廓日漸清晰，臉部的神經也同時發展，不僅可以轉動眼珠子斜視，還能縮起雙唇、皺起五官等，表情相當豐富多變。

以超音波觀測子宮

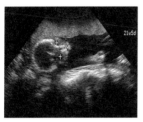

手部可以做出細微動作
也能看到寶寶的臉部表情

從超音波中已經可以看到寶寶的雙手彷彿想要抓緊的動作，或是皺起雙唇、嘴唇一開一合等出於寶寶自己意志的動作。

已經習慣懷孕
反而會不經意地勉強自己

準媽媽通常已經習慣了懷孕生活，而且由於身體狀況比較好轉了，反而容易不經意地勉強自己。雖然寶寶身體中的各器官已經大致發育了，但還是必須好好待在子宮裡繼續成長茁壯。為了避免早產，準媽媽還是得仔細地注意身體狀況，只要一感覺不對勁，就必須趕緊臥床休息。

懷孕6個月的準媽媽可以做的事

可以開始試著和肚子裡的寶寶說話

只要感覺到胎動，就可以試著和肚子裡的寶寶說話。例如早上起床時可以跟寶寶說：「早安！今天的天氣很不錯喔」、洗澡時也可以跟寶寶說：「洗澡真舒服，感覺好溫暖啊」，並且用手輕輕撫摸肚子，只要是帶著感情與寶寶說話，說什麼都無妨。常對寶寶說話，不僅可以增加自己對寶寶的感情，寶寶也能感受到媽媽的心情。

要不要試試看適合孕婦做的運動呢？

等到身體狀況好轉後，平時喜歡運動的準媽媽，可以試著挑戰孕婦適合做的運動，例如孕婦瑜珈、游泳、草裙舞等等，適度地動一動身體不僅可以讓自己轉換心情，還可以順便交到同為孕婦的朋友，可說一舉數得。不過，在嘗試運動之前請務必要和醫師討論，確認母體與胎兒的狀態是否適合。

可以的話請盡量參加媽媽教室的課程

在醫院及各社區當中常會舉辦媽媽教室，平時可以多留意醫院的告示欄、以及社區的宣傳單，盡量參加媽媽教室課程。不僅可以獲得有關懷孕‧生產、以及育兒方面的知識，還能認識同時期準備生產的準媽媽們，彼此交流資訊。此外，也有許多可以讓夫妻同時參與的媽媽教室，請務必邀請另一半一起參加。

在牙齒出問題之前先前往牙科定期檢查

關於牙齒方面的治療，請在安定期內全部完成。如果有牙疼、出血、牙齦腫脹等困擾，務必早一點開始治療，一定要先向醫師表明自己正懷孕中，才能接受治療。由於在分娩前及產後無法隨心所欲地前往牙醫就診，因此就算目前沒有蛀牙等困擾，也可以趁著懷孕安定期的時候前往牙醫做定期檢查。

即將成為父親！　準爸爸 可以做的事

撫摸妻子的肚子試著感覺胎動

寶寶頻繁胎動的時候，請一定要撫摸妻子的肚子，感受寶寶的動作。比起女性，在還看不見寶寶的情況下，男性比較沒辦法感受到寶寶的存在。如果能藉由胎動感受到寶寶正在動作，就能更感覺到寶寶已經在身邊；如果跟寶寶講話會覺得彆扭，多感受一下寶寶的胎動，也許就能慢慢習慣跟寶寶講話了。

懷孕 7 個月（24~27週）

肚子裡的寶寶

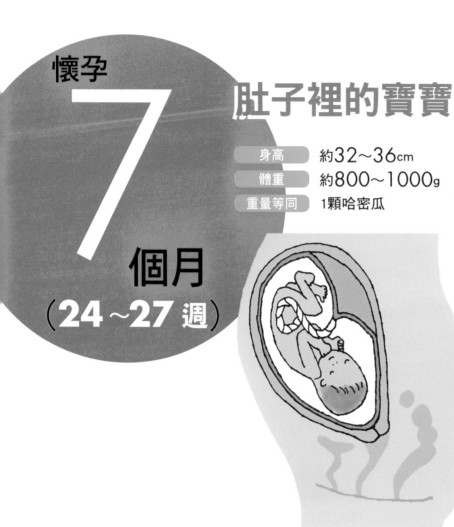

身高	約32~36cm
體重	約800~1000g
重量等同	1顆哈密瓜

鼻孔已經開通
眼瞼也形成了

寶寶的鼻孔已經開通，臉龐看起來更接近小嬰兒了。眼瞼也已形成，可以隨意睜開眼睛。寶寶能更活潑地活動身體，還能自由自在地在羊水中穿梭移動，整體姿勢可能還處於頭部朝上的「胎位不正」狀態。等到寶寶越長越大之後，幾乎都會回到頭部朝下的狀態，無需過於擔心。

掌管思考與記憶的
大腦皮質逐漸發達

掌管知覺、自主運動、思考、推理能力、記憶力等能

母體的變化

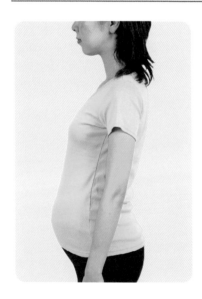

子宮底部長度	22~24cm
體重增加幅度	比懷孕前的體重＋3.6~5kg

雖然進入了安定期
但還是會有一些小困擾

接續上個月，這陣子也算是身體狀況比較穩定的安定期，在不過於勉強自己的狀況下，有什麼想做的事盡情去做吧！不過，到了此時肚子已經相當大了，會導致腰部與背部的疼痛感更加劇烈，靜脈曲張、便秘、痔瘡等情形也會更令人困擾。平時如果有感覺不適，千萬不要自己默默忍耐，在定期產檢時記得和醫師討論看看。此外，肚子可能會偶爾感到緊繃，只要稍微休息一下應該就沒問題。不過若休息之後緊繃的狀況還是無法改善，就

力的大腦皮質正逐漸發達，因此身體能夠進行大幅度動作，任意蜷縮身體、轉換面對方向、緊握雙手等，依照自己的意思做出宛如人類的細膩動作。不僅如此，聽覺與視覺也變得相當發達，能夠清楚辨別聲音來源、更能感受到光線，就連媽媽身體裡血液流動的聲音、爸爸媽媽講話的聲音與節奏等，都能記得一清二楚。

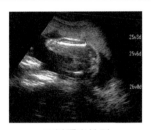

以超音波觀測子宮

可以看出性別
寶寶的性器官

差不多可以看出寶寶的性別了。從超音波之中可以清楚看見男寶寶的小雞雞。

必須及早就醫諮詢。

**在肚子與大腿等部位
可能會出現妊娠紋**

在不知不覺中，肚子周圍可能會出現紫紅色的線條，這就是所謂的妊娠紋，在胸部及大腿等部位也有可能生成。要是體重急遽增加、皮膚過於乾燥，就容易長出妊娠紋，因此平時要注意控制體重，並且進行保濕保養。

懷孕 7 個月的準媽媽可以做的事

計畫旅行之前
務必先與醫師商量

如果想要在生產之前計畫去旅行，現在是最後機會。不過，在出發前請務必要先請示醫師，確認過媽媽與寶寶的狀態都沒問題之後才能成行。千萬不要安排活動滿滿、太過操勞的行程，建議準媽媽選擇可以悠閒休息的度假型旅遊為佳。要是在旅途中感覺到肚子變得緊繃、或是感受到身體狀況出了變化，便有隨時停止旅行的心理準備。

早點開始準備
生產所需用品

整個孕期中，能夠隨心所欲走動的就是在7個月之前了，等到過了7個月之後，隨著肚子越來越大，連動作都會變得相當困難，再加上有可能隨時會生產，因此最好早點開始準備生產所需的用品。為了確實準備好生產所需用品，最好在採購前先列好清單，如果是只需要用短時間的物品，也可以利用租賃的方式省下一筆錢。

差不多該停止開車了

在懷孕時，由於注意力會變得比較渙散、反射神經也會變得較為遲鈍，因此在開車時務必要更加小心謹慎。雖然也有不少準媽媽基於「沒有其它的交通方式」、「自己開車比較放心」等理由，繼續開車，不過到了懷孕後期，越來越大的肚子不僅會妨礙掌控方向盤，繫安全帶也會感到不舒服，因此建議最好別再開車了。

開始準備工作方面的交接、
及產後復職的計畫

為了讓自己在產假期間能夠好好休息，正式開始休產假之前必須先做好工作交接。由於懷孕中隨時有可能會發生意想不到的意外，最好早點開始準備，不要拖到休產假的前一刻才交接。另一方面，產後計畫要復職的人，在產前交接時也要考量到復職時的需求，工作上的文件及資料都要先歸檔整理好，要是突然發生了什麼事，代理的同事才能幫上忙。

即將成為父親！ **準爸爸** 可以做的事

趁現在一起創造屬於夫妻兩人的回憶

想必有許多準爸爸們非常期待寶寶出生之後，可以帶著孩子一起出遊吧！不過，換一個角度想，這也就代表寶寶出生之後，夫妻兩人可以單獨相處的時間會大幅減少，暫時也無法像以前一樣兩個人單獨約會了。因此，就趁現在跟妻子兩人一起出去旅行、品嚐美食等，好好享受甜蜜的兩人世界。

懷孕 **8** 個月（28～31週）

肚子裡的寶寶

身高	約40～41cm
體重	約1500～1700g
重量等同	3顆梨子

身體線條帶有圓潤感
外型越來越像嬰兒

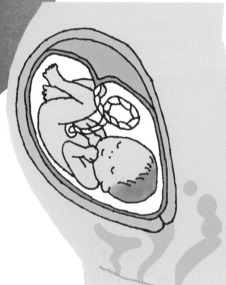

寶寶的皮下脂肪逐漸增多，慢慢蛻變成身體線條帶有圓潤感的嬰兒。雖然寶寶都在羊水中自由自在地變換姿勢與位置，不過由於寶寶的身體已經變得很大，頭部差不多該正式朝下、並固定位置。從超音波檢查中已經可以清楚看到生殖器官，能夠辨別出寶寶的性別。

萬一提早誕生
也能夠順利成長

雖然肺部還尚未正式開始運作，不過其餘的內臟器官的機能都已經如同新生兒般

母體的變化

子宮底部長度	25～28cm
體重增加幅度	比懷孕前的體重＋5～6.5kg

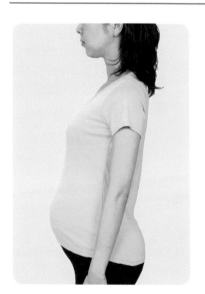

胎動越來越強烈
晚上可能會被踢得睡不著

由於寶寶的胎動越來越強烈，有時候甚至會感到疼痛，半夜也可能會因為寶寶活潑的動作而醒來、可能無法入睡。

感覺到寶寶在肚子裡動來動去的時候摸摸看肚子，說不定還能感覺到鼓起的部位正是寶寶的腳，大致猜到寶寶現在的姿勢。一邊感受胎動、一邊幻想著寶寶的模樣，感覺應該會很有趣。

的發達了。因此，萬一提早誕生，只要做好醫療處置，寶寶也能夠順利地在子宮外的世界成長。此外，神經系統發展得更加完善，手指能夠做出細微的動作，例如比出剪刀、石頭、布等。除了嗅覺更加發達之外，聽覺也已經完成。寶寶在羊水之中也能感覺到外面的世界，聽到太大的聲音會感到驚嚇，也能辨別出爸媽的聲音。

以超音波觀測子宮

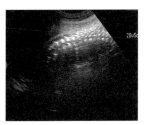

**可以清楚觀察到
寶寶手指的細微動作**

從超音波中可以看到寶寶的手掌時而握拳、時而張開，偶爾吸吮手指等細微的動作，且可看到非常清楚的脊椎骨。

除了便秘與腰痛之外
也要注意貧血與浮腫

由於肚子變得更大，腰痛與便秘現象會越趨嚴重，也有些人會出現貧血、手腳浮腫的症狀。腰痛與腿部抽筋等情形，可藉由散步、泡澡、按摩等方式讓下半身的血液循環變好，多少能夠稍微獲得改善。此外，雖然身體浮腫是常見的症狀，不過這也有可能是妊娠高血壓症候群的徵兆，要多加留意。

懷孕8個月的準媽媽可以做的事

先規畫好孩子的安頓處

如果沒有打算回娘家，產後只有夫妻兩人要照顧小孩，可事先打聽月子媽媽、月子餐宅配等育兒相關資訊，到時候就能善用資源。如果家中還有其他小孩，也別忘了先調查好是否有可提供暫時托育服務的機構或可幫忙的親友，在產前先預約好。要是打算在生產住院的那幾天，先把小孩放在娘家，可以趁這段期間先讓孩子試住幾次。

開始整理家裡、大掃除

為了做好迎接寶寶的準備，在懷孕期間有不少人會將家裡大掃除一遍。由於到了產後幾乎沒時間整理，就趁現在將居家環境整理得煥然一新吧！但是，如果要一次整理完會太辛苦，建議可以每天進行一點，例如，今天整理寢室、明天打掃廁所等。不過，像浴室等容易濕滑的地方、或是要搬動大型家具時，還是請家人幫忙比較好。

容易產生貧血現象

懷孕時，越來越大的子宮與寶寶會使身體內的血液量大幅增加，由於血液中的水分變多，會使血液呈現較為稀薄的狀態，導致孕婦容易有貧血現象。要是貧血現象嚴重，在生產時出血過多，說不定還必須輸血，此外，產後的身體恢復也會比較慢，因此，在懷孕期間一定要好好預防貧血。除了在每天的飲食中充分攝取鐵質，視情況而定也可補充鐵劑等，為身體補充鐵質。

注意避免早產
千萬不可過於勉強自己

到了這個階段，肚子很容易感到緊繃，如果休息一會兒就能消除緊繃感，可以視作是生理性現象，不過要是休息了還是無法消除緊繃感、或是緊繃的頻率過於頻繁且固定，就必須及早與醫院連繫。雖然就算寶寶在這個時期提早出生，經由NICU（Neonatal Intensive Care Unit新生兒加護病房）的嚴密照護，存活的機率很高，但對寶寶來說，待在肚子裡還是最好的。孕期越是順利、沒有大問題的人，越容易勉強自己，必須小心才行。

即將成為父親！ 準爸爸 可以做的事

與妻子一起做好迎接寶寶到來的準備

應該有不少人平時忙於工作，家裡的事都讓妻子一手包辦吧？不過，為了迎接寶寶的到來，盡可能兩個人一起準備會比較好，像是與妻子一起挑選寶寶的衣服與育兒用品，以及幫忙組裝嬰兒床等工作。夫妻兩人一起準備、共同想像寶寶的模樣，同時聊聊產後的育兒生活，這些點點滴滴的累積，都會更讓人期待見到寶寶的那一瞬間喔！

懷孕 **9** 個月

肚子裡的寶寶

身高	約45cm
	約2000～2400g
	1個鳳梨

胎毛漸漸變稀疏
皮膚也轉為漂亮的粉紅色

寶寶皮下脂肪越來越多，身型已經有圓潤感。胎毛會漸漸變得稀疏，肌膚顏色也轉變為接近膚色的粉紅色。除了頭髮漸漸變濃密，手腳的指甲也逐漸變長，寶寶的外型與各項身體機能都已臻成熟。這時候的寶寶正在媽媽的子宮裡練習喝羊水、再將羊水排泄出來的運動，為的就是一出生後立刻就能順利吸吮母乳及排尿。

會開始展現
高興／不高興的情緒

寶寶的體積已經相當龐大，就算想要在媽媽的肚子

母體的變化

子宮底部長度	28～31cm
	比懷孕前的體重＋6.5～8kg

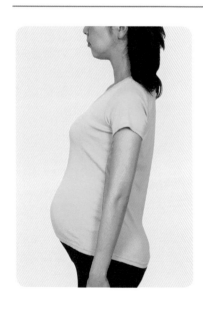

越來越接近分娩的日子
心裡可能會感到緊張不安

有時光看著肚子，就可以看見寶寶的手腳凸出的模樣，感受到寶寶很有活力地長了這麼大，準媽媽們的心中應該都充滿了喜悅吧！不過另一方面，越到接近預產期，心中同時也不免會擔心，不知道能不能順利生產？產前可以試著在心中預想到時候分娩的流程，或是想像見到寶寶的那一瞬間，應該就能鼓舞自己，重振起積極的心情。

裡移動，也會感到十分窘迫。已經可以感受到外界傳來的刺激以及周圍的聲音，並且顯露出高興與不高興的情緒，有時候也會綻放出喜悅微笑的表情。寶寶會以20分鐘為一次循環，不停重複睡著與醒來的狀態，有時候也會稍微轉動頭部，往骨盆的方向靠近張望，開始為了準備分娩而慢慢調整姿勢。

以超音波觀測子宮

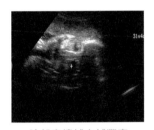

臉部表情越來越豐富
寶寶現在正在做什麼表情呢？
從超音波中可以看見寶寶豐富的臉部表情，例如迷迷糊糊睡著的表情、以及彷彿在笑的神情等等。

受到龐大的子宮壓迫
現在是最不舒服的階段

胃、心臟、肺部等都會受到龐大的子宮壓迫，導致食慾不振、胃下垂的感覺越趨明顯，也有可能會使心悸、喘氣等情形更加嚴重。臨盆之前，寶寶會下降到骨盆位置，只要再忍耐一陣子就好了。此外，寶寶的頭部也會壓迫到膀胱，可能會引起頻尿、漏尿的現象。

懷孕 9 個月的準媽媽可以做的事

飲食營養均衡
避免讓體重增加太快

寶寶的體重會大幅增加，準媽媽的體重也很容易一下子增加許多，再加上隨著肚子越來越大，準媽媽的運動量也隨之減少，就算是懷孕前期體重都沒怎麼增加，到了此時也可能會急遽上升。為了避免體重在突然增加太多，直到最後一刻都要注意控制體重。

如果計畫回娘家生產
現在就必須啟程回家

如果計畫要回娘家生產，可以先諮詢預計生產的醫院，最晚在第34週之前就必須啟程回家。若是必須搭乘飛機的產婦，太接近預產期還得必須有醫師陪同才能成行。此外，也有不少人因為破水了而不得不提早住院，無法按原定計畫回娘家生產，因此盡可能早一點回去會比較好。

趁現在換一個簡便的髮型
方便產後輕鬆整理

產後幾乎沒時間可以前往美容院，許多媽媽都表示：「整天忙著育兒生活，根本無暇顧及打理自己！」趁現在還有空閒時間的時候，去一趟美容院整理頭髮吧！可以與設計師討論自己的需求，無論是剪短也好、能迅速紮好的長度也好，趁現在換一個不必花時間整理的髮型，到了生產住院時也能輕鬆許多。

肚子一緊繃就必須立刻休息
也要確認寶寶的胎動

母體正為了分娩而開始做準備，可能會頻繁地感覺到肚子的緊繃感。只要肚子一緊繃，就要立刻躺下來讓身體好好休息。此外，當寶寶往下降之後，頭部會進入到骨盆部位，可能會比較感受不到胎動，為了以防萬一，建議養成每天定時確認胎動頻率的習慣。

即將成為父親！ 準爸爸 可以做的事

練習為自己準備簡單的三餐

最近越來越多丈夫會一起做家事，倒垃圾、打掃浴室等都是小意思，不過到了妻子因生產而不在家的那幾天，一個人生活是否不成問題呢？從現在起就可以先做好準備，例如自己試著料理簡單的三餐等。看見丈夫俐落處理家事的身影，應該不少人都會重新愛上另一半吧！此外，像是衣服、日用品的放置處，也要記得先詢問妻子，到時候才不會手忙腳亂。

懷孕 10 個月

肚子裡的寶寶

身高 約48～50cm
約3100g
1顆西瓜

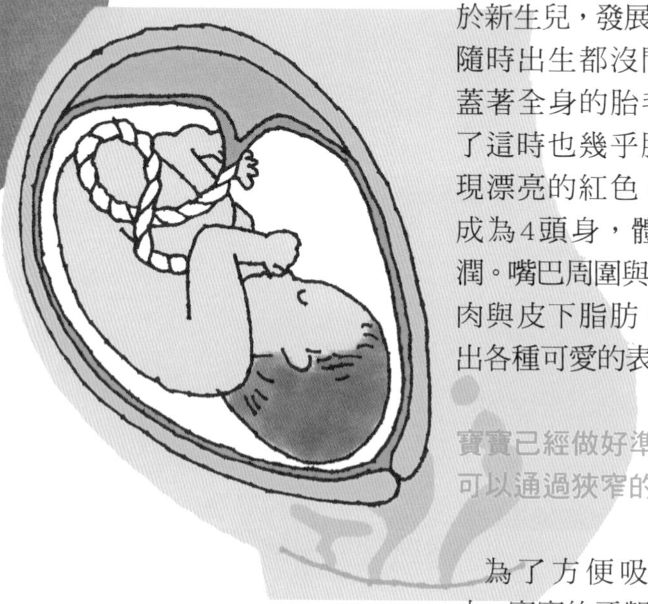

身體機能幾乎等同於新生兒
已經做好隨時出生的準備

寶寶的身體機能幾乎等同於新生兒，發展得相當成熟，隨時出生都沒問題。原本覆蓋著全身的胎毛與胎脂，到了這時也幾乎脫落，肌膚呈現漂亮的紅色。身體比例也成為4頭身，體積又大又圓潤。嘴巴周圍與雙頰長出了肌肉與皮下脂肪，越來越能做出各種可愛的表情了。

寶寶已經做好準備
可以通過狹窄的產道

為了方便吸吮母親的奶水，寶寶的牙齦已經長成。不僅如此，一出生就可以利用

母體的變化

子宮底部長度 32～35cm
比懷孕前的體重＋8～9.5kg

身體已經開始
做好分娩的準備

到了接近分娩的此時，寶寶的身體會漸漸往下降，一直以來令人難受的胃下垂與心悸、喘氣等困擾也會稍微減輕。不過，寶寶開始壓迫到膀胱與直腸，頻尿與便秘情形會更加嚴重，大腿根部與恥骨周圍也易感到疼痛。

此外，為了使子宮頸口能慢慢張開，這時的分泌物會增加，在真正的陣痛開始之前，也可能會出現「前驅陣痛」，以上種種的現象，都是母體正在為了分娩而做準備。

肺部呼吸，吸吮奶水、排泄大便等身體機能都已經準備得相當周全。到接近臨盆的日子，寶寶的身體就會開始往子宮的出口方向漸漸移動下降，頭部完全進入骨盆腔當中，因此寶寶已經無法做出大幅度的動作。不過，每個寶寶的情形皆有不同，也有寶寶直到出生之前還是持續著活潑的動作。

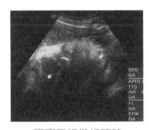

以超音波觀測子宮

寶寶已經做好隨時
都可以出生的萬全準備

身體已經變得相當龐大的寶寶，從超音波中也許只能照出一部分的手腳、或是只拍到臉部而已。

**拿出自信，
期待分娩的那一刻到來**

現在已經到了隨時分娩都不意外的階段。懷孕生活撐到現在，最後只剩下要努力將寶寶生出來了，雖然心中還是多少會感到不安，不過都已經克服了懷孕生活的種種難關，拿出自信，妳一定可以生出健康的寶寶！若是看到分泌物中帶有少量出血（落紅），就是接近分娩的徵兆，請靜下心來等待陣痛的開始。

懷孕10個月的準媽媽可以做的事

確認住院的必備用品
是否都已準備周全

也許是從陣痛開始、也可能會先破水，誰也無法預測分娩會在何時以什麼樣的形式發生。為了在突發狀況時也能從容應對，在這段期間內建議重新確認要帶去醫院的行李，將必備物品都裝在同一個待產包中，並且放置在容易拿取的地方。因為當開始出現產兆時可能沒有人在身邊，為了做好準備，可先在手機裡記錄好計程車的APP，並將可能需要聯絡的電話也都先儲存好，同時也可以抄寫在紙上，萬一手機沒電能派上用場。

盡量多活動身體
但千萬不可出遠門

如果身體狀況不錯，進入足月期間，可以盡量多活動身體。例如：走路、伸展、深蹲等運動，都能使寶寶比較容易下降，也能讓骨盆較容易打開，讓分娩的過程更加順利；即使努力做家事，也會是很好的運動。不過，由於不知道分娩會何時開始，因此算要出門，也要在「感覺不對勁時立刻前往醫院」的範圍之內，避免出遠門，才能比較放心。

為了使母乳順利分泌
從現在開始保養乳房

如果想要「以母乳餵養寶寶」的準媽媽，可以在產前就開始進行乳房按摩及保養乳頭，如此，到了產後能比較容易分泌出乳汁。不過，刺激乳頭會導致肚子產生緊縮感，因此到了最後這一個月，必須在護理人員的指導下按摩乳頭。此外，若沒有乳頭扁平或凹陷等情形，平時多注意乳頭的清潔也不失為是一種保養的方式。

在腦海中先想像一遍
分娩的步驟

在什麼都不知道的狀態下迎接分娩，一定會讓人感到相當不安。因此可以再複習一遍分娩的流程，思考看看自己希望以什麼樣的方式分娩，同時也可以想像一下第一次見到寶寶的那一瞬間。讓自己對於見到寶寶的那一瞬間充滿期待，到了真正分娩的時刻應該就能比較放鬆，以積極正面的心情面對分娩了吧！

即將成為父親！ 準爸爸 可以做的事

時常聯繫妻子確認妻子的身體狀況

只要進入足月，就必須要有妻子隨時都有可能開始分娩的心理準備。平時要頻繁地與妻子聯繫，確認妻子的身體狀況是否有出現變化。同時也要盡量調整工作的時程，一有突發狀況就能立即趕回妻子身邊。現在，等待已久的寶寶終於要誕生了，在分娩時，妻子最能依賴的對象還是丈夫，請當她最強而有力的後盾吧！

生產的時刻

肚子裡的寶寶

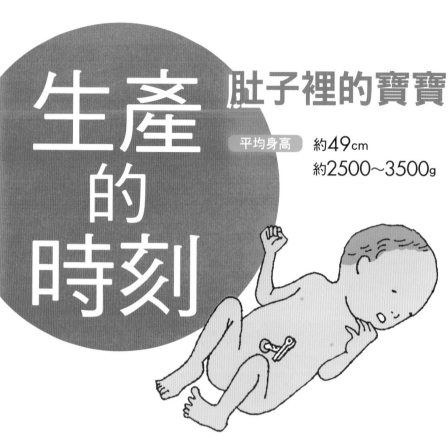

平均身高　約49cm
約2500～3500g

與媽媽面對面過後必須檢查全身狀態

寶寶一誕生之後，第一件事就是和媽媽面對面接觸。有些醫院會將寶寶放在媽媽的胸前，讓寶寶與媽媽的肌膚親密接觸，進行所謂的袋鼠療法。接著，才會對寶寶施加必要的醫療處置與測量，例如將寶寶鼻子與嘴巴中殘留的羊水抽取乾淨，測量身高、體重、頭圍，進行視診、觸診，消毒肚臍傷口、點眼藥水等，仔細地檢查寶寶全身的狀態。

讓寶寶吸吮初乳

有些醫院會在產檯上將剛出生的新生兒放置在媽媽的胸前，讓寶寶含住乳房，吸吮「初乳」。

母體的變化

分娩後必須待在分娩室觀察2小時才能回到病房休息

寶寶出生後過幾分鐘，子宮會再度輕微收縮，將胎盤排出體外。接著，醫師會檢查產婦的子宮內是否還有殘留胎盤與卵膜等，並確認出血量、血壓、脈搏，再進行會陰縫合手術。雖然並不常見，不過在分娩結束後，血壓可能會急速上升、或是突然大出血，以防萬一，分娩後必須在分娩室休息2小時，方便護理人員觀察產婦的身體狀況，若有突發狀況才能立即處置。如果沒有什麼異狀，就可以回病房了。

身體不適時不要忍耐必須及早向醫師求助

分娩一旦結束，母體就會迅速地開始恢復成懷孕前的狀態。被撐大的子宮也會為了要回復到原本的大小而開始收縮，這時候的疼痛感又稱為「產後痛」。比起第一次生產，第二次以後的產後痛會比較強烈，雖然有人覺得「跟陣痛比起來，產後痛根本是小意思」，不過也有人表示「痛到晚上都睡不著」。此外，除了會陰縫合的傷口會感到疼痛外，乳房為了要分泌母乳也會感到脹痛。當妳覺得身體不舒服的時候，千萬不要忍耐，必須向醫師或護理師求助。

生產時 可以做的事

在陣痛的間隔時間盡量平常心度過，不要慌了手腳

雖然生產所需要花費多少時間是因人而異，不過若是第一次生產，一般來說當陣痛開始之後並不會立刻就生出來，因此感到疼痛時請先沉住氣。差不多要開始時，陣痛約10分鐘會來臨一次，疼痛的時間會持續1分鐘左右，而其餘的9分鐘並不會感到疼痛。要是在一開始就太在意疼痛感，很快就會感到疲倦，因此最好不要過度專注在疼痛感上，可以聽聽自己喜歡的音樂、看電視或觀賞DVD等，做一些能讓自己放輕鬆的事！

一旦陣痛變強了就要集中精神吐氣

隨著產程逐漸進行，疼痛感也會漸漸變強，到最後身體也會跟著用力、沒辦法好好呼吸。為了供給充足的氧氣給寶寶，請使用「以鼻子吸氣、再以嘴巴吐氣」的呼吸方式。雖然還有許多其它種呼吸方式，不過只要這麼做就能呼吸到夠多氧氣。記住，無論如何都別忘了呼吸，讓自己慢慢地大口深呼吸就沒問題。如果能將體內的空氣全部吐出，自然而然能吸到充足氧氣，此外，吐氣能幫助身體放輕鬆，對於分娩也很有幫助。

想像著寶寶也正在努力讓自己冷靜下來

當陣痛越來越強烈、心情無法保持冷靜的時候，滿腦子已經無法考慮到別的事，整個人可能會陷入恐慌感之中，這時候想想肚子裡的寶寶吧！雖然現在媽媽是處於非常難受的狀態，不過拚了命努力的人不只媽媽而已，寶寶也正為了要見到媽媽，以小小的身軀卯足了全力想要出來。只要一想到這件事，心情也會轉變成想要與寶寶「一起好好努力」，重新振作起精神。

如果必須緊急進行剖腹手術一定要遵照醫師指示

只要是分娩，都有可能會突然發生意想不到的狀況，在分娩的過程中也許會突然進行緊急剖腹產，改以手術方式進行生產，全都是因為「這是讓寶寶安全誕生的最佳選擇」。雖然突然要開始準備剖腹，心情一定會很慌張，不過還是必須盡量冷靜下來好好聽取醫師的說明，正面地接受這項決定。因為即使是剖腹產，也不會改變媽媽與醫師一起努力將寶寶生下來的這項事實。請相信身旁的每一位醫療人員，安心地交給專業人員判斷吧！

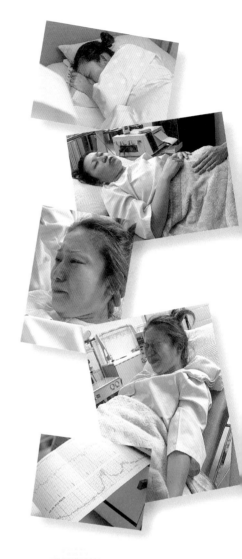

恭喜妳
平安順產！

即將成為父親！ 準爸爸 可以做的事

生產的主角是妻子！盡量鼓勵她、在產後記得慰勞妻子的辛勞

應該有不少準爸爸在妻子分娩的時候，待在妻子身邊陪產吧！這時候請千萬別忘了妻子才是主角，因為她為了生下你們兩人的寶寶，辛辛苦苦地撐過了艱難的時刻，在一旁鼓勵她的時候，請以「妳真的好努力！」來取代「加油」吧！分娩結束後，也要記得向妻子說聲「謝謝」。就算妻子分娩時沒辦法在一旁陪產，事後也別忘了對妻子說些慰勞的話。

產後 1 個月

出生 1 個月的寶寶

平均身高 約50～80cm
約3200～5300g

比起剛出生時
體型變得更圓潤了

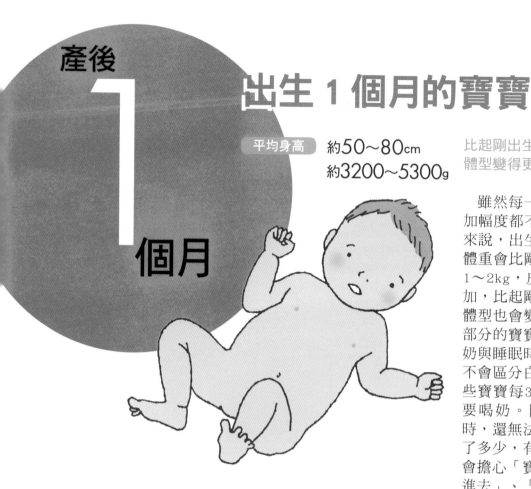

　　雖然每一位寶寶的體重增加幅度都不相同，不過一般來說，出生一個月後的寶寶體重會比剛出生時增加大約1～2kg，皮下脂肪會逐漸增加，比起剛出生時，寶寶的體型也會變得更加圓潤。大部分的寶寶，在這時候的喝奶與睡眠時間都尚未固定，不會區分白天與夜晚，也有些寶寶每30分鐘～1小時就要喝奶。剛開始哺餵母乳時，還無法得知寶寶到底喝了多少，有許多新手媽媽都會擔心「寶寶到底有沒有喝進去」、「我的母乳是否足夠」等問題，如果真的很擔心，可以在產後1個月回診時，請兒科醫師確認寶寶增加的體重是否足夠，再和醫

母體的變化

**產後急遽變化的身體
也會慢慢穩定下來**

　　當分娩一結束，媽媽的身體就會開始恢復懷孕前的狀態，不過要等到產後1個月左右，急遽變化的身體狀況才能稍微穩定下來。在分娩後會排出的惡露，這個時候也差不多漸漸排乾淨。此外，到了此時，分娩時所剪開的會陰傷口，疼痛感也已漸漸

平復，可以隨心所欲地活動，整個身體狀態都幾乎跟產前沒有什麼兩樣。另外，原本產後母乳分泌不如預期的人，到了此時也都可以順利分泌乳汁，因此千萬不要放棄，請繼續哺餵母乳吧！

**產後1個月的回診結束後
幾乎已恢復成懷孕前的生活**

　　產後1個月的回診，必須回

師商量是否有必要增加配方奶，並聽取醫師的建議。

已經慢慢開始適應
子宮外面的生活

有些寶寶在剛出生後的這段期間，除了喝奶外的時間幾乎都在睡覺，不過，這時候寶寶的眼睛與耳朵已經可以感受到外界的刺激，醒著的時間也越來越長，雖然如此，仍有不少寶寶是過著日夜顛倒的生活，還要再過一陣子才能區分白天與夜晚。接下來的幾個月內，寶寶會漸漸調整睡眠的節奏，在那之前請努力撐過這段過渡期吧！另一方面，在新生兒階段常見的幾個原始反射，到了這個時期仍會保留下來，例如彷彿受到驚嚇般高舉雙手的「驚嚇反射」、觸碰到寶寶嘴唇周圍時寶寶會表現出想要吸吮意識「吸吮反射」等。

到當初生產的醫院接受醫師診療。在這次的診療中，必須以內診檢查子宮的恢復情形、同時確認傷口的癒合狀況，只要這次通過醫師的檢查，無論是洗澡、家事、外出、性行為等，生活各方面都可以重新回到懷孕前的軌道，不過這並不代表身體已經完全恢復了，再加上平時還要忙於不習慣的育兒與餵奶，容易導致睡眠不足，因此易感到疲倦。只要以自己的步調，慢慢地回到以往的生活就可以了，不要把自己逼得太緊。

產後1個月的新手媽媽可以做的事

只要寶寶睡著了
自己也要跟著一起休息

在寶寶誕生後的幾個月內，都必須不分日夜地頻繁餵奶，因此媽媽會呈現慢性的睡眠不足。由於無法成眠也會成為壓力的來源，而慢慢累積疲勞感，因此新手媽媽應該要盡可能地在寶寶睡覺的時候也跟著一起休息；就算家裡有點亂、在烹調方面偷懶一點也無妨，媽媽應該要將恢復體力擺在第一位，讓自己也獲得充分休息。

任何人都有可能
患上產後憂鬱症

在產後，由於荷爾蒙激烈的變化、再加上不習慣育兒生活所造成的壓力，媽媽的情緒有可能會變得不穩定。也許會沒來由地感到悲傷、情緒焦躁，或是對什麼都提不起勁等等，這些現象在產後並不少見。要是把自己逼得太緊，這些負面情緒很可能就會演變為憂鬱症，因此，在心情鬱悶時可以先向身旁的人抒發情緒，如果還是無法改善，就去醫院諮詢看看！

沒有人一開始就是完美母親！
媽媽也是從新手開始當起

在剛開始照顧寶寶時，新手媽媽可能會因為不習慣育兒生活，例如「不知道寶寶為什麼哭」、「沒辦法讓寶寶順利喝到母奶」等原因而時常覺得想哭。不過，寶寶才剛誕生，其實也正代表著母親這個身分也才剛誕生。只要再過一陣子，媽媽與寶寶都能漸漸習慣自己的新身分，育兒生活也會越來越順利，放寬心與寶寶相處吧！

多依賴周圍親友的幫助

無論家事或育兒，都不可能靠一個人的力量完美達成。一個人能做的事情有限，何況，身體狀況尚未完全恢復、對於育兒又抱著諸多不安與疑問的狀態下更是如此。這時候可以多依靠周圍的親友，多向周遭表達「拜託、謝謝」，就是順利度過產後階段的關鍵祕訣唷！

即將成為父親！ 準爸爸 可以做的事

最能支援妻子的人還是丈夫別忘了心靈上的支持

如果丈夫能在育兒及家事方面多幫忙一點，對新手媽媽來說就是最大的強心針。不過，最重要的還是給妻子心靈上的支持。雖然可能有很多人平時忙於工作，平日幾乎沒有辦法幫妻子的忙，不過還是可以常向妻子表達「妳真的很努力，謝謝妳」，並且傾聽妻子的話語。常接收到來自丈夫的體貼、以及得知「丈夫了解自己有多辛苦」，應該就能帶給新手媽媽莫大的支持與鼓勵。

最早產生的身體變化

害喜

害喜的表現包括容易感到想吐、沒辦法好好吃東西，或者是沒吃東西反而感到作嘔等。
每一位孕婦害喜的症狀、程度及持續時間都不盡相同。

可以將害喜想作是
寶寶很健康的證明

在懷孕初期由於「體內的人類絨毛膜促性腺激素數值急速增高，會導致害喜情況加劇」，不過，現在醫學上還無法清楚解釋究竟是什麼原因引起害喜。

害喜程度是輕是重，也會受到環境與心理層面的影響而波動，舉例來說：家裡還有大一點的孩子，可以轉移媽媽的注意力，害喜的狀況可能比較輕微。不過，當然也有人因為要忙著照顧孩子，反而使害喜症狀變嚴重。也有人是在工作時不會感到不適，但工作一結束就立刻覺得反胃想吐，每個人的害喜狀況皆不盡相同。

此外，壓力太大也會導致害喜情況變嚴重。這時可以換一個角度思考，不要把害喜當作難受、討厭的事，可以把害喜當成自己繼續懷孕的證明。平時可以多試試各種方法，讓自己轉移注意力。

由於害喜是身體準備進入懷孕所起的症狀，就算覺得難受，也總有一天會慢慢平息，多找一些方法讓自己順利度過這個階段吧！

從第5～7週開始
到第16週左右漸漸平息

雖然害喜的時期與程度每個人都不盡相同，不過大致上來說幾乎都是從懷孕的第5～7週開始，到了第9～10週害喜的症狀最為嚴重，等到胎盤完成的第15～16週時，大部分孕婦的害喜狀況就會漸漸好轉。

害喜也會讓人對於食物的喜好產生改變，也有些人會變得非吃某樣東西不可。其實，在害喜的這個階段，可以抱持著「只要吃得下就盡量吃」的心態。如果因為反胃得太厲害而完全無法下嚥，也不需要勉強自己吃東西；不過要是不吃東西反而會感到噁心時，也要稍微注意控制自己的體重增長幅度才行，盡可能挑選熱量較低的食物。

就算因為害喜而無法飲食，身體也會優先將營養運送到子宮，因此不需要擔心害喜會對肚子裡的寶寶產生影響，只有在脫水狀態、以及極端缺乏維生素B₁的情形下會對母體造成影響；要是害喜嚴重到連水分都無法攝取時，就需要去看醫師，必時要需接受點滴與注射治療。

害喜與寶寶的健康
沒有直接的關連

據說有七成的孕婦曾經出現過害喜的症狀，因此也有一部分人從未經歷過害喜。雖然大家都說「害喜可以證明肚子裡的寶寶很健康」，不過即使沒有害喜也不代表身體出現異狀，孕婦有無害喜與寶寶的健康程度其實沒有直接的關聯。

有人會希望害喜狀況會一天比一天好，但其實害喜並不會規律好轉，而是時好時壞，可能連續一週都很不舒服、也有可能身體狀況持續

DATA 害喜會出現哪些症狀？

名次	症狀	比例
第1名	覺得想吐	59.6%
第2名	對於氣味異常敏感	53.1%
第3名	感到胸悶	51.5%
第4名	嗜睡	49.6%
第5名	對於食物的喜好有所改變	43.7%
第6名	心情變得焦躁、憂鬱	25.9%
第7名	嘴巴裡感覺不適、不太對勁	19.7%
第8名	頭痛	17.4%
第9名	唾液分泌增加	13.1%

好幾天都很不錯，隨著害喜狀況的反覆發作，最終程度才會越來越輕微，有許多人已經不再想吐了才突然發現害喜已經結束了。雖然害喜也有可能會持續很長一段時間，不過假使到生產之前還持續發生害喜症狀，也有可能是胃炎所引起。

克服害喜的方法
每個人都不盡相同

儘管都是因為害喜而感到不舒服，每個人不適的程度皆有差異，有些人嚴重到完全無法進食、有些人則對某些特定的食物想吃得不得了，害喜的症狀千奇百怪。雖然常聽說孕婦「特別想吃酸的東西」，但也不見得如此。

在下列的圖示中，整理出曾有害喜經驗的人表示「如果是這樣東西可以吃得下」、「害喜時特別想吃」的各種食品。除了這些之外，還有些人會突然莫名地想吃原本討厭的食物，在害喜這段期間，對於飲食的喜好會有大幅度的改變。如果有什麼想吃的東西，可以多少吃一點，在不會對胃造成負擔的前提之下，吃完之後也可以躺下來稍微休息一下。

也有許多人會對於氣味特別敏感，食物在熱騰騰的時候味道會特別明顯，可以等到放涼了後再吃，或是將食材加入寒天凍當中一起食用，會比較好下嚥。不過，過於冰冷、香料刺激過於強烈的食物會對胃造成負擔，在害喜的期間內最好避免食用。

吃得下的東西就盡量吃，並攝取充足的水分，同時也盡量別讓自己處在壓力太大的環境當中，好好放鬆心情度過害喜的期間吧！

害喜時接受度最高&最推薦的食物

番茄
吃完後嘴巴裡只會殘留清爽的後味，還帶有恰到好處的酸度，最受孕婦們歡迎。就算在懷孕之前不怎麼喜歡番茄，也有許多人在害喜時喜歡番茄。

酸梅
堪稱是害喜時的必備食品。在害喜時有許多人都會想要吃酸的東西，酸梅搭配冷粥的組合相當有人氣。

葡萄柚
在柑橘類水果當中，最受孕婦歡迎的就屬葡萄柚了！葡萄柚的酸味較強，在嘴裡品嘗時感覺相當清爽，連心情都會變得煥然一新。

冰淇淋、水果冰沙
有些人喜愛滑順濃郁的冰淇淋、也有些人喜歡口感清爽的水果冰沙，冰冰涼涼的口感相當吸引人。

碳酸飲料
在嘴巴裡充滿泡沫的刺激感，非常受到孕婦喜愛，最受歡迎的是不添加砂糖的氣泡水，加入檸檬汁或萊姆汁也很不錯。

炸薯條
雖然屬於垃圾食物，但不可思議地相當受到歡迎。可能是因為酥酥脆脆的口感、以及偏鹹的味道讓人胃口大開。

蔬菜棒
有許多孕婦都表示，「如果是清爽的生菜就可以放心享用」。由於熱量很低，即使連不吃東西都會反胃的人也可以多吃。

豆腐
不具有強烈味道、口感滑順容易下嚥的豆腐，也相當受歡迎，無論是涼拌或熱炒都OK，不過要注意醬油的分量不可過多。

果凍狀營養輔助食品
果凍狀營養輔助食品是屬於冷的流質食物，就算感到作嘔反胃時也多少能吞下肚，還能兼顧到營養均衡的層面，相當不錯。

油炸物
有些人在害喜時會特別想吃炸雞塊、或是油脂豐富的西餐，等到害喜情形好轉之後就節制一點吧！

冬粉
就算害喜不到非常嚴重的程度，還是會不喜歡嘴巴裡有黏稠的感覺，在此時很適合選擇味道清爽的冬粉。

懷孕中至產後會產生劇烈變化
頭皮・髮質乾燥

在懷孕時，肌膚會比較敏感、也會變得比較容易乾燥，同樣地，頭皮與髮絲的狀態也會產生變化。這時不僅要做好外在的保養，也要著手從體內開始打造出健康髮絲。

洗頭清潔後
再按摩促進血液循環

在懷孕時，有些人的頭皮會變得乾燥，相反地也有人的頭皮會變得容易出油。由於懷孕時肌膚上的皮脂腺容易閉合，要是分泌了大量的油脂，便可能會堵塞皮脂腺，造成頭皮屑與頭皮搔癢等惱人的問題。

頭髮保養的基本功就是洗頭，首先要將洗髮精搓揉出大量的泡沫，再利用濃密的泡沫仔細清潔，從平時就要留意保持頭皮的潔淨。此外，按摩頭皮也能帶來不錯的效果。藉由按摩可促進頭皮部位的血液循環，打造出良好的基底之後，自然就能生出健康的髮絲。

注意日常生活習慣
造就健康的頭皮與髮絲

由於荷爾蒙造成的影響、以及身體會自動將營養輸送給肚子裡的寶寶，在懷孕時髮絲容易變得乾燥粗糙，並且失去彈性。可選擇適合自己頭皮與髮質的潤髮品及髮膜，好好保養髮絲。

此外，在孕期中，面對髮絲損傷問題時並不是該特別做些什麼，而是要著重於該如何恢復髮絲健康，讓損傷情形不再出現。為了重獲健康的頭皮與髮絲，平時就要過著規律的生活，並且注意攝取營養均衡的飲食。外出時避免照射到紫外線，並塗抹護髮油帶給髮絲充足保濕，避免頭髮受到外界環境的刺激，也是維持美麗髮質的一大重點。

到了產後，由於荷爾蒙的影響，有些人會出現嚴重的掉髮現象，不過大約1年後就能恢復到原本的狀態，不必過於擔心。

藉由頭皮按摩與按壓穴道
讓髮絲＆心情都變得煥然一新

頭皮中的毛細血管會將營養輸送到毛囊，因此，造就一頭美麗秀髮的關鍵就在於必須讓頭皮維持在最佳狀態。藉由按摩可促進頭皮的血液循環，現在就從體內開始著手保養吧！

利用指腹部位，稍微用力按壓頭皮幾秒。

位於耳垂內側的凹陷部位，有一個稱為「翳風」的穴道，只要按壓此處就能達到促進頭皮血液循環的效果。

翳風穴

按壓後立即放開手指，接著再變換手指按壓的位置，於整體頭皮重複按壓數次。

百會穴

按壓位於頭頂的「百會穴」，除了頭皮之外還能促進全身的血液循環；按摩「通天穴」則能預防掉髮，賦予髮絲彈性張力。

通天穴

荷爾蒙變化帶來影響

膚質改變

懷孕時的肌膚相當敏感脆弱，原本沒什麼大問題的健康肌膚，
也必須做好每天的紫外線防禦對策，以及避免肌膚乾燥的保濕措施。

懷孕時容易生成斑點
要確實做好防曬措施

懷孕時，身體會分泌出雌激素與黃體素兩種荷爾蒙，由於這兩種荷爾蒙會使麥拉寧黑色素增加，導致肌膚產生色素沉澱，有時也會突然長出斑點。

這些在懷孕時肌膚上起的變化，到了生產完之後便會漸漸回復原狀，因此不需要過於擔心，不過，在懷孕期間內還是要做好紫外線防禦措施！例如，外出時記得要塗抹防曬產品，利用帽子或陽傘守護肌膚等，都是基本的防曬措施。

此外，由於懷孕時的肌膚很容易會出現問題，即使是原本膚質不錯的人，也要將化妝品與防曬產品換成不含化學物質的無添加天然產品，或是選用敏感肌膚專用的產品。

身體肌膚也要做好保濕
避免乾燥與搔癢情形

比起每天都會記得保養的臉部肌膚，身體肌膚更容易乾燥，同時也會產生搔癢情形。在懷孕期間的肌膚乾燥與搔癢問題，是由於皮下脂肪增加使得表面肌膚被撐開，破壞了全身肌膚的水分平衡所引起。

再加上逐漸增大的子宮會壓迫到內臟，使得膽汁的流動狀況變差，導致肌膚容易出現搔癢情形，而血液循環不良也會導致肌膚乾燥。在懷孕時應該要將以上幾點謹記在心，勤於使用保濕乳霜，隨時維持肌膚的滋潤度。

順帶一提，產後哺餵母乳時，身體會分泌出一種名為催產素的荷爾蒙，肌膚就會變得水潤有光澤了！

懷孕時必須特別防禦紫外線！

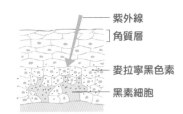

- 紫外線
- 角質層
- 麥拉寧黑色素
- 黑素細胞

在懷孕期間內所產生的各種肌膚問題，透過紫外線的照射會變得更嚴重，甚至還會有惡化的傾向。平時就要記住防禦紫外線，極力避免黑色素生成。

孕期維持美肌的5個關鍵

運動
運動能夠促進血液循環，特別是懷孕時期的血液循環容易變差，記得多讓自己動一動身體，使心情放輕鬆。

睡眠
要使肌膚再生，絕不能少了優良的睡眠品質，睡眠不足會導致肌膚變得乾燥粗糙。1天至少要睡7個小時，確保自己擁有良好的睡眠。

飲食
高蛋白質、高維生素、低熱量的飲食，可幫助美肌。多攝取含有豐富維生素與礦物質的蔬菜與水果、充滿膠原蛋白的雞肉，以及能打造強健血管的海藻類食材。

泡澡
泡澡不僅可以促進血液循環，還能讓肌膚正常代謝，預防乾燥情形。不過，水溫過熱反而會傷害肌膚，建議以38度C左右的溫水泡澡。

加濕
如果時常待在乾燥的環境中，肌膚裡的水分會持續流失。在日常生活中可以使用加濕器等器材，讓身邊的環境維持在40～60%的濕度。

最不希望發生的肌膚煩惱

妊娠紋

雖然妊娠紋在生產之後會逐漸變淺，但是只要一旦長出妊娠紋，日後就不可能完全消失。
開始進行肚皮的保濕保養，盡全力預防妊娠紋的產生吧！

體重急遽增加、
肌膚乾燥是形成主因

孕期肚子變大的過程中，肌膚內側的皮下脂肪也會跟著增多，導致肌膚表面的表皮被迫快速擴張，但表皮擴張的速度卻無法趕上肚子的急遽增大幅度，使肌膚表面產生彷彿裂開來一般的紋路，這就是妊娠紋。

由於體重急遽上升，皮下脂肪跟著急速增加，是妊娠紋產生的最主要原因。所以即使是沒有懷孕的人，也有可能會長出這種紋路，一般稱作為生長紋。

此外，肌膚乾燥也是妊娠紋形成的原因之一。雖然已經長出來的妊娠紋在日後無法完全消失，不過到了生產之後顏色就會逐漸變淡，漸漸變得不那麼明顯。

保濕保養應該要
在懷孕20週左右開始進行

最容易長出妊娠紋的時間點，就是在準媽媽肚子即將急速變大的產前最後一個月。不過，在食慾大幅上升的懷孕中期，體重一下子增加太多的話，也很容易產生妊娠紋，千萬要留心。

如果能夠盡早開始使用保濕乳霜進行保濕保養，就能夠有效地預防妊娠紋產生。在肚子開始漸漸變得明顯的20週左右，就是開始進行保濕保養的最佳時期。

除了肚子外，乳房以及臀部、大腿等部位也都有可能會長出妊娠紋。因此，即使是平常不太會注意到的臀部、大腿、以及肚子下方，也要仔細確認是否長出紋路，並且勤做保濕保養喔！

符合這些條件的人
容易長妊娠紋

- □ 孕期中沒有做好體重管理
- □ 沒有認真執行保濕保養
- □ 不怎麼喜歡運動
- □ 不小心吃太多，急速變胖！
- □ 感覺肌膚變得容易乾燥
- □ 不怎麼在意妊娠紋的問題
- □ 對於維持產後外貌沒什麼興趣

以上這些選項妳有3項以上符合，就要多加留意了！因為這代表著妳很容易長出妊娠紋。

這些是容易長出妊娠紋的部位！

乳房
從懷孕中期開始，乳房也會逐漸變大。在乳房邊緣的部位可能會長出直線狀的妊娠紋。

肚子
最容易長出明顯妊娠紋的部位就屬肚子了，由於肌膚過度擴張，導致容易乾燥，務必要確實做好保濕保養才行。

臀部&大腿
在臀部下方、大腿根部處也是很容易長出妊娠紋的部位。

妊娠紋是怎麼產生的呢？

皮膚是由肌膚表面的表皮、真皮與皮下組織所構成，在體重急速增加、皮下脂肪突然變多的情況下，肌膚也會突然被快速撐開，而表皮與皮下組織卻無法跟上肌膚擴張的速度，在拉扯撕裂之下便產生了溝紋狀的裂痕，也就是妊娠紋。

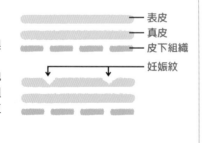

- 表皮
- 真皮
- 皮下組織
- 妊娠紋

這樣做就能確實預防妊娠紋產生！

保濕＋按摩＋控制體重

　　藉由塗抹保濕乳霜或乳液，搭配按摩，能使肌膚變得更有彈性，更能承受急遽擴張所帶來的變化。如果平常喜歡滋潤觸感的人，推薦使用保濕乳霜；若是平時偏好清爽觸感的人，則比較適合使用乳液。

　　在進行按摩時，不需過度用力，只要輕輕地按壓肌膚即可。不過，在感覺到肚皮比較緊繃、或正在服用預防早產的藥物時，最好避免按摩肌膚。

　　另一方面，確實控制體重的上升幅度，也是預防妊娠紋相當重要的一環。在孕期時，必須用心攝取營養均衡的飲食，並且進行適度的運動。如果想要開始運動，建議最好是在進入安定期之後再開始，且要經過醫師同意。

進行保濕按摩的方式

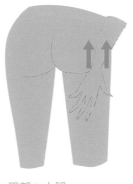

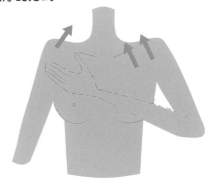

臀部＆大腿
從大腿開始往臀部的方向，以慢慢拉提的手法進行按摩。平時不容易看見這個部位，可以一邊照鏡子一邊塗抹按摩。

乳房
從乳房下方往脖子的方向，以拉提的手法輕輕按摩。如果按摩時感覺子宮容易收縮，就請停止。

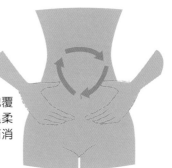

肚子
繞著肚臍為中心，將手掌包覆住肚子，以順時針的方向溫柔地按摩，這麼做同時也具有消除便秘的效果。

避免照射到紫外線！恢復產前體型也非常重要唷！

　　妊娠紋一旦形成了，便無法完全消除，為了讓妊娠紋看起來不那麼明顯，要努力讓身材恢復成產前的體型，並為肌膚進行保濕保養及按摩。要是照射到紫外線，也會讓紋路變得明顯，因此也要盡量避免讓形成紋路的部位照射到紫外線唷！

剛生產完

肚皮還處於鬆弛狀態
妊娠紋呈現紅色且很明顯

剛生產完的這段時間，被撐鬆的肚皮還沒有這麼快恢復成原本的緊實度，因此妊娠紋會呈現紅色，看起來非常明顯。有時候也會有生產時過度用力而產生妊娠紋的情形發生。

產後3個月左右

顏色稍微變淡、
漸漸變得比較不明顯

體重‧體型都漸漸恢復到產前的狀態，懷孕時被過度拉扯伸展的肌膚也回到了原本狀態，因此妊娠紋的顏色也會逐漸變淡。如果能完全回復到原本的體型，妊娠紋的寬度也會變得較細。

產後6個月左右

幾乎看不出顏色了
只殘留有白色的線條

肌膚已經不再處於緊繃狀態，原本呈現紅色的妊娠紋，會變得幾乎看不出顏色，只會留下淡淡的銀白色痕跡。不過，像是在沐浴後等血液循環較佳時，也許又會變得泛紅。

牙齒、口腔環境與懷孕息息相關
牙周病！

在懷孕時罹患牙周病的例子並不少見。
為了以一口健康的牙齒迎接分娩的到來，將下列的保養技巧牢記在心吧！

必須慎防會破壞牙齒根部組織的牙周病！

時常會聽到老一輩的人說：「懷孕時牙齒容易鬆動脫落」、「生一個孩子就會掉一顆牙齒」等關於牙齒與懷孕之間的關聯。不過，這並不代表著「寶寶會吸收媽媽牙齒中的鈣質」，在懷孕‧生產的這段期間讓牙齒狀況變差的最大原因，就是牙周病。

平時在口腔中隨時都潛藏著各式各樣的細菌，有的是會引起蛀牙的細菌、有的是會引起牙周病的細菌，這些都是藉由飲食中含有的糖分製造出齒垢，並且藏身於齒垢當中繁殖。

平時蛀牙菌會附著在牙齒表面引起蛀牙；而牙周病菌則因為討厭氧氣，會鑽入牙齒與牙齦之間，牙周病菌越是深入到牙齦內部，牙刷越是無法到達，而且牙周病菌一旦繁殖，就會越深入到牙齦內部，導致牙周病更加惡化，最終對於支撐牙齒的基底造成破壞。

牙周病細菌會隨著血液擴散到全身！

懷孕時的口腔內部屬於細菌容易繁殖的狀態，再加上懷孕時的口水偏少，使得蛀牙與牙周病形成的機會大幅增加。

牙周病最可怕的地方在於不只會影響到口腔內部而已，而是與全身疾病息息相關。要是在懷孕時罹患了牙周病，不僅會提高早產與生出體重過低兒的風險，還會提升將來罹患骨質疏鬆症、糖尿病、心臟病等疾病的機會。

此外，牙周病並不像是蛀牙一樣能夠自行察覺，往往都是在不知不覺中就已經變得很嚴重，因此即使沒有牙齦出血或腫脹的情形，每年還是必須前往牙醫進行2次定期檢查，同時每天要正確刷牙，用心防範牙周病的發生。

符合這些條件的人容易罹患牙周病

- ☐ 牙齦腫脹
- ☐ 牙齦局部紅腫、同時還呈現紅黑色的狀態
- ☐ 總覺得自己有口臭
- ☐ 齒縫之間容易殘留食物殘渣
- ☐ 刷完牙之後，牙刷上殘留有血漬，或是漱口水中含有血絲
- ☐ 牙齒與牙齒之間的牙齦形狀不是尖銳的三角形，而是呈現圓潤的飯糰形狀
- ☐ 咬到比較堅硬的食物，會感覺到牙齒好像不太牢固
- ☐ 用手指觸摸牙齒，某些牙齒感覺有些鬆動
- ☐ 感覺牙齒好像變長了
- ☐ 牙齦流出膿液
- ☐ 曾經被別人說過「口臭蠻嚴重的」

勾選0個選項

到目前為止，還不必擔心牙周病的問題。從今以後也要繼續好好刷牙，至少每半年去牙科檢查一次。

勾選1～2個選項

可能罹患牙周病，請前往熟識的牙科診所檢查是否罹患牙周病，同時確認自己平時刷牙的方式是否正確。

勾選3個以上的選項

可能已經惡化到牙周炎的程度了。勾選了越多選項，就代表牙周病的症狀越嚴重，請盡速前往牙科看診諮詢。

趁現在學會正確的刷牙方式吧！

要預防蛀牙及牙周病，最重要的還是每天勤於自我保養，控制口腔中牙周病菌的數量，讓牙周病菌的數量降低到不至於會造成傷害的程度，才能預防罹患牙周病。

不過，懷孕時的確很難做到每天都仔細地刷牙，因此只要在身體狀況不錯的時候仔細清潔牙齒，有些時候偷懶一點也無妨。

牙刷刷毛接觸牙齒表面時必須呈現90度直角

當牙刷刷毛接觸牙齒表面時，必須以90度直角，同一個部位要刷20次以上，牙刷左右移動的距離約為1～2mm，慢慢移動牙刷，清潔到每一個小細節。

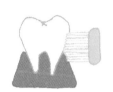

接觸牙齦邊緣時要以45度角仔細清潔

牙齒與牙齦之間的連接處最容易藏污納垢，為了讓刷毛能夠進入牙齦邊緣仔細清潔，要將牙刷以45度角仔細地震動清潔。同一個部位一樣要刷20次以上。

刷牙的順序也是一大重點！

刷牙時，必須刷到所有牙齒的側面才行。要是以「應該有刷到」的感覺來刷牙，反而會磨損牙齒，因此必須依照上圖所示的順序，從右下方的牙齒內側開始清潔，依照所有牙齒的內側→牙齒外側→後排牙齒表面的順序仔細刷牙。

害喜時可以使用口腔清潔劑漱口

雖然平時不能夠以漱口取代刷牙，不過要是害喜嚴重也只能用漱口的方式了。在漱口時，使用口腔清潔劑是一個不錯的方法。不過方便的話還是向牙醫諮詢看看，請醫師介紹牙科專用的口腔清潔用品會更好。此外，平時咀嚼不添加砂糖的木醣醇口香糖，也是不錯的方式。

如果要去看牙醫的話請在進入安定期之後前往

基本上，「懷孕進入安定期之後才能治療牙齒」。在害喜狀況嚴重時，要一直躺著接受治療感覺會很痛苦，更何況必須長時間張開嘴巴，而且有些牙科用藥在懷孕初期也無法使用。不過要是真的很痛、或是牙齦出血了，即使在懷孕初期還是可以施以基本的治療，如果急需治療請前往牙醫諮詢。

要看牙醫時最好選擇附有兒童牙醫的診所

要看牙醫時最好選擇也為孕婦治療的診所，附有兒童牙醫的診所更佳，因為在生產之後也必須顧及到寶寶的牙齒健康，既然要前往牙醫，就選擇一間能夠照顧全家人牙齒健康的診所吧！可以先向住家附近的媽媽前輩們打聽看看關於牙科的資訊，並且趁現在觀察看看牙醫是否適合自己。

選用低發泡配方的牙膏

當害喜嚴重到連刷牙都很困難的情況下，最好選擇自己喜歡的牙膏。為了維護牙齒健康，可以選用低發泡配方、具有預防牙周病效果的藥用成分牙膏，或是具有預防齲齒效果的含氟牙膏。

另外，若是牙膏中含有過多研磨劑，在清潔牙齦邊緣時很可能會傷害到牙齒與牙齦，因此在請避免選擇含有過多研磨劑的牙膏。

寶寶的牙齒健康與媽媽懷孕時的狀況大有關聯

寶寶的乳牙會在媽媽懷孕第7個月時開始形成，永久牙的基礎也會在懷孕第3～4個月的時候形成，因此準媽媽在這個階段務必要確實攝取鈣質與磷質。

到了懷孕第4個月，乳牙開始石灰化，鈣質漸漸沉積在牙齒根部並開始變硬，接下來為了使寶寶的牙齒與骨骼變硬，對孕婦來說鈣質也是不可或缺的重要營養。

媽媽的蛀牙會傳染給寶寶！

原來蛀牙也是傳染疾病的一種，這是最近才新發現的事實。在剛出生寶寶的口腔中並沒有會造成蛀牙的變形鏈球菌，直到1歲左右變形鏈球菌才會增加，這是因為母子口對口的食物傳遞以及共用餐具所造成。由於要100％預防母親傳染蛀牙給寶寶相當困難，因此請在懷孕時就先把蛀牙治好，降低口中的蛀牙菌數量才是根本之道。

懷孕中的身體
會出現更多變化！

各種令人困擾的小毛病
大部分都是荷爾蒙的變化所引起

女性的心靈與身體狀態，會受到體內荷爾蒙平衡相當大的影響。例如，在女性荷爾蒙當中最廣為人知的雌激素，到了懷孕後期分泌量會變成平時的1000倍之多。其它像是黃體素、催乳素等各種荷爾蒙也會維持懷孕時的作用，並為了迎接分娩產生許多變化。在懷孕時期身體所產生的各種困擾，都是由於這些荷爾蒙所引起的變化。

懷孕・生產・產後的階段，荷爾蒙分泌量會產生大幅變化，因此這段時間身體會受到相當大的影響。

身體的各種變化都會在
產後恢復正常，漸漸消失

只要一旦懷孕，為了保護肚子裡的寶寶，孕婦的身體當中就會開始起許許多多的變化。這些變化會產生疼痛、倦怠、搔癢等令人感到不舒服的症狀，不過在大部分的情形下，對孕婦來說這些小毛病都不會帶來太大的不便，而且到了產後也自然會慢慢恢復原狀。因此，可以試著想「都是為了生出健康的寶寶才會有這些不適」，再盡可能預防這些情形產生。也可以盡量找出能讓自己稍微舒服一點的方法。

下列都是為了保護寶寶而發生的變化

乳頭黯沉
懷孕時乳頭顏色變得黯沉，是因為荷爾蒙的影響導致麥拉寧黑色素沉澱。麥拉寧黑色素具有令肌膚變得更強健的作用，為了在產後讓寶寶吸吮母乳，先準備好強健的乳頭。

乳暈變大
這也是受到荷爾蒙影響所帶來的改變，同樣是為了令乳頭更強健。在懷孕中變得又大又黑的乳頭與乳暈，到了產後就會慢慢地變小、顏色變淺，因此無須過於在意。

子母線顏色變深
每個人與生俱來都有子母線，只不過因為懷孕的關係麥拉寧黑色素增加，使得母子線看起來更明顯。到了產後，顏色就會自然變淺，也不會太明顯，不需要太擔心。

毛髮變濃密
懷孕了，有些人的毛髮會變得比以往濃密、當然也有些人反而會變稀疏，這也是荷爾蒙改變所造成的影響。為了守護肚子裡的寶寶，在肚皮周圍的體毛也可能會變濃密。

皮下脂肪增多
懷孕中女性的身體，就宛如在冬眠之前的熊一樣，換句話說，皮下脂肪增多就是為了預防到時候就算沒有東西吃，也能好好養育肚子裡的寶寶，身體正在儲備大量的營養。

分泌物增加
懷孕了，體內的荷爾蒙平衡就會發生變化，會引起分泌物增加。不過，要是分泌物的量過多、帶有顏色、且散發出強烈氣味，就有可能是身體出了問題，必須多加注意。

視線模糊、耳鳴、浮腫、靜脈曲張 ……關於這些令人困擾的變化，請參考P168的詳細說明。

PART 2
讓自己盡情享受
懷孕生活吧！

當然，在懷孕時絕對不可過度勉強自己，
不過還是有許多樂趣只在這段期間才能享受到。
好好放鬆心情，讓自己盡情享受安心又愉快的懷孕生活吧！

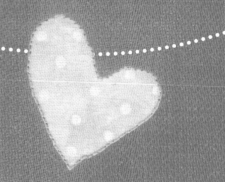

一旦得知懷孕
開始選擇生產院所吧！

妳是不是覺得生產還是很久以後的事呢？不過有些婦產科醫師必須在剛懷孕時就事先預約，因此盡量早點決定生產地點，並前往該處接受定期產檢吧！

儘管是少子時代仍須視需要評估適合的生產醫院

一旦得知自己懷孕了，首先第一件事就必須開始考量自己該去哪一間醫院生產。雖然妳可能會覺得生產還是相當遙遠以後的事，不過，為了安心度過懷孕的這段期間，必須定期接受產前檢查，而且要是沒有在懷孕初期就先預約分娩，到時候還有可能找不到適合的醫師可以接生。由於現在大家比較傾向找知名的婦產科醫師接生，因此建議在肚子尚未明顯隆起的階段就先預約好生產的醫院與醫師，才能安心度過孕期。

考量地理位置選擇近一點的院所

具體來說應該怎麼選擇生產機構比較好呢？首先，最重要的就是距離遠近。由於分娩無法預測會從何時開始，在孕期中也隨時有可能會有突發狀況，因此如果可以，選擇能在1小時之內抵達的地方會比較好。

雖然如此，不可否認地也

有些地區是必須開車2小時以上才有一間醫院，那麼只能在平時就多注意自己的身體狀態，在定期產檢時先向醫院問清楚萬一有什麼突發狀況時，應該採取什麼樣的應變措施。

依照自己的身體狀況選擇適合的醫院

另一個重要的選擇依據，就是自己的身體狀況條件。本身患有疾病、或年齡較高等所謂的「高危險妊娠」，就必須選擇所有科別一應俱全的綜合醫院、或是在周產期照護中心接受萬全的醫療照護。

花費多少醫療費用也是確認的重點之一

懷孕、生產並不在健保全額囊括的範圍之內，依照每一次產檢的費用與醫院的不同，自費的金額皆會有所差異。此外，在生產住院期間內的費用，例如分娩費用與病床費等，要是選擇了豪華的醫院，費用當然也會相當高昂。為了不要讓自己才剛

生產完就急著辦理出院，在選擇醫院時一定要仔細評估費用金額再做決定。

醫院與自己的想法是否契合是最重要的條件

如果在妳居住的地區有好幾間醫院可以選擇，事先調查好每一間的生產需知是很重要的產前功課。依照該分娩機構的方針，也許在分娩時無需使用分娩台，以自由體位分娩方式產下寶寶，或是在陣痛時可以嗅聞芳香精油，也可以事先和醫師商量是否有必要剪開會陰部位等等。不僅如此，產婦本人是否能與醫師好好溝通，也是重點之一。有時候雖然醫院的立意良善，不過也有可能感覺和醫師合不來，無法好好與醫師溝通，最後也可能會迎來不甚滿意的懷孕・生產過程。因此，不僅要選擇能照著自己理想方式生產的醫院，還要考量到自己是否能和院方達成良好的溝通，如果溝通良好，就算最後分娩不是自己想像中的情況，心中也不會感到不滿。

轉換醫院
不見得是壞事

要是在後來又打聽到另一間比原先更好、更適合自己的醫療院所，也可以選擇轉換。只要不是極端地一直換醫院，對原先的醫院表示由於私人因素想要換醫院，完全不會有任何問題。對院方來說，要是孕婦直接不來複診反而令人擔心。

選擇一間全家人
都滿意的分娩院所吧！

詢問家人對目前的醫院是否滿意。如果光整是自己覺得滿意，要是收取過高費用、或家人無法接受該醫院生產方式，就必須重新考量。請和家人好好溝通，選擇一間令全家人都滿意的分娩院所吧！因為育兒這件事，不是只憑媽媽一個人的力量就能辦到，必須靠全家人一起努力才行。

生產機構也有各種選擇

醫學中心

母嬰都能接受
完善的醫療服務

在周產期照護中心內，無論是婦產科或小兒科都能提供最尖端的醫療服務，母嬰都各自有集中治療室，24小時不間斷地管理照護。若是在該地區突然有孕婦需要緊急醫療措施，醫學中心也能提供醫療救助。

婦幼醫院

以婦產科為主的醫院
同時附設有小兒科、內科

雖然婦幼醫院的規模不若綜合醫院般完整，卻是以婦產科為主，同擁有婦產科方面的最精密的檢查設備（例如高準確度的超音波檢查機器），也擁有能應付緊急手術的周全治療設備。

大學醫院・綜合醫院的婦產科

同時也是
附屬於大學的研究機構

綜合醫院中除了婦產科之外同時也有其他科別，大學醫院雖然是屬於大學的附屬設施，但也跟綜合醫院的規模不相上下。當產婦除了婦產科之外也必須同時看其他科時，就可以選擇這類醫院，不僅可以有確定的就診方針，還能獲得全面性的醫療照護。

婦產科診所

依照院長的方針不同
能夠提供特別的醫療服務

婦產科診所是以婦產科為主的醫療設施，能提供各種分娩方式，例如自由體位分娩、或讓家人在一旁陪產等。不過，如果需要特別的治療或檢查，還是必須轉到擁有高度醫療設施的大型醫院比較妥當。此外，也有些婦產科診所僅提供定期產檢的服務，不能在此進行分娩。

〔註：台灣的周產期照護分為三級：

1.初級周產期照護：初級周產期醫療照護屬於基本的孕、產婦正常產前、產中及產後的照護，由具有婦產科專科醫師資格執業的產科診所負責。

2.中級周產期照護：第二級周產期醫療照護對象，為經高危險妊娠孕、產婦的初次評估屬於輕度高危險妊娠，必須接受第二級的周產期照護，由具有周產期專科醫師執業的產科醫院及地區教學醫院負責照護，周產期醫療人員包括周產期專科醫師、新生兒專科醫師及周產期教育訓練認證合格的護理人員。

3.高級周產期照護：第三級周產期醫療照護對象為接受初級及中級周產期照護診所及醫院轉診之高危險妊娠孕、產婦，必須接受第三級的周產期照護由區域醫院及醫學中心負責成立第三級周產期照護中心，照護醫療成員包括周產期專科醫師、新生兒專科醫師、內外科次專科諮詢醫師、周產期高危險妊娠照護護理師、社工師等，中心必須具備能從事周產期照護的加護病房。（資料來源／中華民國周產期醫學會）〕

從定期產檢開始
迎接平安無慮的孕婦生活吧！

在醫學上，懷孕‧生產又被稱為預防醫學，因此平時維持健康的身體非常重要。
為了維持健康的身體，得知懷孕後一定要定期做產前檢查，接受必要的檢查與診療。

**為了安心迎接分娩
必須確實接受產前檢查**

　　雖然懷孕並不是生病，不過卻會對女性的身體造成非常大的負擔。有時候身體起了變化，可能會被認為「都是因為懷孕的關係」而輕忽了變化的重要性，不過這卻很有可能是寶寶出現異常的徵兆。妳可能會覺得「自己的身體很健康，定期產檢很麻煩」，但為了在懷孕早期即發現異常、立即採取應變措施，一定要定期接受產前檢查才行。

前往產檢時的服裝＆攜帶物品

妝容以清淡自然為主
在產檢時也會以膚色確認孕婦的健康狀態，因此妝容必須以清淡自然為主，盡量以接近素顏的自然妝容前往產檢吧！

**攜帶孕婦
健康手冊、健保卡**
每一次的產檢結果都必須記錄在孕婦健康手冊當中，因此一定要記得攜帶。健保卡也別忘了。

**選擇容易穿脫
的服裝**
由於產檢時可能會照超音波或進行內診，經常必須穿脫衣服，因此最好穿著容易替換的服裝，同時也要注意別讓身體受寒。像是長版上衣再搭配孕婦專用內搭褲都是不錯的選擇。

**穿著容易穿脫
的鞋子**
為了避免摔倒，請勿穿著高跟鞋。就診時可能會穿穿脫脫鞋子好幾次，因此請選擇容易穿脫的鞋子吧！

定期產前檢查的時間表

- **初期：～11週
  1次**
  確認懷孕後，一開始的診療過程就必須確認是否有任何疾病或症狀會導致懷孕無法持續，及是否能順利分娩等。如果已經有害喜等症狀，也可以向醫師諮詢。

- **中期：12～27週
  4週1次**
  準媽媽肚子已經有一點隆起，醫師只要輕壓媽媽的肚子，就能摸到寶寶的位置。在這個階段，通常產檢時會從外觀來檢視寶寶的大小及位置。

- **後期：28～35週
  2週1次**
  容易出現妊娠高血壓症候群及貧血等症狀，必須仔細檢查血壓與尿糖指數。此外，為了確認孕婦是否罹患會導致早產的感染症，也會再追加檢查分泌物的狀態。

- **足月：36週～
  每週1次**
  寶寶隨時都有可能誕生，產檢時會以媽媽與寶寶的身體狀況與健康狀態為主進行檢查。

  如果已經過了預產期，會依每個人的狀況來決定產檢的日期。請在醫師指示的日期前往檢查。

在定期產檢時必須做的檢查

檢查血液

確認孕婦的身體狀態
檢查是否有影響孕‧
產過程的疾病

檢查血液可以確認孕婦的身體狀態，同時也能看出是否潛藏會影響懷孕過程、甚至是分娩的疾病。由血液檢查中若發現令人擔心的症狀、或是體質與疾病，也有可能會從陰道分娩改為剖腹生產。在檢查項目中，有些是健保給付的，請在檢查之前就先確認清楚。

測量體重

必須觀察孕婦的體重是否
以恰當的幅度慢慢增加

在懷孕的過程中，要是體重增加的幅度過於劇烈，罹患妊娠高血壓症候群與妊娠糖尿病的危險性便會大大增高。此外，近年來也有越來越多體重過輕的孕婦，也會使寶寶的成長受到威脅。到懷孕7個月之前一週可增加30g，懷孕8個月之後一週增加500g比較理想。

檢查尿液

確認尿液中是否出現
尿蛋白或尿糖

尿蛋白是妊娠高血壓症候群、而尿糖則是妊娠糖尿病的徵兆，為了早期發現這兩項疾病，必須在產檢中檢查尿液，要是檢查結果出現陽性反應，就必須進一步接受檢查。也會同時觀察尿液顏色與混濁情形，確認孕婦是否罹患膀胱炎等感染症。如果在檢查之前吃了過多甜食，也會導致尿糖出現，因此在產檢當天應該避免吃甜點、水果或飲料。

測量肚圍‧子宮底部長度

觀測寶寶成長狀況的
指標之一

從恥骨上方到子宮底部為止的長度為子宮底部長度；肚圍則必須測量肚臍周圍肚子最大的部位，從這兩者的數值來判定肚子裡寶寶的成長狀況以及羊水量。

檢查血壓

確認是否有出現
妊娠高血壓症候群的徵兆

從懷孕初期到中期這段時間，通常會出現「生理性血壓偏低」的狀況，大部分孕婦的血壓會比正常值低10%左右，因此若是在懷孕初期血壓就有偏高的情形，必須特別注意觀察。急急忙忙趕路、或是走太多路也會讓血壓偏高，在檢查之前可以先稍微休息一下，讓自己喘口氣之後再測量。讓心情放輕鬆也很重要。如果血壓一直維持在偏高狀態，並且出現尿蛋白，就有可能是罹患了妊娠高血壓症候群（ →P142 ）。

最高血壓在140mmHg以上、最低血壓在90mmHg以上，就會被診斷為「高血壓」。

超音波檢查

觀察子宮內部的模樣以及
寶寶的心跳、發育情形

　　在第一次產檢及懷孕初期產檢時，從超音波檢查中可以看出是否懷孕、同時確認是否為正常妊娠，還要觀察是否有子宮肌瘤或卵巢囊腫等情形。到了懷孕中、後期，則可藉由超音波檢查看出寶寶的發育狀態，以及胎盤位置、身體方向及羊水量等資訊。此外，超音波有分為會將探頭插入陰道的「陰道超音波」、以及直接從腹部上方觀察的「腹部超音波」，依照使用機器的不同，膀胱內是否有尿液會影響到影像的清晰度，因此在做超音波之前，請先向醫療人員確認是否可以去洗手間。

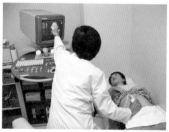

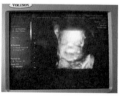

雖然也會同時確認胎兒的心跳以及心臟是否健全，不過通會使用「杜卜勒超音波」的裝置來觀察心跳。

內診

觀察孕婦的
子宮內部及卵巢狀態

　　在內診時，醫師會將單手放進陰道裡面，再以另一隻手從腹腔上方輕輕施予壓迫。懷孕初期的內診是為了檢查子宮與卵巢是否有異常，到了懷孕中期，內診主要是觀察子宮頸口的軟硬度以及打開的程度，確認是否有出現流產或早產的跡象。而懷孕後期則是以內診來檢察寶寶的下降程度，判斷分娩的時程與大致日期等等。何時內診、需要內診幾次，每一間醫院與醫師的方針都有所不同，當然也要看孕婦的身體狀況來決定。

圖片中所看到的是電動旋轉式的內診台，只要坐在上方，內診台就會自動向後傾倒，讓孕婦擺出方便內診的姿勢。

檢查分泌物

採集陰道的分泌物
確認是否罹患感染症

　　為了確認孕婦是否罹患細菌性陰道炎、衣原體感染症、B型鏈球菌感染、淋病、念珠菌性陰道炎、滴蟲性陰道炎等感染症，在定期產前檢查時會採集陰道的分泌物進行檢查。不過每一間醫院檢查的時間點與檢查內容可能會有所不同，請與醫師確認。

檢查水腫情形

以手指按壓小腿肚
確認身體的浮腫程度

　　浮腫是指身體的水腫狀態。在躺著的狀態下將小腿肚朝上，醫師會以手指按壓脂肪比較少的小腿肚，從凹陷狀況來判斷是否有水腫情形。在懷孕中多少都會有點水腫，不過要是以手指按壓後肌膚無法立刻回彈，就必須注意控制平時飲食中的鹽分攝取。

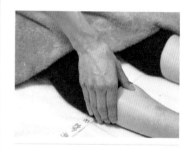

觸診

以觸診確認寶寶的位置
以及肚子的緊繃狀態

　　進行觸診時，孕婦必須仰躺在診察台上，讓醫師確認肚子裡的寶寶頭部是否已經朝下，同時觀察肚子的緊繃程度。如果是第一次懷孕的初產婦，可能會「不知道自己的肚子算不算很緊」，可以詢問看看醫師，了解自己的狀況。

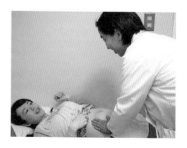

問診

醫師會詳細說明
懷孕的必經過程

在進行檢查的前後，醫師會向孕婦說明現在的身體狀況以及懷孕的必經過程，如果對於自己的身體狀況感到不安，或是對於分娩有任何疑問，可以趁此時詢問醫師。如果是第一次懷孕，要對醫師說明自己的身體狀況可能會感

到害羞，不過不需要顧慮太多，請積極地與醫師進行溝通。前往產檢前，可以將自己想詢問的事項先記錄下來，以免臨時忘記。

● 如果有非常想問醫師的事，例如自己身體的變化等方面，可以在檢查開始之前先跟醫師說最近身體起了哪些變化，檢查完畢之後，醫師就能詳細地說明。
● 在問診的時候，也可以向醫師詢問與身體症狀無關的煩惱。像是懷孕時是否能有性行為等問題，如果覺得很難開口詢問男醫師，也可以詢問護理師。

關於定期產前檢查的 Q & A

產檢的費用大約多少呢？

A 依檢查項目與醫療機構的不同金額也會有所不同

由於胎兒在確定有心跳前的檢查都屬自費，必須在拿到孕婦健康手冊之後才有例行的產檢及檢查補助項目。如果孕婦有特別需要，有些高層次超音波與篩檢須全額自費。由於檢查項目與醫院的服務項目皆有不同，最後的總金額必須詢問院方才能得知。

孕婦健康手冊上的產檢項目都是免費的嗎？

A 有些非常規檢查只有部分補助並不是全額免費

除了例行的超音波檢查之外，如需母血唐氏症篩檢、羊膜穿刺或詳細超音波等檢查則需視狀況補助，有些需要自費。

所謂的NST檢查是檢查什麼呢？

A 確認寶寶的心跳數同時確認健康程度

所謂的NST（Non-Stress Test，無壓力測試）檢查，是將分娩監視裝置連接在肚子表面，於30～40分鐘內觀察子宮收縮的程度、胎兒的心跳數。藉由這項檢查可以觀察出肚子裡的寶寶是否健康，一般來說會在接近分娩的懷孕後期進行NST檢查。

超音波檢查會影響到肚子裡的寶寶嗎？

A 超音波不會影響身體請安心接受檢查

所謂的超音波檢查，是藉由人類耳朵聽不見的音波頻率掃描身體組織，再依結果進行診斷。在產前檢查中所使用的超音波頻率非常微弱，因此並不會對孕婦本人及肚子裡的寶寶造成影響。

內診真的好痛！有什麼方法可以克服呢？

A 要是感覺疼痛請直接向醫師表明

心情過於緊張會導致身體變僵硬，使得內診無法順利進行，也容易感到疼痛。這時可緩緩吐出氣息，盡量讓自己處於放鬆的狀態。要是對於內診抱有恐懼感，也可以在內診前先向醫師表明。

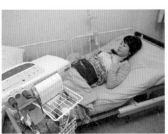

進行NST檢查時，孕婦必須躺臥在床上，將分娩監視裝置的感應帶纏繞在肚皮上。子宮收縮狀態與胎兒心跳數的結果會分別以2種圖表顯示。

產前檢查中
可以了解哪些身體狀況？

在產前檢查中的各項診察，都是為了守護寶寶與媽媽健康的重要手續。
現在就先來了解每一項檢查背後具有的涵義吧！

每一間醫院的檢查項目多少都有些差異

在產前檢查中，必須接受各式各樣的診察，有些是每位孕婦都必須接受的檢查、也有些是依照醫療機構的方針提供的檢查。如果想充分了解自己會接受哪些檢查，可以先向醫院確認。除此之外，有些檢查項目是由政府提供補助，可以免費接受檢查，關於這方面的資訊也最好在事前就先確認清楚。

尿液檢查
確認是否罹患妊娠高血壓、糖尿病、感染症等等

在每次產檢中抽取的尿液，主要是為了檢查孕婦是否罹患妊娠高血壓及妊娠糖尿病。此外，也會觀察尿液的顏色與混濁度，確認是否有膀胱炎等感染症。

● 尿糖

如果在尿液中檢驗出糖分，有可能是罹患了妊娠糖尿病。不過，懷孕時的尿液本來就很容易會出現糖分，因此要是檢測結果呈現陽性，也不見得真的是罹患了妊娠糖尿病、或身體出現了異狀。要連續好幾次都出現陽性反應，才必須進行更進一步的檢查，確認是否罹患任何疾病。

由於甜食、飲料、水果都會導致尿液中出現糖分，最好多注意產檢當天早上的飲食內容，避免攝取過多糖分。

● 尿蛋白

如果在尿液中出現蛋白質反應，可能有罹患妊娠高血壓或腎功能障礙等疑慮。必須同時檢查孕婦是否有高血壓、胎兒的發育狀況、母體的併發症狀等，再配合尿蛋白檢測是否連續出現陽性反應，進行綜合性的判斷，可能必須再做進一步的精密檢查。

血液檢查
依照檢查項目的不同有些也能免費接受檢查

在懷孕初期・中期・後期分別進行血液檢查，檢查孕婦的身體狀態，並確認孕婦是否罹患會影響孕程與分娩的疾病。從血液檢查中可以得知是否有任何不良的症狀、並了解孕婦的體質與疾病，在懷孕過程中可以進行治療、控制身體狀況。如果有必要，也可能會建議以剖腹方式生產。從血液檢查中可以發現的疾病，大致上有下列幾種。

● HCV抗體檢查

在懷孕初期，會藉由血液檢查來確認孕婦體內是否有C型肝炎病毒。由於C型肝炎是尚有許多未知數的疾病，可能會藉由血液傳染給肚子裡的寶寶，因此必須在懷孕初期就先檢查。

● HBs抗原檢查

在懷孕初期就必須做的HBs抗原檢查，可確認孕婦體內是否有B型肝炎病毒 →P157 。雖然B型肝炎病毒並不會對懷孕過程造成影響，但卻有可能在分娩時傳染給寶寶，因此要是檢查檢果呈現陽性反應，就必須接受進一步的詳細檢查。

● HIV抗體檢測

這項檢測是為了檢測出媽媽

的體內是否有一般被稱為「愛滋病」的人類免疫缺乏病毒（HIV →P153 ）。一旦感染了HIV，在孕期或分娩時即有可能傳染給寶寶。這項檢測會在懷孕初期時進行。

● 梅毒血清反應

在懷孕初期的產前檢查中，會檢查母體是否有感染梅毒。因為要是母體感染了梅毒，會經由胎盤傳染給寶寶，可能會導致流產、早產，或造成寶寶得到先天性梅毒。

● 德國麻疹抗體檢查

在懷孕初期的產前檢查中，會檢查母體是否具有德國麻疹 →P156 的抗體。要是在懷孕初期感染了德國麻疹，可能會導致流產、或使寶寶罹患先天性德國麻疹症候群。

● 檢查血型

在懷孕初期會先檢查媽媽的血型。在孕期中或分娩時出了什麼意外，必須緊急輸血，需先判別母體的血型、以及其血型屬於Rh陽性或陰性。如果媽媽原本就持有血型證明文件，也可以不必再做檢測。

● 不規則抗體篩檢

有些人在輸血時即使輸進了同一種血型，仍舊會引發過敏反應，不規則抗體篩檢會為了確認在緊急情況下輸血時，媽媽體內是否具有避免過免反應的抗體。

● 貧血檢查

在懷孕時很容易罹患缺鐵性貧血，因此在懷孕期間可能會檢查3～4次孕婦是否有貧血情形，檢查的頻率每間醫院都不同。發現貧血時，可能會採取補充鐵劑的方式，或是指導孕婦如何從飲食中攝取鐵質。在懷孕初期‧中期‧後期都會檢查有關貧血的狀況。

● 血糖檢查

為了判明是否罹患妊娠糖尿病，會檢查孕婦的血糖值＝血液中含有糖分的數值，如果數值偏高，還要再配合尿液檢查的結果來判斷，必要的話則須採取飲食療法的方式治療。在懷孕‧中期的產前檢查中會進行血糖檢查。

● 弓漿蟲抗體檢驗

弓漿蟲寄生症 →P157 可能會經由清理寵物的排泄物、或吃沒有經過充分加熱的肉食感染，必須檢查母體內是否有弓漿蟲抗體。有許多醫院不會做這項檢查，如果擔心的話就先向醫院確認看看吧！

● 巨細胞病毒檢查

若是在懷孕初期感染了巨細胞病毒，會對肚子裡的寶寶產生影響，因此必須檢查是否感染巨細胞病毒。可能有些醫院不會進行這項檢查。

巨細胞病毒會經由性行為及哺乳而感染，症狀為發燒、肝臟與淋巴結腫大等。發現孕婦免疫力及抵抗力較低時，可能以藥物方式治療。如果沒有出現症狀、或症狀較輕微時，可能不會特別進行治療。

水腫檢查

如果只是水腫就沒問題
若合併高血壓才必須擔心

以手指按壓一下小腿肚，觀察小腿肚的凹陷程度即可判斷身體是否有浮腫狀況 →P168 。如果按壓下去的部位立刻就回彈的話表記為－，肌膚上殘留有手指痕跡則表記為＋，若回彈情形不佳則表記為＋＋，一般來說會在懷孕中期時的產前檢查中確認孕婦的水腫情形。在孕期中，有點水腫情形沒什麼大問題，不過同時還有高血壓，就可能會罹患妊娠高血壓。因此要是浮腫測驗中表記為＋，就必須控制飲食，減少鹽分的攝取量。

Column
產檢時
對醫師隨口說話
不必過於介意

在檢查時、檢查後的問診中，醫師或護理師說明症狀或檢查結果時，可能會使用專門用語，如果有不明白的地方可以不用客氣、直接詢問「請問這是什麼意思？」醫師也有可能會不經意地說出：「○○好像有點高」、「咦？嗯，是這樣啊……」之類的話。就算如此也不必太擔心，如果是令人擔心的狀況，醫師不會以這麼含糊不清的方式透露，會清楚說明才對。

超音波檢查
確認胎兒發育情形

能夠確認寶寶發育狀態的超音波檢查，具體而言究竟可以看出哪些內容呢？
只要先了解檢查內容、學會如何觀看超音波照片，一定能對寶寶抱有更深一層的情感。

依照各個不同時期
仔細確認胎兒的發育情形

超音波是人類耳朵聽不見的高音波頻率，一旦超音波進入了身體組織，就會讓堅硬的東西呈現白色、柔軟的東西呈現黑色，藉由超音波的這項特性，將肚子裡的寶寶顯像出來。進行這項檢查的目的，是為了讓醫師依照各個不同時期，檢查肚子裡的寶寶型態是否出現異狀，確認寶寶是否順利成長。同時，也能確認母體當中是否藏有會對分娩造成阻礙的異常狀況。

超音波檢查分為2種

陰道超音波是將超音波的探頭插入陰道中檢查，主要在子宮還很小的時候使用。

腹部超音波是在懷孕中期之後，直接從腹部表面以超音波觀察寶寶。

初期　0～15週

- 確認是否為子宮外孕
- 確認胚胎、胎兒是否存在及其形態
- 確認是否有心跳
- 測量CRL（胎兒頭頂到臀部的距離），藉此計算出預產期
- 檢查是否有子宮肌瘤與卵巢囊腫的問題
- 確認是否為多胎妊娠

↓

確認是否懷孕
並判斷懷孕過程是否正常

受精卵一旦在子宮裡順利著床後，就會形成胎囊 →P17。在懷孕初期，可藉由超音波確認子宮是否有胎囊，並看出是否已經有心跳。

在懷孕8～11週之前，每個人肚子裡的寶寶發育並不會展現出差異，因此，在此階段主要是以測量寶寶頭部到臀部的長度，來推斷出預產期。利用超音波也可以看出是否為多胎妊娠、以及為同卵雙生或異卵雙生。

中期　16～27週

- 測量BPD（頭圍直徑）等
- 確認心跳是否規律
- 檢查寶寶的型態與心臟等是否出現重大異常
- 觀察寶寶活動的情形
- 確認胎盤與肚臍的位置
- 檢查子宮頸口與羊水量
- 如果父母想知道，可辨別出胎兒性別

↓

觀察胎兒的成長、
胎盤的位置是否正常

到了這個階段，肚子裡的寶寶成長情形就會開始出現差異了。滿20週之後，會以超音波計算出寶寶頭部左右兩邊最寬部位的長度（頭圍直徑）、大腿骨的長度、肚圍等，藉此計算出寶寶的預估體重，確認寶寶是否健康地發育成長。同時，也會觀察寶寶主要的內臟器官、以及肚臍等是否出現異常情形，也會檢查與母體相關的症狀，例如是否有前置胎盤、子宮頸無力症等問題。

後期　28～39週

● 胎兒的型態是否有出現異常
　（尤其是消化器官等）
● 計算出預估體重與羊水量
● 是否有前置胎盤等問題
● 胎兒的血液與脈搏是否異常

為了迎接分娩，以超音波確認子宮內的準備情形

　　到了懷孕後期，寶寶的肚圍是發育情況的重要指標，除了在懷孕中期會測量肚圍外，到了後期也會持續測量。同時也會確認寶寶消化器官的外觀、血液與脈搏等是否沒有異狀。到了這個時期，也會檢查寶寶的身體發育情形，是否已經為了出生做足了準備。除此之外，也會進行母體方面的檢查，例如無論是中期或後期都會詳細檢查的胎盤位置，確認是否有前置胎盤的情況。

不僅有立體的3D超音波、還有能看見動態的4D超音波

　　在懷孕初期，寶寶與子宮都還很小的時候使用「陰道超音波」；到了懷孕中期之後則是使用「腹部超音波」，從肚子上直接以超音波掃描寶寶在子宮裡的模樣。此外，在懷孕中期之後也有可能為了預防早產，而使用陰道超音波來探測子宮頸的長度。

讀懂超音波照片的專業辭彙

只要了解這些專業用語，看超音波照片會更有樂趣

從醫院拿到的超音波照片上，註明了各式各樣的專業用語及數字。只要能了解這些專門業語的意義，就能更加明白醫師在檢查當下的說明，回家後也能清楚地向丈夫及家人們解釋囉！

● CRL 頭頂到臀部的長度

● TTD 腹部直徑長度

● BPD 頭部直徑長度

● AC 肚圍長度

● APTD 軀幹前後直徑長度

● FL 大腿骨長度長度

　　依照超音波機器的不同，不僅能以彩色顯示出寶寶的模樣，還能判斷從心臟延伸而出的動脈‧靜脈是否正常運作等，以顏色的顯示方式做出診斷。

　　不僅如此，超音波還分為2D、3D、4D，所謂的2D超音波就是指直接以超音波掃描肚子裡的寶寶，所呈現出的身體部位剖面圖；3D超音波則是將2D超音波掃描到的各種剖面圖以電腦重新組合，呈現出立體的影像。而4D超音波則是在1秒內拍攝數十張3D影像，再將其組合成影片呈現在我們眼前。

　　因此，在超音波掃描的過程中，就可以檢查到平常無法看見的胎兒狀態。萬一在檢查時發現了任何異狀，就能在出生之前做好準備，一出生就立即施予治療。

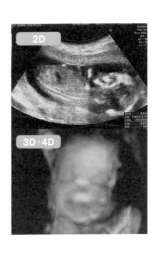

關於超音波檢查的 Q & A

為什麼在照超音波前要在肚子上塗一層凝膠呢？

A 是為了讓顯像更清楚 對身體不會造成影響

超音波有不易穿透空氣的特性，要是超音波探頭與肌膚之間存有空氣，會使影像無法清楚顯示出來。因此，在肌膚上塗抹一層凝膠便能有效隔絕空氣，讓影像顯現得更加清晰。超音波用的凝膠並不會對身體造成影響。

超音波檢查會對寶寶造成影響嗎？

A 不會對寶寶造成危險 在許可範圍內，不必擔心

超音波屬於聲音的一種。雖然通常聲音會帶有能量，一般來說在診療時使用的醫療用超音波不具有那麼強烈的能量，並不會對胎兒造成危險。而且目前為止並沒有任何病例是由於超音波所造成，請安心接受超音波檢查。

聽說脂肪太多會讓顯像不清楚，是真的嗎？

A 跟脂肪層的厚度有關 也有可能會使畫質變差

脂肪層的厚度可能會有影響。腹部超音波抵住肚皮時，要是擋在子宮前方的脂肪層極為肥厚，便會對超音波造成阻礙，使得超音波不容易通過，導致超音波的畫質不佳。請多注意不要過胖。

從超音波照片中一定能看出性別嗎？

A 隨著寶寶變換姿勢 也有可能會看不出來

一般來說，從超音波中可以看見寶寶的生殖器官，由此判斷性別。不過，有時候寶寶可能會擺出不容易觀察到生殖器官的姿勢、或是檢查時間過短、母體脂肪層過厚等，可能會受到各種影響導致從超音波中看不出來寶寶的性別。

為什麼超音波只能照到寶寶的上半身呢？

A 因為寶寶逐漸成長 無法一次完整照到全身

超音波能完整照射到寶寶全身範圍的時期大約只到懷孕第13～17週而已。到那之後，由於寶寶漸漸長大，超音波就只能照到身體的一部分。醫師在每次產檢時都會一一仔細檢視寶寶的身體各處，不必擔心。

寶寶會感覺到超音波而轉身過來嗎？

A 寶寶並不會 感覺到超音波

有時候在照超音波時，能清楚顯示出寶寶的臉部，看起來就像是寶寶正面面對超音波探頭一般，不過這是因為醫師將超音波探頭調整到能照到寶寶臉部的方向，並非由於寶寶能感覺到超音波而轉頭過來。

關於產前診斷的須知

夫妻必須一起考慮是否接受產前診斷

在各項產檢中，有一項叫作「產前診斷」，這是要檢查肚子裡的寶寶是否有染色體異常或代謝異常的情形。右列的各項檢查就是產前檢查當中比較具代表性的檢查，不過，就算是做了產前檢查，也未必能保證檢查結果100％正確，而且接受精準度較高的羊水檢查，也會伴隨著流產的風險。即使知道了檢查的結果，也必須由產婦本人及家屬來決定接下來該採取什麼行動。因此，夫妻雙方及家屬都必須好好溝通，想清楚為何要做產前檢查、又該如何接受產前檢查的結果。

● 高層次
超音波檢查

不僅能看見寶寶的樣貌，還能確認寶寶的大腦、肺、心臟、腎臟等內臟是否出現異常。不過，檢查結果可能會依每位醫師的技術、以及醫療器材的精準度有所差異，不能光憑超音波檢查就做出全面性的診斷。

● 非侵入性產前檢查

只要抽取母體的血液，就能得知寶寶的染色體是否有出現異常，例如唐氏症等，從懷孕10週起，就能診斷出第21、13、18對染色體是否出現異常，如果檢查結果呈現陽性，就必須再接受羊膜穿刺。

● 羊膜穿刺

從肚子上方用一根針穿刺進子宮，抽取子宮內羊水的檢查方法（羊膜穿刺），一般來說會在懷孕第15～18週進行。利用培養羊水的方式分析染色體，檢查寶寶是否有唐氏症等染色體異常的情形。導致流產的機率大約有0.5％。

充分活用

孕婦健康手冊・
兒童健康手冊 ！

讓懷孕的過程一目了然
可說是非常重要的行事曆

　　台灣的媽媽在懷孕滿12周時，便可於產檢時領取媽媽手冊。孕婦健康手冊是配合全民健保的產檢時程，提供健康紀錄表，協助媽媽關心及紀錄自己的健康及產檢狀況，手冊裡面也提供孕期保健衛教訊息，與網路相關資源，使每位準媽媽在懷孕時能更安心。

請準媽媽積極記錄自身情況！

　　在孕婦健康手冊中，諸如「孕婦健康狀態」等欄位，必須由準媽媽自己填入。萬一發生了必須緊急送醫的情形，這些資訊就能成為重要的救治指標，因此請務必先填好。而且，要是產檢的時間不夠，醫師只要看孕婦健康手冊上的資訊，也能確實得知這段期間母體的狀況，讓問診進行得更順利。

　　此外，準媽媽也可以在手冊中紀錄第一次產檢的日期、第一次感覺到胎動的時刻，等到寶寶誕生之後，這些紀錄一定能成為美好的回憶。而在寶寶出生後也會發放兒童健康手冊，媽媽可以繼續在兒童健康手冊上記錄寶寶的成長發育狀況及疫苗接種時程。

為了自己與寶寶，須注意營養與體重

不僅是為了肚子裡的寶寶，也要為了自己的健康著想，懷孕時必須比以往更注重攝取均衡的營養。飲食生活究竟該如何經營才好呢？

在孕期中以正確的幅度
增加體重非常重要

懷孕到臨盆的這段期間，體重會逐漸增加。其中，胎兒約佔2.5kg、羊水大約接近1kg、胎盤約0.5kg，再加上身體裡的血液量增多、肚子和乳房分量增加大約共3kg，整個孕期下來最少也會比懷孕前增加7kg左右。不僅如此，為了保護並養育肚子裡的寶寶，皮下脂肪也會變厚。

為了寶寶也為了自己
必須控制體重增幅

在過去，一提到懷孕期的體重管理，大家只會想到「不要變胖」這個鐵則。由於平時飲食過於豐盛，只要一不小心體重就會暴增，使得產道也生出厚厚的脂肪，甚至還會導致難產！

雖然在過去孕婦都會被警告體重不可增加太多，不過，現今年輕女性的減肥情況非常普遍，也不乏有人採取過於激烈的手段減肥，懷孕前的BMI值在18.5以下的也大有人在。由於女性本來就希望能一直維持窈窕身材，在懷孕‧生產的過程中也不希望體型改變，因此就算在孕期也會想減肥。雖

然目前為止還沒有確切的數據，不過如果在孕期中減肥，可能會導致寶寶出生時的體重在2500g以下。

當然，在懷孕期間體重增加過多的確是一個不容忽視的問題。體重上升過多不僅會對母體的血管造成多餘負擔，還有可能會引起妊娠高血壓症候群，而這項疾病是增加周產期死亡率的最主要原因。

因此，在整個孕期中都必須注意攝取營養均衡的飲食，好好控制體重漲幅，有效率地將營養送達給肚子裡的寶寶。

如何計算懷孕前的BMI值

體重

$$\frac{\boxed{} \text{kg}}{\left(\boxed{1.} \text{m}\right)^2} = \boxed{}$$

身高

妳的BMI值

～不到18.5	偏瘦
18.5～25	一般
25以上	過胖　　須個別指導

分母是以公尺為單位進行計算。
舉例來說，如果是162cm的話，就是1.62平方 ＝2.6244。

偏瘦型	一般型	過胖型
BMI 不到18.5	BMI　18.5～25	BMI　25以上
目標　＋10～12kg	＋7～12kg	須個別指導

在懷孕前，經過不斷反覆減肥而瘦下來的身體，可能會沒有足夠的體力養育胎兒，在懷孕期間內，請努力讓自己的體重至少增加10kg吧！不過，這並不是只要在足月之前增加10kg就好，而必須著重在攝取營養均衡的三餐。由於肚子裡的寶寶幾乎都是藉由蛋白質來成長，因此在平日的飲食中必須有意識地攝取魚肉、紅肉、豆腐等豆類製品，多吸收優良的蛋白質來源。

另一方面，也有些人為了在孕期不要變胖，會更加努力地運動。如果懷孕過程都很順利的話那倒無妨，但要是肚子時常有緊繃感、身體狀況不佳，就得注意別過度運動了。請將懷孕‧生產的過程想像成是為自己迎接更健康的新體態吧！

過胖會使血壓容易上升，導致身體產生各種毛病，因此在懷孕期間內，請將體重增加的目標設定在7～12kg左右。不過要注意的是，就算總重量控制在這個範圍內，要是在懷孕過程中體重增加得太快，也會對身體造成負擔，如果在1個月內增加超過2kg以上，血壓便會上升，身體的水腫情形也會加劇。

需要注意的是，面對零食時必須節制一點。例如以一週1次的頻率享用美味的蛋糕，有限度地享用美食，還能適當地消除壓力。不過，不要以為水果對健康很好，就毫無節制地攝取，因為水果的甜味其實就是糖分，理所當然地也會造成脂肪堆積。在食用點心時，最好也要注意到營養的均衡。

原本體重就過胖的人，在懷孕期間更要嚴格地控制體重。在孕期中最需要擔心的就是妊娠高血壓，體重越是增加、越有可能罹患高血壓，因為血液無法送達到龐大身軀裡的每一個角落，心臟必須將血液送出的力道當然就會提升，導致血壓過高，為了不要對身體造成負擔，必須嚴加注意控制體重的增加幅度。

依照每個人BMI值不同，甚至也有人在懷孕期間內幾乎不可以再增加體重，儘管如此，還是必須要將營養確實地傳送給肚子裡的寶寶，因此一定要從根本改善平日的飲食習慣才行。對於過胖型的人來說，自己控制飲食可能會有些困難，可以依照醫師或營養師的建議來改善飲食。

- 為了維持足夠的體力，必須著重於增加體重
- 注意攝取均衡的蛋白質
- 不可過度運動

- 一定要攝取營養均衡的三餐
- 避免在短時間內體重急遽上升
- 節制地吃零食

- 務必要遵守醫師的指導
- 飲食清淡、和食、不吃零食
- 必須注意血壓的上升情形

營養均衡的飲食
3菜1湯×3餐

雖然心裡明白在飲食方面必須注重營養均衡，但一時之間可能也摸不著頭緒。
試著回想學生時代的健康教育課，複習一下該如何營造營養均衡的飲食生活吧！

三菜一湯×三餐是鐵則
主菜‧配菜的均衡非常重要

　　基本上飲食建議三菜一湯，雖說如此，與其計較菜色的數量，還不如好好思考主菜與配菜之間的平衡。主菜要以肉、魚、蛋類等蛋白質豐富的食材為主，配菜則是以蔬菜、海藻類食材為輔；再加上湯品裡頭也充滿了豐富的蔬菜就堪稱完美了。如果一餐之中光是吃肉或飯，無法攝取到均衡完整的營養。只要每天一點一滴地攝取各式各樣的食材，就結果而言即能達到均衡的飲食生活。

　　雖然三菜一湯聽起來很容易，不過實際上每天三餐都要做到卻相當困難。只要盡量做到每一餐都三菜一湯，照理來說應該就能攝取到均衡的營養。首先，就從多樣化的飲食開始做起吧！

營養均衡的菜色範例

● 配菜
以蔬菜、海藻類為主的菜色，可以利用沙拉或是燙青菜的方式料理，為身體補充維生素及礦物質。

● 主菜
以肉、海鮮、蛋、豆腐類為主，確實補充蛋白質。

● 主食
從白飯、麵、麵包等穀類當中可攝取到碳水化合物，澱粉類食物是身體能量的主要來源。

● 湯品
像是蔬菜湯、味噌湯等湯品。懷孕中須注意不可攝取過多鹽分，在湯品當中可以多放點蔬菜。

1天當中成人所需的熱量

　　依照運動量與身體狀態的不同，每個人所需的熱量也相同。在懷孕的過程中，隨著寶寶慢慢長大，越到後期當然也必須攝取更多熱量。在控制體重時可先了解自己需要多少熱量，再規劃每一餐的卡路里配置會更好。

年齡‧時期	單位：kcal
18～29 歲	1950
30～49 歲	2000
懷孕初期	+50
懷孕中期	+250
懷孕後期	+450

※以所屬年齡一般範圍內的卡路里量為基準，加上懷孕各期所需增加的卡路里數，就是1天建議攝取的熱量。

（取自日本厚生勞働省　懷孕中的飲食生活）

孕期控制體重的方法

以高蛋白質・低熱量的餐點
確實補充營養

為了讓肚子裡的寶寶確實成長發育，每天的飲食都要以「高蛋白・低熱量」為目標用心製作。跟肉比起來魚肉更好，比起牛肉、豬肉等紅肉，選擇雞胸肉會更健康。除此之外，牛奶及乳製品、豆腐、黃豆當中都含有優良蛋白質，十分建議攝取。

以水煮、燉煮為佳
油炸、拌炒則偶爾為之

在料理時，用油較多的油炸、拌炒方式很容易會使總熱量提高，如果利用水煮、燉煮、蒸煮等方式就可以不需用油。舉例來說，烹調肉類時可以採用水煮、蒸煮、乾煎方式，能使多餘油脂溶出，達到降低熱量的效果！如果要炒菜，建議使用少量油即可。

營養食品頂多
只是輔助而已

每日所需的營養都必須在三餐中均衡地攝取，要是在飲食中無法攝取到足夠的葉酸與鐵質，則可以再補充營養食品。但是，要是有「因為不想變胖所以少吃幾餐，營養不足的話就靠營養食品即可」的想法就不對了！

點心充其量
只能偶爾享用

基本上，身體需要的營養素都必須在三餐當中攝取，如果想吃點心，可以訂立一個時間來享用（盡可能選擇低熱量的點心），例如一週享用1次。不知不覺就吃下肚裡是最不好的習慣。

運動時要有節制
須注意多休息

雖然平常不怎麼運動身體、懶懶散散度日不太好，不過如果是為了「不想變胖所以一定要運動」而導致運動過度也NG。要是因為運動過度而需要治療不僅本末倒置，如果不好好休息，身體也無法消化及吸收必要的營養。

絕對不可服用
減肥食品及藥物

減肥食品當中大多添加了促進腸道蠕動的成分，不僅容易引起腹瀉，成分當中還有可能摻有對身體有害的物質，因此在孕期中請以飲食與適度運動的方式來控制體重。

水果的熱量
出乎意料外地高！

如果妳以為「蛋糕或點心這種甜食不可以吃，但水果的話就沒關係」，那就大錯特錯了！水果含有比想像中更多的糖分，要是吃太多當然會超過一天所需熱量。水果可以當作餐後甜點、或是偶爾為之的甜點適量享用。

避免選擇丼飯類等
單一化飲食

如果要外食，與其選擇奶油與油脂多多的西餐，倒不如選擇和食，須避免像丼飯之類的單品類菜單，擁有豐富配菜的定食類餐點才是正解。通常丼飯的白飯分量會較多，而且調味較重，會不知不覺吃下太多。

料理時可善用
醋及辛香料等調味品

如果在料理時使用鹽或醬油來調味，可能會攝取過多鹽分，這時候請使用檸檬汁、醋等酸味調味料，或是善用辛香料來調味，不過橘醋當中也含有相當高的鹽分，調味時請酌量使用。要使用醬油的時候，可以先將醬油裝在小碟當中，以沾取的方式食用，能有效防止鹽分攝取過多。

絕對不可不吃白飯
在孕期中禁止減肥

在孕期中，每天都一定要吃三餐。要是省略一餐不吃，身體就會自動轉換為儲存熱量模式，到了下一餐便會吸收更多的營養。而且，如果長期「省略一餐」，肚子裡的寶寶也會有營養不足之虞。

吃得清淡一點
好處多多

菜色口味偏重，容易吃下更多的白飯或麵包等主食，因此在調味時要注意稍微清淡一點。清淡少鹽的飲食也能預防高血壓與水腫等問題，同時還能降低將來罹患生活習慣病的機率。

盡量在懷孕前
多補充葉酸

雖然葉酸對孕婦而言是非常重要的營養素，不過真的要攝取到足夠的量卻十分不容易。
現在先記住如何聰明地攝取充足的葉酸吧！

葉酸能降低流產與
胎兒先天性異常的機率

葉酸屬於維生素B群的一種，又稱作「造血維生素」，身體需要足夠的葉酸才能正常製造出新的紅血球，因此對孕婦而言葉酸相當重要。如果體內的葉酸不足，不僅容易引起口內炎、肌膚乾躁，同時也容易感到疲倦；要是欠缺大量葉酸的話，會使紅色球不易生成，導致產生惡性貧血。

除此之外，葉酸也是製造細胞時不可或缺的營養素，隨著胎兒漸漸發育、身體細胞越來越多，更需要大量的葉酸，這就是為什麼會鼓勵孕婦在懷孕前及懷孕初期必須充分攝取葉酸的原因。

尤其是受精卵形成的前後3個月以上的時間內，如果能攝取到充足的葉酸，能有效降低神經管閉鎖不全（例如脊柱裂）等胎兒先天性異常的風險。

此外，像是流產、死產、胎盤早期剝離 →P117、胎兒發育不全等問題，也都跟母體缺乏葉酸有關。因此，不僅在懷孕初期要注意攝取葉酸，到懷孕的中期、後期也要持續補充，在整個孕期中充分攝取葉酸非常重要。

葉酸能製造胎兒的身體與
血液必須盡量攝取較多的量

雖然一般人在平時飲食中攝取葉酸不成問題，但對於孕婦來說可就另當別論了。由於懷孕之後體內的血液量會增加，為了製造出血液，身體需要更多葉酸；不僅如此，對於肚子裡的寶寶而言也需要葉酸來製造血液與細胞。因此孕婦的身體對於葉酸的需求更增，一天必須攝取到480mg（懷孕期則為240mg）的葉酸才行。

而且，母乳也是由血液轉換而成，因此在餵母乳的階段，一天必須比懷孕前多攝取100mg的葉酸。

根據調查中顯示，15歲以上～40歲左右的女性普遍來說都有葉酸攝取偏少的問題，要是一旦懷孕了，就必須有意識地多食用含有豐富葉酸的食品，避免體內缺乏葉酸。

聰明料理
避免葉酸流失

雖然在蔬菜中含有豐富的葉酸，但由於葉酸不耐熱，常會因為料理手法而導致流失50%以上的營養；而身體實際上能攝取到的只有一半左右的量。如此一來，「一天至少要吃350g以上的蔬菜」才能攝取到身體所需的葉酸分量。

究竟要如何才能有效率地攝取到蔬菜當中含有的葉酸呢？以下就來介紹聰明料理蔬菜的方法。

● 盡量趁新鮮吃

由於葉酸容易溶於水中、也不耐熱，建議只要快速地用60度C左右的熱開水沖幾下就可以直接食用。要是蔬菜的新鮮度下降，葉酸含量也會跟著下滑，必須盡可能選購新鮮的蔬菜，在購買當天就立即處理食用為佳。

● 蔬菜・水果都含有葉酸

有些具有苦澀味的蔬菜，要直接生吃也許有些困難，但吃水果能避免這個問題。

水果直接生吃即可，不必擔心葉酸流失。

● 縮短水洗的時間
　連菜汁也要一起吃下

在清洗蔬菜時盡量快速，建議在短時間內以大量清水迅速沖水即可，要不然珍貴的葉酸會有將近90%溶於水中。此外，建議以湯品、或加在味噌湯裡等熬煮的方式調理，如此一來就能將湯汁都完整喝下。（註：建議選購無農藥的有機蔬菜。）

● 加熱時以最低限度方式調理

需要加熱時，要注意盡量縮短加熱時間，建議可利用快炒的方式在短時間內烹調完畢。最後再以勾薄芡方式增添黏稠口感，就能完整攝取到調理過程流出的營養素。

● 放置在陽光照射不到的地方

葉酸具有不耐光線的特性，只要放置在會照射到日光的位置3天，就會有大約70%的葉酸會流失，因此購買蔬菜後請立即保存在冰箱中的陰暗角落。

反之，不需擔心攝取過多葉酸會造成問題，雖然一天葉酸的攝取量上限為1000mg，不過單憑飲食無法攝取到如此大量的葉酸，無須過度擔心。雖然葉酸攝取過量會妨礙鋅的吸收，不過那也要長期間（1個月以上）大量攝取葉酸才可能發生。

光憑飲食無法攝取到的分量
再利用營養食品補充

從每天的飲食當中就能攝取足夠的葉酸當然是最理想的情況，不過在必須積極攝取葉酸的懷孕初期，可能會因為害喜使得身體狀況不

佳，當害喜情況嚴重時，會引起食慾不振，就連煮飯也會變成一件不容易的事。

此外，應該也有些孕婦平日忙於工作，幾乎沒什麼時間為自己準備餐點，這種時候就可以利用營養食品補充不足的葉酸。

利用營養食品來攝取葉酸的好處是，不需花功夫特地料理即能輕鬆補充到營養，而且營養食品的吸收率高達85%（食品的吸收率則為50%），能更有效率地攝取葉酸。由於營養食品能讓人輕鬆補充到所需分量，因此到了產後忙於育兒的時期也非常方便。

若孕婦體內的紅血球過少，醫院也可能會開葉酸補充錠來治療。許多廠牌都有推出葉酸補充食品，如果不知道該如何選擇，可以與自己的醫師討論看看再做決定。

含有豐富葉酸的食材

食材	含量	食材	含量	食材	含量	食材	含量
蘆筍 (60g)	114mg	油菜花 (100g)	340mg	地瓜 (100g)	49mg	羊栖菜 (乾燥·10g)	8mg
		日本油菜 (60g)	66mg				
		白蘿蔔葉 (50g)	70mg				
		花椰菜 (50g)	105mg	豆芽 (60g)	51mg	乾燥白蘿蔔絲 (20g)	20mg
山茼蒿 (60g)	114mg					海帶芽 (乾燥·10g)	5mg
菠菜 (60g)	126mg					櫻花蝦 (5g)	12mg
黃麻葉 (50g)	125mg	陽光萵苣 (20g)	24mg	納豆 (50g)	60mg		
		高麗菜 (50g)	39mg	油豆腐 (100g)	23mg		
毛豆 (80g)	141mg	水菜 (30g)	42mg	黃豆粉 (10g)	27mg		
韭菜 (50g)	50mg	羅勒 (5g)	11mg			草莓 (75g)	68mg
		秋葵 (15g)	17mg			芒果 (90g)	76mg
		蠶豆 (40g)	48mg			酪梨 (100g)	84mg
				鷹嘴豆 (30g)	33mg		

不成為貧血孕婦
有效率地吸收鐵質

缺鐵性貧血是孕期中很容易出現的問題，為了預防，必須多加攝取鐵質。
只要著重於選擇食材的方式、掌握搭配食用的技巧，就能有夠效率地吸收鐵質。

在孕期中所需的鐵質是平時的兩倍以上！

懷孕後體重便會慢慢增加，身體裡的血液量當然也會跟著變多。但是，血液裡紅血球的數量就是那麼多，增加的幾乎都是血漿等液態成分。比起懷孕前，血液變得較為稀薄，因此在懷孕時容易發生貧血的現象。

貧血會產生心悸、喘息等症狀，身體也會容易感到疲倦，在分娩之前貧血的狀況沒有獲得改善，就有可能會體力不支、或是在出血時引起休克，非常危險。

下點功夫搭配菜色
補充鐵劑須遵守一定用量

在整個懷孕過程中，初期建議1天須攝取8～8.5mg的鐵質、中期後則是21～21.4mg，因此一定要有意識地多補充鐵質才行。至於該如何聰明地攝取鐵質，請參考右頁下的說明。下列介紹的是藉由搭配菜色使鐵質更容易吸收的小技巧，趁現在趕緊先學起來吧！

● 跟青椒比起來，紅椒、黃椒含有更豐富的維生素C

紅椒、黃椒等彩椒含有比青椒多2倍以上的維生素C。維生素C可幫助提升鐵質的吸收率。

● 鹽烤秋刀魚＋白蘿蔔泥＋檸檬的組合利於吸收鐵質

秋刀魚在魚類當中算是鐵質含量較多的魚種，若是以燒烤方式烹調則能提升鐵質含量，再加上白蘿蔔泥與檸檬等富含維生素C的配料，更能進一步加強鐵質的吸收。此外，配菜再以燙青菜或涼拌豆腐來搭配，就能讓身體攝取到更多鐵質。

● 比起新鮮蛤蜊，罐頭製品的鐵質含量更多

蛤蜊水煮罐頭當中的鐵質含量大約是新鮮蛤蜊的10倍，再配上以涼拌或拌炒方式烹調的菠菜或日本油菜等，就能完成一道富含鐵質的餐點囉！

● 白蘿蔔葉也含有豐富鐵質！

雖然平常大多只使用白蘿蔔的根部，不過其實白蘿蔔的葉子更含有豐富的鐵質。如果能買到帶葉的白蘿蔔，千萬不要將葉子丟棄，靈活運用便能成為一道含鐵量豐富的菜色。

如果擔心在平時的飲食中無法攝取到足夠的鐵質，利用營養食品補充也是不錯的方式。在服用營養補充食品時，請遵照醫師指示，避免攝取過多。

Column
為了提升鐵質的吸收率
睡眠、運動及休息都非常重要

其實不光是鐵質，所有食物中含有的營養素，本來就是必須在好好消化、吸收的前提下才能轉換成人體的血與肉。為了提升身體的消化與吸收機能，平時就必須好好休息、擁有充足睡眠，讓腸胃也能獲得保養，特意吃進去的營養素才能被身體好好吸收。

另一方面，要促使腸胃確實運作，運動也是非常重要的一環。此外，要是大便在腸胃中持續累積，也會妨礙身體吸收營養，因此平時應多注意避免便秘情形發生，或是在剛開始時就想辦法及早解決會比較好。

聰明攝取鐵質可以這麼做

動物蛋白質中的血基質鐵 比較容易被人體吸收

鐵質有分為血基質鐵與非血基質鐵等2種，非血基質鐵的吸收率會因為其他吃下的東西而改變，而血基質鐵則不會因為其他食物而改變吸收率，身體能夠穩定地吸收到鐵質，因此，每天都要盡可能在主菜及配菜中多加攝取富含血基質鐵的食品，才能確實預防、改善貧血情形。

● 血基質鐵＝動物性鐵質
牛肉、肝臟、鰹魚等紅肉魚，及蛤蜊等貝類中都含有豐富的血基質鐵。不過，由於肝臟類食材當中也同時含有豐富的維生素A，在懷孕初期就攝取過多，維生素A會累積在體內，進而影響到肚子裡的寶寶，因此不需要每天食用。

● 非血基質鐵＝穀物、蔬菜的鐵質
豆腐、油豆腐、豆乾等大豆類製品，以及豆類、穀類、日本油菜、菠菜、木耳、白蘿蔔葉等等。

同時攝取維生素C 能更提升鐵質的吸收率！

血基質鐵的原子屬於容易被人體所吸收的類型、相形之下非血基質鐵的原子則不易被吸收。再加上，在正常情形下鐵質是由胃液消化分解後被身體吸收，但在懷孕時腸胃機能會下滑，因此在攝取時還要更多下點工夫才行。

在食用富含鐵質的食品時，若能一併吃下富含維生素C的食材，便更能提升鐵質的吸收效果。

舉例來說，在做菜時可以多放些花椰菜或紅椒等蔬菜，或是將富含維生素C的水果當作甜點來吃，都是不錯的方式；在早餐或點心時間多喝一杯果汁也OK。

另外，在烹調肉類或魚類的時候，建議可同時搭配含有豐富葉酸、具有造血作用的蘆筍與黃麻葉、羅勒等食材，同樣也能提升鐵質的吸收。

利用鐵鍋慢火燉煮 也能為身體補充鐵質

據說在烹調時若使用鐵製的鍋具，在鍋內水分沸騰15分鐘後，鐵質就會釋放到湯汁裡。

不過，如果是鐵壺的話，可能還沒等到鐵質溶於水中前，壺內的水分就已經蒸發得差不多了。因此，若是希望藉由鐵製鍋具來補充鐵質，建議可以使用鐵鍋、或是在野外料理常見的鑄鐵鍋，多花點時間慢慢熬煮食材，應該就能發揮不錯的功效。

要注意的是，鐵製鍋具通常都非常重，拿舉鍋具時會非常辛苦。在利用鐵製鍋具烹調餐點時，就請丈夫多多幫忙吧！

含有豐富鐵質的食材 食材重量皆為100g

肉類

牛腿肉	1.4mg
牛肝	2.0mg
牛腰內肉	2.8mg
豬腰內肉	2.5mg
雞肉（雞心）	5.1mg

※雖然在動物肝臟內含有豐富的鐵質，不過要是吃太多也會導致維生素A攝取過多，在選擇食材時須多加留意。

海鮮類

鰹魚	1.9mg
蝦米	15mg
花蛤	3.8mg
花蛤水煮罐頭	37.8mg

豆類

油豆腐	2.6mg
木棉豆腐	0.9mg
納豆	3.3mg
大豆（水煮罐頭）	1.8mg

蔬菜類

日本油菜	2.8mg
菠菜	2.0mg
毛豆	2.7mg
乾燥白蘿蔔絲	9.7mg

在補充鐵質時，請勿只吃單一食材，應該要嘗遍各式各樣的補鐵食材，達到全方位的補鐵效果。

可以吃與不能吃的孕期飲食注意事項

準媽媽在懷孕期間內吃下的東西，都會成為養育寶寶的基礎，因此，
在孕期中什麼該多吃、什麼該克制就顯得非常重要；同時也必須留意調理的方式。

鈣質

胎兒骨頭·
牙齒的基礎

　　鈣質是打造強健骨骼與牙齒的必要營養素，就算準媽媽在懷孕期間經由飲食無法補充到足夠的鈣質，也會從母體的骨骼中提供鈣質給寶寶，因此暫時無須擔心會對寶寶造成影響；但母體骨骼中含有的鈣質會減少，將來可能導致骨質疏鬆症。

　　值得注意的是，若母體極端地缺乏鈣質時，仍會對胎兒的牙齒與骨骼成長造成一定的影響，所以懷孕時一定要留意鈣質的補充。

● 起士（100g）	630mg
● 油豆腐（100g）	300mg
● 牛奶（100ml）	110mg
● 優酪乳（100g）	120mg

膳食纖維

為了預防·消除便秘
必須積極攝取膳食纖維

　　孕期受到荷爾蒙的影響，腸胃機能下滑，可能會引起便秘。此外，隨著孕期越來越大的子宮也會壓迫到腸道導致便秘。

　　除了五穀類、薯類、豆類、蔬菜、水果等可以消除便秘之外，積極攝取菌菇類、海藻類等富含膳食纖維的食材，也能針對便秘問題發揮效果。

　　此外，要是飲食攝取量過少，能夠形成大便的食物殘渣（經過腸胃吸收完營養後剩下的食物碎屑）也會隨之變少，自然會造成便秘問題。因此，在孕期千萬不可以刻意減肥。

● 牛蒡（水煮牛蒡100g）	6.1g
● 烤地瓜（100g）	3.5g
● 蒟蒻（100g）	2.2g
● 黑棗乾（100g）	7.2g

維生素

具有強化
其它營養素的功效

　　維生素分為A、B、C、D等共有13種，依照維生素種類的不同，所具有的功效也有不同，不過大部分的維生素都能幫助身體將碳水化合物與脂肪轉變為能量，或是在身體分解蛋白質後再幫助重新合成等，與身體的各項機能都有關聯。

　　在蔬菜、肉、魚、蛋、薯類等各種食材當中都含有維生素，不過，維生素極為脆弱，在烹調的過程中極易流失。因此請盡量選擇新鮮的食材，特別是蔬菜，在加熱及沖洗時都要留意以最低限度的方式迅速進行。

- 含有豐富維生素C的草莓、葡萄柚等水果
- 含有豐富維生素D的菌菇類、鮭魚、秋刀魚等等

補充水分

**懷孕時要比平常
多補充一些水分**

讓血液流動暢通、大便變得柔軟、促進新陳代謝、增加尿量使膀胱內的細菌容易排出等等，補充水分的好處說也說不盡。將平時的飲水與食物當中含有的水分加總起來，1天必須攝取2公升的水分。尤其是在孕期中，還要加上肚子裡寶寶所需的水分，因此一定要比平常補充更多的水分才行。從懷孕第20週左右開始，建議可慢慢增加10～30％的水分攝取量；到了懷孕第30～40週時，子宮內會聚集大量的血液，為了輸送給寶寶優良的血液品質，更要勤於補充水分。

脂肪

**魚類中含有的DHA、EPA
有助寶寶的大腦發育**

雖然平時大家都會認為「脂肪是體重控制的大敵！」不過其實脂肪也會形成細胞膜、血液、荷爾蒙等身體的重要構造，尤其是魚類當中含有的DHA、EPA更是對胎兒的腦部發育有絕對必要。在成長期的孩子要是脂肪攝取不足，更有可能會造成發展上的障礙，因此脂肪也是非常重要的營養素之一。如因減肥等因素導致脂肪攝取量極端不足，不僅肌膚會變得乾荒粗糙、連腎臟機能也會有下滑之虞，在孕期時，可以適量地補充油脂類、肉類、海鮮、植物種子等含有優良脂肪的食品。

點心

**比起西點、寒天更佳，
地瓜或豆類也是不錯的選擇**

在三餐中無法補充到的營養，可以藉由點心來攝取；換句話說，要是在三餐中已經能攝取到充足營養就無需再額外吃點心了。如果很想吃點心，就必須為自己訂下規則，決定要吃的分量並且仔細考量內容。

一般來說，西點中含有大量的碳水化合物與脂肪，尤其是蛋糕與餅乾都是以含有大量脂肪的奶油與生奶油製成，熱量非常高。要是真的很想吃甜食，就選擇寒天等熱量較低的點心吧！另外，像是地瓜與豆類都能攝取到膳食纖維，選擇這類食材製作成的點心也不錯。

須留意魚類的含汞問題！

只要不攝取過多就無須擔心

就海鮮類食材來說，依種類不同可能有些會受到污染。在懷孕初期攝取過多，可能會影響到胎兒中樞神經發展的汞污染，在鮪魚、旗魚、鯊魚、鱈魚等大型魚類中十分常見；而戴奧辛則是在鯖魚、窩斑鰶魚、鰤魚當中含量較多，以攝取量來說，1週各吃4片鮪魚（生魚片大小）、鮪魚罐頭80g左右不會有任何問題。由於在孕期中相當需要魚類脂肪與DHA、EPA等營養，但完全不吃也會產生問題，只要適量吃就不用擔心。

外食

**白飯、麵、湯汁、湯品
不要全部吃完**

如果要外食請盡量選擇蔬菜較多的餐點。

一般來說，外食的餐點當中白飯與麵的分量會較多，例如一份定食套餐，白飯的量就是一般飯碗的1.5倍、丼飯類更是高達2倍以上，義大利麵等麵類更會高達1.5～3倍。要是餐點中的主菜熱量較高，全部吃完熱量肯定會超標！因此，雖然會有點浪費，不過外食的時候還是不要將白飯或麵全部吃完會比較好。

還有，像是味噌湯等湯品雖然熱量不高，但鹽分卻偏高，為了不要攝取過多鹽分，外食中的味噌湯最好不要喝；醬汁、番茄醬等調味料也盡量不要使用。

另外，在吃油炸物時，建議將外層的麵衣剝掉後再吃。

- 避免選擇單品類餐點，以定食套餐為佳
- 有意識地選擇蔬菜，考量到整體營養的均衡
- 湯品盡量不要全部喝完

配合自己的身體狀況
享受孕期運動的好處

適當地運動不僅能預防浮腫與便秘問題，還能讓自己換換心情，具有消除壓力的效果。
但是千萬不要太勉強自己！請配合當天的身體狀況與心情改變運動強度，好好享受運動
的好處。

懷孕15～16週後
經醫師同意可開始運動

　　若是身體狀況良好、在定期產檢時醫師也沒有特別交代，懷孕期間可以適度地運動。在孕期中，建議最好以健走等有氧運動為佳，而不要去健身房使用健身器材鍛鍊肌肉進行無氧運動。像是有專人指導孕婦如何運動的孕期游泳、孕期瑜珈、孕期有氧都是不錯的選擇。

　　從懷孕15～16週、身體狀況較穩定後就可以開始運動。雖然這時已經進入安定期，為了以防萬一，在開始運動之前須向醫師確認是否有問題。

　　雖然依運動種類不一，如果身體狀況良好，健走、游泳、瑜珈都可以一直持續到接近分娩。不過，在運動中只要感覺到肚子變得緊繃，就務必要暫停運動，讓自己休息。另外，可能有些人會擔心「進行太過激烈的運動，身體搖晃得太劇烈會使肚子裡的寶寶覺得不舒服」，不過由於肚子裡的寶寶是待在羊水裡，運動的震動感不會如想像中地劇烈。

　　此外，只要準媽媽自己不會感到疲憊，應該也不會對肚子裡寶寶造成負擔。雖然如此，還是不能太勉強自己！每個人原本的體力就不相同，因此千萬不要認為「大家都這麼努力，我也一定要做到！」、「目標是1天要走10,000步，不管有什麼事每天都一定要走到！」依照自己的身體狀況及疲憊程度，每天調整運動量與運動時間吧！

不太擅長運動的人可在
允許的範圍內活動身體

　　雖然運動可以控制體重、轉換心情並消除壓力，好處非常多，但絕對不是「懷孕中一定要做的事」如果是原本就討厭運動的人，不一定非得要在懷孕時開始做運動。

　　不過，在孕期中完全不活動身體，也不是一件好事。比較不擅長運動的，以半散步半健走的方式、或是一邊看電視一邊伸展身體等，試著找出讓自己能輕鬆活動身體的方法吧！

Column
在孕期中是否有
不適合運動的時期？

　　在身體狀況不佳時，請暫時停止運動。例如在感到肚子疼痛、甚至出血時，一定要立刻停止運動，趕緊前往常去的婦產科診所接受檢查。此外，當肚子比較緊繃、感到倦怠疲勞，身體狀況跟平時比起來比較差時，也不可勉強自己繼續運動，到了下一次產檢再與醫師討論自己的情形。

　　舉例來說，感覺好像快感冒時，要是沒有懷孕即使勉強撐完運動也不會有大礙，但在孕期中，懷孕本身就對身體造成負荷，在此時請保留體力對抗感冒，不要將體力浪費在運動上面。

孕婦瑜珈

孕婦瑜珈指導老師：きくちさかえ

讓身體自然記住呼吸與放鬆方式

孕婦瑜珈是藉由緩慢的動作讓身體自然地放鬆、變得柔軟，利用瑜珈獨特的呼吸法與放鬆姿勢，達到心情沉澱的效果。由於打開膝蓋的姿勢能讓骨盆周圍的肌肉變得柔軟，因此也能連帶讓骨盆與股關節容易張開。

在做瑜珈時，也能讓身體記住正確的呼吸與放鬆方式，當陣痛襲來、需要屏氣用力時，就能自然而然妥善地控制身體與心情，好處非常多。在做瑜珈時，不需要擔心「我的身體很僵硬」、「沒辦法好好擺出正確姿勢」，只要一邊呼吸、一邊感受「身體這部位有沒有好好伸展」、「這個部位感覺很舒服」，這樣就夠了。就從1天進行10分鐘開始，試著練習瑜珈吧！

暖身動作

轉動頸部消除肩頸的僵硬感

將背肌完全伸展開來，保持此姿勢將頭部慢慢往前垂下，再從任意方向慢慢地轉動頸部。左右各重複2次。

轉動腳踝預防腳部冰冷與浮腫

維持將雙腿伸直的坐姿，將右腳彎曲放置在左腳大腿上。利用左手手指確實抓握右腳腳趾，將腳踝大幅度旋轉10次，接著再從反方向旋轉10次。左腳也要重複相同的動作。

將腳趾頭1根1根伸展開來，將手指確實伸進腳趾縫中抓握住腳趾。

蝶式

讓骨盆容易打開分娩過程也能更加順利

1

腳底靠攏，以手指的食指與中指放在腳趾的大拇指下方，將腳跟拉往恥骨的方向。將背打直，伸展開背肌，再放鬆肩膀的力量大口吸氣。

2

一邊吐氣、一邊將伸展背部肌肉，感覺像是突出下巴般將身體向前傾。以自然的呼吸維持這個姿勢，再一邊吸氣一邊回到原本的姿勢。重複2～3次。

放鬆的姿勢

在陣痛的間隔時間務必要想起這個姿勢！

做完了所有瑜珈動作之後，最後要讓所有運動到的肌肉都好好休息。以自己覺得最舒服的姿勢橫躺，閉上眼睛讓全身都放輕鬆。在5～10分鐘內維持這個姿勢慢慢調整呼吸放鬆。

貓式

具預防&消除腰痛的效果

1

將雙手與膝蓋打開與肩同寬，雙手與膝蓋都扶著地面呈現貓式。一邊吸氣一邊抬頭望向天花板，將背部凹起來，將注意力放在凹起的背部與骨盆。

2

一邊吐氣、一邊將頭部下垂到雙手之間，拱起背部。雙手壓著地板，想像著彷彿要將肩胛骨打開來一樣。再次吸氣，慢慢回到原本的動作。重複2次。

深蹲姿勢

將股關節張開讓骨盆肌肉變得柔軟

1

將雙腿大幅度張開，以腳跟著地的姿勢蹲下。手掌在胸前合十，使手肘靠在膝蓋的內側。

2

一邊注意吸氣、吐氣，一邊將雙手往下移動，以手肘將膝蓋往旁邊推開。維持此姿勢深呼吸後，一邊吸氣一邊回到原本的姿勢。重複2～3次。

健走

若是以錯誤方式健走反而會招致許多問題

健走是一種隨時都能開始、不會造成多餘負擔的運動，不過並不是只要花時間走長距離就好，以錯誤的姿勢走路，不僅會造成腰部的負擔，更無法得到運動的效果。

為了預防在夏天健走時中暑或罹患日射病，比較建議在早晨與傍晚等氣候較涼爽的時段進行；在冬季時為了避免讓身體受寒，應該盡量在正中午時健走。

此外，在空腹及吃飽後健走可能會導致噁心想吐，應避免在空腹及吃飽後進行。剛開始健走時，只要走15分鐘左右即可，應該要在感到身體「還有餘力」的時候就結束健走。

不會磨損鞋底的健走方式

重點就在於「完全看不出來是孕婦」的走路姿勢。要是以身體後傾的姿勢走路，不僅無法鍛鍊到腹部肌肉，還會造成腰部的負擔，讓自己感到更加疲憊。

健走時要將背筋拉直、抬起腳底，以輕快的步伐前進。盡量不要一邊走一邊東張西望、分心瀏覽路邊店家，健走時請將注意力集中在走路這件事上，就算時間不長也無妨。

若是走路時拖著腳步，讓腳後跟摩擦到地面，不僅容易變成O型腿，更會造成腰部的負擔。此外，健走時也不可以穿著腳底已經磨損的鞋子，請購買一雙新鞋，走路時要以「不能磨損這雙新鞋的鞋底」為目標，就能以正確的姿勢邁開步伐。

要是完全沒時間運動，平時也可以藉由少搭1層樓的電梯或電扶梯、以走路代替搭公車或騎腳踏車，或是在前一站下電車再走路抵達目的地等方式運動身體。

集中精神健走20分鐘左右即可
在健走時，不要一邊講電話一邊走、或是一邊傳訊息一邊走，而是要將注意力集中在走路這件事上。只要以正確的方式健走，光是走短短的20分鐘就可以確實達到運動的效果。

在健走時的自我檢視表

- ☐ 身體不後傾、不駝背
- ☐ 健走時不可一邊看手機
- ☐ 盡量同時甩動手腕，一起運動到肩胛骨
- ☐ 不穿鞋底已磨損的鞋子
- ☐ 用餐後需間隔1小時後再健走
- ☐ 不要拖著腳步，俐落地抬起步伐
- ☐ 一感覺到肚子緊繃就立刻休息
- ☐ 不要設定太難達成的目標
- ☐ 走完之後讓自己好好休息

要是走到一半時突然感覺到肚子變得緊繃，務必要立刻停下腳步休息。千萬不要想著「再稍微撐一下」，硬是勉強自己走完。健走時也別忘了要勤於補充水分。

將腳後跟確實抬起持續健走
健走時要將大腿確實抬起來，再將腳後跟抬起，同時訓練腹肌。如果是拖著步伐走路，不管走了再久都一樣無法達到運動的效果。

目標是從背後看不出是孕婦！
以穩定且充滿韻律感的步伐健走，只要從背面看不見肚子的話就看不出來是孕婦。想像著俐落的走路姿勢開始健走吧！

游泳

在具有安全措施的場所游泳

游泳是一種不易受傷、又能平均使用到全身肌肉的運動，相當適合孕婦。到了懷孕5個月左右，孕期進入穩定期，一直到分娩之前，準媽媽們都能充分享受游泳的樂趣。

不過，在懷孕中做任何運動時，都一定要在教練的指導之下進行，此外，為了降低對身體的刺激，選擇水溫與室溫都經過嚴格控管的游泳池也很重要。

利用水壓解決運動不足的問題！

在孕期游泳最大的好處是能解決孕婦普遍運動不足的問題。由於水中阻力的緣故，在水裡運動所消耗的卡路里是在陸地上的1.5倍！同樣是做運動，游泳的減重效

果也較佳，對於體重控制來說也很有益處。不僅如此，在水中運動還會受到重力的影響，減輕身體的負擔，因此也具有預防腰痛及消除浮腫的效果。懷孕越到後期體重增加越多，腰部的椎間板也會受到壓迫導致腰痛，若是能進入水中，便能藉由浮力使受到壓迫的軟骨恢復柔韌，因此光是在水中漂浮感覺就會很舒服，同時改善腰痛的毛病。

進行孕婦游泳課程前先確認下列事項！

☐ 是否有持續接受產前檢查

☐ 肚子是否頻繁地出現緊繃感

☐ 血壓數值是否正常

當罹患感冒等傳染病、或是具有迫切早產、前置胎盤、妊娠高血壓症候群等風險時，不只是游泳而已，必須禁止所有運動。

另外，水壓也具有促進血液循環的效果，更能達到預防身體浮腫與靜脈曲張的功效。當然，游泳也跟其它所有的孕期運動一樣，當感覺身體不適、或肚子容易感到緊繃時，就要立刻暫停休息。即使是游到一半，只要一感覺到身體狀況有變化，就要立刻向教練反應。這項能一直持續到分娩之前的運動，請大家一定要在最安全的情況下安心享受。

在泳池內不游泳也有用嗎？

A 在泳池內不游泳也有用嗎？

即使是「以往從未學會游泳」的人，也能靠著大肚子的幫助增加浮力。只要持續進行，就能自然而然學會游泳了。此外，在游泳池中當然不一定要游泳，可以在水中走路、不會游泳的人也能嘗試其他的水中運動課程。請和孕期游泳教練商量看看吧！

游泳池的水會不會造成子宮感染呢？

A 只要在產檢時獲得醫師許可就沒問題

在運動俱樂部當中的游泳池，水質等項目都經過嚴格的控管，因此在開始游泳之前可先請醫師檢查，只要沒有子宮頸張開等情況，就不必擔心游泳池水進入子宮的問題，可安心下水游泳。

除增加體力外還有其他好處？

A 讓身體自然記住分娩時的呼吸法

游泳時能讓身體練習到分娩時的呼吸法，有不少孕婦都是藉由這項練習，到分娩時才不會慌張焦慮。而且，參與孕期游泳課程可以認識同為孕婦的朋友，因此不僅能夠充分活動身體，還能與孕婦朋友們一起聊聊天，消除懷孕時的心理壓力。

每一個人都可以做好平安順產的身心準備

每一位孕婦共同的心願都是平安順產。雖然大家都說「不到真正分娩的時刻、不會知道究竟在產程中會發生什麼事」，不過，為了迎接分娩之日的到來，其實有許多事可以從現在開始準備。

只要努力一定會回饋到自己的身心

關於分娩，重要的其實不是「分娩時間是長是短」「要經由陰道分娩還是剖腹生產」等問題，平安順產最重要的是寶寶是否健康有活力、母親本身是否認為「分娩過程順利」。能夠判斷分娩過程順利與否的人，只有母親本人。這麼一來，順產與否的關鍵就在於母親自己的想法，以及為了順產兒付出努力的方式。

舉例來說，在孕期中準媽媽可以利用健走的方式鍛鍊體力，也可以試著想像分娩流程讓自己比較能放輕鬆，其實在懷孕過程中有很多事情可以提早準備。在這麼多事情裡，就從今天開始先挑一項努力試看看吧！即使1天只有10分鐘也好，甚至是距離預產期只剩1週的時間也無妨，只要努力嘗試過就一定可以有所收穫。抱持著「為了平安順產，我付出了這些努力」的心情迎接分娩之日到來，就一定可以為妳的分娩過程帶來幫助。

生活作息規律是健康的基礎

打造順產體質的基礎，就是規律的生活作息。

本來「日出而作、日落而息」就是人類最原始的生活步調，要是過著違反原始步調的生活，身體狀況自然會出狀況，飲食生活不規律也會導致體重容易增加等，引發各種問題。

因此，請在白天的時候盡量多動動身體，反之，到了晚上則早點就寢，讓自己習慣這樣的規律作息。只要養成早睡的習慣，早上就能精神抖擻的早起，當然也就能好好吃早餐了。

晚餐最好要在晚間19～20點之前吃完比較理想。由於腸胃在消化時，身體無法進入熟睡狀態，因此最晚也要在就寢前3小時用完晚餐。要是太晚才吃飯，只會造成腸胃的負擔，對身體一點好處也沒有。

注意走路‧站立姿勢以加強肌力

同時，請養成每天記錄體重的習慣，並同時記下每天的飲食內容。利用數字與文字做紀錄，看到的時候能時時提醒自己，在體重控制方面便能發揮效果。

此外，也建議準媽媽在孕期中適量運動。只要醫師沒有特別要求靜養身體，在懷孕時多活動身體對順產也很有幫助。

像是參加孕婦瑜珈或孕婦游泳等媽媽教室開辦的課程，就是很好的運動方式。就算不特別運動也沒關係，只要在日常生活當中多注意走路與站立的姿勢，就能提升自己的肌肉耐力。也請試著做看看P84～85的順產體操喔！

打造順產體質的12個訣竅

邊做事邊做伸展操
促進血液循環

伸展運動不僅能促進血液循環，預防、消除肩頸僵硬與腰痛等問題，對於順利分娩也很有幫助。現在就先從邊看電視邊伸展膝蓋內側、在曬衣服之前先伸展腰部、站在廚房裡烹飪時慢慢轉動腰身等簡單的伸展動作開始做起吧！

盡量以天然的
糖類調整甜味

在含有甜味的糖品之中，特別是白砂糖會導致身體變寒，在烹調時若是希望製造出甜味，可以使用蜂蜜、楓糖或黑糖等。同時，為了避免攝取過多熱量，糖的用量要盡量少一點。

轉轉頸部獲得放鬆

雖然有時候會想看電視放鬆心情，反而會造成視覺神經過度緊張，導致肩頸產生僵硬感。建議在廣告時轉動一下頸部、或是伸展一下手臂，讓身體適度放鬆。

飲食時充分咀嚼

隨著子宮越來越大，對於腸胃造成的負擔也隨之增加，細嚼慢嚥不僅能促進消化器官蠕動，還能讓吃下去的食物更容易消化，在飲食時請將食物充分咀嚼後再吞下。要是不仔細咀嚼，將食物泡在湯裡稀哩呼嚕嚥下肚可不行，茶水就等到飯後再喝吧！

多吃些雜糧米與紅豆

雜糧米具有豐富的食物纖維、維生素及礦物質，含有非常多孕婦所需的營養素。可以將白米與雜糧米混合烹煮，仔細咀嚼便能幫助消化，具有消除便秘的功效。紅豆也能夠抑制浮腫與高血壓，同時幫助糖分的代謝。

練習將手腕用力再放鬆

試著練習看看以手腕用力後、再將力氣放盡，能確實感受到用力與放鬆的差異。在手腕放鬆時，可以請旁人試著將自己的手腕抬起來，如果感覺手腕抬不太起來，就表示已經呈現非常放鬆的狀態。將這種感覺牢牢記住吧！

控制鹽分的攝取

鹽分攝取過多，可能會導致身體浮腫與高血壓等情形，在喝味噌湯或其它湯品時，可以考慮只吃湯裡的料，不要喝湯。此外，也建議在湯裡可以多放些蔬菜，因為蔬菜當中的鉀能與鈉結合，具有幫助鹽分排出體外的作用。

空出一天
不看手機＆電腦！

雖然在我們的生活中手機與電腦已經無所不在，但若是一直盯著螢幕不僅會造成眼睛疲勞，更會導致肩膀僵硬、疼痛。偶爾試著將手機與電腦關機吧！外出散散步用心體會大自然、與肚子裡的寶寶對話吧！

將臀部抬高
感受放鬆的感覺

在分娩的時候，就算可以在腹肌用力，也不能將力量傳達到產道；在臀部用力，非但無法幫助寶寶出來，反而還會導致子宮頸口與外陰部腫脹。在孕期中可以練習以貓式將臀部高高抬起，感受放鬆的感覺。

採取不會溫和
的飲食方式

只要胃一感到寒冷，全身就會變冷，血液循環也會跟著變差，請盡量避免吃冰品及冰飲。此外，生菜（特別是夏季的當令蔬菜，如小黃瓜等）更會使身體變冷，因此平時須避免生食蔬菜，以燉煮、汆燙、加熱等方式吃蔬菜吧！

試試熱敷的方式
消除寒冷與痠痛

閉起雙眼，在眼瞼上覆蓋溫熱的毛巾稍微休息，就能減緩眼睛疲憊感與大腦昏沉的感覺。若是身體有某些部位感到冰冷或緊張，也可以用熱敷方式帶來舒緩的效果。感到肩頸僵硬時就將熱毛巾覆蓋在肩頸部位、腰痛得難受時就熱敷腰部看看吧！

對於分娩抱持著
正面積極的態度

抱著輕鬆的心情歡笑時，身體也能夠同時放輕鬆。為了消除心中對於分娩的不安，可以在產前多想像看看分娩的流程。當陣痛開始來襲時，可以想像「自己正乘風破浪穿越難關」等，抱持著正面積極的心態迎接分娩的到來。

每天都做一點
順產健身操吧！

為了打造出能夠平安順產的身體，在生活中就有許多訓練＆伸展動作可以多方嘗試，例如使股關節變柔軟或是保持腹肌的體操，也能促進血液循環。

感覺舒服、
狀態不錯就繼續進行

　　只要不是因為迫切早產等原因被醫師指示「必須臥床休養」的孕婦，在孕期中多多運動身體也無妨。反倒是需要適度的運動，到了分娩時才能一直保持放鬆狀態，度過一次又一次的陣痛，到最後才有體力屏氣用力將寶寶推出來，因此在孕期中，

維持體力與肌耐力也是非常重要的一件事。

　　在日常生活中，只要多留意自己走路方式與坐姿，就能幫助提升體力與肌耐力。不僅是為了平安順產、在產後也能立即充滿活力地開始照顧小孩，請務必在孕期中就先培養出充沛的體力。

　　伸展運動不僅不會對懷孕中的身體造成負擔，還具有促進血液循環的功效，同

時消除肩膀僵硬及腰痛等困擾。此外，還能打造出柔軟的身體，對於平安順產也很有幫助。

　　舉例來說，「邊看電視邊伸展」、「邊打掃邊伸展」等，可以將伸展運動融入日常生活中，只要感覺到「身體變得舒服」「身體狀況很不錯」，就請將伸展運動當成每天的功課吧！

提升體力、維持腹肌的健身操

端正的站姿

　　將背肌拉直，注意不要讓身體往後仰，站立時要將身體的重心平均放在雙腳上。

　　將雙腳的腳跟靠攏，能自然而然地挺直腰桿、緊實骨盆，因此運動效果也非常好，同時還有預防腰痛的功效。要留意從側面看起來，上半身不可呈現S字型，腰部也不可以呈現C字型的彎曲弧度。

這個姿勢的重點在於雙腳腳跟一定要牢牢靠攏，以固定骨盆的位置。

直挺挺地
坐在地板上

　　當臀部接觸地面，身體卻無法保持直挺姿勢，就表示腹肌已經退化了。盤腿坐在地板上時，要將腰桿挺直、伸展背部肌肉，靠自己的力量確實支撐身體。只要一直將注意力放在保持骨盆姿勢端正，就能夠鍛鍊到腹肌。

　　做這個姿勢時絕對不可以駝背，駝背會造成腹肌退化，也是造成腰痛的原因之一。

NG

提升血液循環，改善骨盆內部循環

無論在何時何地都可以做全身伸展操

雙腳打開與肩同寬，再將雙手筆直地伸到頭上做出合掌的姿勢。伸展背部肌肉站立時，也要留意從手指到腳底都要盡量伸直。藉由挺直腰桿的動作，舒緩腰部與背部的肌肉僵硬感，全身都會感覺很舒服。

接著，將雙手手指交叉反握，慢慢地將身體倒向左邊及右邊，這個動作不僅能夠促進全身的血液循環，對於改善腰痛也很有效果。

確實挺直腰桿

雙腳打開與肩同寬，將腰部前後挪動。試著想像自己有尾巴，感覺就像是要將尾巴上下擺動般地伸展腰部，這個動作能促使骨盆內的血液循環變佳。

在曬衣服、打開窗戶、或是在廚房做菜之前，隨時隨地都可以練習這個動作。

伸展膝蓋內側肌肉

在地板上以單腳盤腿坐，另外一隻腳再往旁邊伸展。這個動作能伸展到膝蓋內側的肌肉，同時讓股關節容易張開。維持這個動作一陣子再換另一條腿伸展。習慣這種感覺後，再以手握住腳尖，加強伸展。

接下來是進階版伸展操。將一隻手握住腳尖，另外一隻手腕則要繞過背後搭在腰上，這麼一來就能使血液循環更順暢。

在使用吸塵器時順便練習深蹲

自古以來，就認為拿著抹布趴在地板上擦地的姿勢能有效鍛鍊骨盆底肌肌肉群，帶來平安順產的效果。現在在使用吸塵器時，可將吸塵器的管身調整得短一些，吸地的時候順便練習深蹲，能讓股關節變得更靈活柔軟、容易張開。

夫妻一起進行大腿內側按摩

以側躺的姿勢，請丈夫幫忙輕輕地踩踏內側大腿，可幫助改善血液循環，使肚子比較溫暖，有效紓解身體冰冷、浮腫、便秘等問題。到真正要分娩，在陣痛較微弱時請試試看這個動作；產後遇上乳汁分泌情況不理想時也可以試試。

利用睡前30秒伸展腰部

以仰躺姿勢，將左右腳的膝蓋輪流立起、再倒向內側，慢慢地重複好幾次，便能幫助腰部的血液循環，還能消除腰痛的困擾。在晚上睡覺前或午後的休息時間都可以進行這個動作。

為了母乳哺育
孕期可以做的努力

大多數的準媽媽都會希望「盡可能以母乳哺餵寶寶」，
為了到時候能提供寶寶大量的美味母乳，在懷孕中就先提前保養＆準備吧！

為產後哺乳生活
提前作準備

母乳當中不僅有免疫物質，能幫助寶寶抵抗外來病菌，還能讓母親的身體在產後快速恢復，以母乳哺餵寶寶的好處非常多。

為了順利哺乳，在懷孕時提前準備非常重要。平時須注意攝取營養均衡的三餐，穿著不會束縛身體的內衣等，在孕期中必須留意到乳房的健康。

如果想持續以母乳哺餵寶寶，最重要的是媽媽必須隨時保持輕鬆的心情，盡量過著沒有壓力的生活。

關於乳房的煩惱
請與醫護人員討論

產後，若是在哺乳時遇到了困難，請不要過度依賴網路上的資訊，因為雖然媽媽們的意見值得參考，但每一個人的母乳分泌情形都有所不同，請前往當初生產的醫院，或是至有母乳門診的婦產科及診所等，具備母乳專門知識的地方尋求幫助。

乳頭・乳房的類型

標準乳頭

乳頭的長度或直徑達到8mm以上就算是標準乳頭。只要進行能使乳頭便柔軟的按摩即可。

巨大乳頭

乳頭的長度或直徑達到2.5cm以上，就可能會導致寶寶難以吸吮，請向護理人員尋求幫助。

短・扁平乳頭

乳頭的長度或直徑在5mm以下，過於扁平的乳頭可能會難以進行親餵。

凹陷乳頭

乳頭凹陷於乳暈部位，導致寶寶難以吸吮到乳頭，可使用乳頭吸引器讓乳頭突出。

懷孕第37週開始按摩乳頭的方法

只要感覺到肚子變緊繃就必須停止按摩乳頭

一旦過了懷孕第37週，就可以開始進行每天1～2次的乳頭保養。為了打造使寶寶容易吸吮、充滿彈力＆柔軟觸感的乳頭及乳暈，從孕期中就開始進行保養吧！藉由持續按摩，能使乳頭的皮膚變得較強健，也能預防乳頭龜裂。

不過，在肚子感到緊繃時、或是在按摩中肚子突然變緊繃的時候，請立刻停止按摩。

● 使乳頭變得比較柔軟

① 以大拇指、食指、中指的指腹捏住乳頭，一邊往橫向揉捏、一邊讓指腹往乳尖方向滑動。

② 與動作1相同，以三根手指的指腹捏住乳頭，一邊往前後方向揉捏、一邊讓指腹往乳尖方向滑動。

● 開通乳腺的方法

① 將大拇指、食指、中指這三根手指放在乳暈部位，往乳房方向垂直按壓。

② 將三根手指的指腹集中靠攏，指尖用力抓住整體乳暈部位。

③ 捏住乳暈，手指往乳管口的方向搓揉，並且以手指將乳頭往前拉。

④ 維持動作3的狀態，以5根手指頭捏住乳頭，稍微用點力旋轉搓揉乳頭。

關於準備母乳的注意事項

飲食

基本原則是
低卡路里、營養均衡

藉由1天3次攝取營養均衡的飲食，提供給寶寶充分的營養，同時也能為母體儲存足夠的營養，為了日後乳汁的分泌做好準備。基本上要以低卡路里、營養均衡的和食餐點為基礎，以米飯為主食再搭配魚、蔬菜、海藻類等食材，盡量自己在家裡煮會比較理想。

同時，也要多留意攝取孕婦最容易缺乏的鐵質、葉酸、鈣質等三大營養素。

身體一旦受寒，母乳會比較晚分泌，分泌量也有可能會時多時少，為了消除虛寒的問題，建議可多攝取糙米。

運動

邊甩動手腕邊散步
可有效刺激乳腺

如果在懷孕過程中沒有出現什麼問題，可以適度地運動。無論是誰都可以立即開始進行的運動就屬健走了，不僅讓分娩更順利，同時也能增強體力，對於產後的育兒工作會相當有幫助。

一邊甩動手腕一邊健走，能運動到肩胛骨，同時刺激到乳腺，讓母乳分泌更順暢。

內衣

在家裡不穿內衣
外出時也束得太緊

為了讓母乳順利分泌，最重要的是必須改善血液循環的狀況，在家裡不穿內衣就是正解！讓乳房隨著走動而自然晃動，效果就等同於做了促使血液循環的體操一樣。

如果還是不習慣不穿內衣就出門，請選擇不會造成束縛的孕婦專用內衣或運動內衣等無鋼圈的內衣，才不會壓迫到乳腺。

此外，尺寸不合的內衣會導致血液循環變差，也請不要再穿懷孕前所穿的內衣。

控制體重

過胖或過瘦
都會影響母乳分泌

脂肪會造成雌激素分泌旺盛，而雌激素正是抑制母乳分泌的原因之一。要是在孕期中體重增加過多，也會對於產後的母乳分泌造成影響，因此千萬必須留意控制體重。不過，要是體重增加太少也會對母乳造成影響，必須讓體重按照合適的步調規律增加。

規律生活

過著規律的生活
不讓自己累積壓力

如果希望母乳順利分泌，無論是孕期中或產後都要盡量沒有壓力。為了在產後能輕鬆地面對育兒生活，可以在孕期中先模擬看看與寶寶相處，或是先與母親、婆婆等周圍的親人好好溝通協調，請親人一起幫忙照應。

在媽媽們的年代多半是使用配方奶餵養嬰兒，因此必須先與母親、婆婆好好溝通，請她們了解以母乳育兒的好處。

此外，也要盡量避免因忙碌而沒吃飯、或是熬夜等不良的生活習慣，盡量早睡早起，維持良好的睡眠品質，規律的生活作息才是一切的基礎。

想像哺餵的情景

試著想像看看自己
正在哺乳的溫馨場景

如果老是想著哺餵母乳很辛苦、半夜餵奶會導致睡眠不足等，將母乳育兒想得很負面時，也很容易累積壓力。壓力不僅會擾亂乳汁分泌，對於育兒也會造成負面影響。試著在腦海裡想像自己哺餵母乳時快樂溫馨的畫面吧！

國內、海外旅行必須注意的事項！

在孕期中，好好把握最後的兩人世界，來趟旅行製造美好回憶也不錯！
不過，在出發之前還是要先和醫師討論＆確認過後才能安心。

就算身體狀況良好也不可以勉強自己

即使是在孕期中，只要懷孕過程沒有什麼問題、身體狀況也允許，大可享受旅行的樂趣。不過絕對不可以勉強自己，儘管覺得自己的身體狀況良好，懷孕中的身體也與懷孕前大不相同，千萬不要對自己的身體狀況與體力太有信心。一定要記住，懷孕中的身體狀況瞬息萬變，時常會有昨天還好好的、今天就突然有緊急情況發生。

在旅行前，請先考慮要花多少時間及利用何種交通工具抵達目的地等，以整體的角度考量，規劃一個對身體負擔最少的行程。出發去旅行時，一定要記得隨身攜帶孕婦健康手冊、健保卡、平時固定前往的婦產科名片等物品。

此外，要是感覺身體狀況不佳，即使在出發當日也要有勇氣決定中止旅行計畫，千萬不要想著「期待這趟旅行好久了」、「可能會被取消訂金」等，因為要是在旅行途中出了什麼意外，後悔就已經太遲了！

各種交通工具的優缺點

高鐵
○能很快抵達目的地
╳千萬不可長時間採相同姿勢

雖然搭乘高鐵的好處是能在短時間內抵達目的地，但卻必須一直在座位上維持相同姿勢，不僅會造成腰痛，也會令腿部浮腫。如果是以休閒放鬆為目的的旅行，選擇單程1～1.5小時可以抵達的地方會比較好。

如搭乘高鐵無法在中途下車，要是孕期已經到了隨時開始分娩都不奇怪的足月，就請勿選擇搭乘。

自家車
○可以依照自己的步調休息
╳可能會遇到塞車、上廁所的問題

雖然自己開車可以去到比較遠的地方，不過還是盡可能選擇單程1～2小時可以抵達的地方會比較安心。如果真的要開長途，最好每隔1小時就休息一下，休息時務必要到車外站起來走走，也別忘了上廁所。

為了在搭車過程中更舒適，可以在車中準備枕頭或抱枕、按摩用具等。到了懷孕後期有可能隨時會破水，為了避免讓自己「塞在車陣中動彈不得」，在出發前請先查好交通資訊吧！

飛機
○就算距離較遠也能快速到達
╳在狹窄位置中不得不維持同樣姿勢

有些航空公司會要求懷孕9個月以上的孕婦必須出示醫師診斷書才能搭乘飛機，訂機票時請先向航空公司確認清楚這方面的規定。

在飛機中的氣壓會設定成比陸地略低一些，因此在起飛、降落的時候氣壓會產生變化，不過其餘的時間內氣壓都會保持在一定的水平，因此無須擔心對寶寶造成影響。令人在意的反而是長時間維持相同姿勢會導致經濟艙症候群，特別是下半身容易被大大的肚子所壓迫，導致血液循環變差，再加上一直維持相同姿勢更會使身體變得浮腫。這個問題不只是飛機，無論是搭乘高鐵、火車與開車等各種交通工具，只要長時間維持相同坐姿就有可能會發生。在乘坐時記得隨時將腳往前活動伸展，在起降時的安全警示燈熄滅時，於走道中走一走也有助於改善。

若是選擇海外旅行，飛行時間總是會比較長，可以隨身攜帶著充氣型枕墊等物品，下點功夫盡量保持下半身血液循環的活絡。

關於旅行的 & A

若計畫溫泉旅行，是否有孕婦不能泡的溫泉泉質？

A 選擇較溫和的溫泉泉質，溫度以31～41度C為佳

懷孕時肌膚容易變得敏感，因此若是泡硫磺泉或酸性泉等刺激性較高的溫泉，可能會起疹子或發炎。像祕境溫泉等瓦斯味比較強烈的溫泉，也要盡量避免。另一方面，浸泡在42度C以上、或30度C以下的溫泉時，交感神經容易受到刺激，導致血壓上升，因此在泡溫泉時也要留意溫泉的溫度是否恰當。

在溫泉中的細菌有可能進入到子宮裡嗎？

A 請慎選衛生環境優良的溫泉設施

基本上，溫泉中的細菌並不會直接影響到懷孕中的身體，不過如果真的要泡溫泉，還是選擇衛生環境較佳的地方會比較好。在出發之前先瀏覽該溫泉飯店的官網或留言板，確認溫泉池是否每日進行清潔等，了解該設施的環境後再前往。

在溫泉旅行時必須注意哪些事？

A 不要泡太久。盡量與別人一起泡湯

首先一定要小心避免滑倒。濕漉漉的浴室或露天溫泉很容易不小心就滑倒；泡湯帶來的暈眩感也很容易造成跌倒，為了以防萬一，在進入水池中的時候身旁最好要有人可以扶著。也不可以泡太久，懷孕時泡湯要遵守1次10分鐘左右的規則，感覺心跳變快時就必須趕快起身，1天最多只能泡2次。

以觀光為主的旅行想要盡量多看些景點！

 A 盡量安排較為鬆散的行程

雖然大家都會有「好不容易出來旅行了，一定要好好把握機會到處走走看看」的這種心情，不過在孕期容易感到疲憊，千萬不可以過於勉強。在擬定行程時，請安排得較為寬鬆，就算沒辦法真的按照行程走也無妨，沒去到的地點可以「下次帶著寶寶一起來」！

在海外旅行時身體狀況突然變差該怎麼辦？

 A 請事先查詢好語言能溝通的醫療機構

在海外身體突然出現狀況時，最麻煩的就是語言不通以及保險無法支付導致醫療費用過於龐大，可以利用信用卡公司提供的服務，先查詢好當地的醫療機構簡介，不過要是真的必須在海外就診，費用勢必會比較高，這點請先做好心理準備。

在國內旅行時身體狀況突然變差該怎麼辦？

A 在出發前先查好住宿地附近的醫院

就算是在國內旅行，也要先查詢好住宿地點附近的醫療院所，同時也要記得攜帶平時前往產檢的婦產科名片，萬一在旅行時發生了什麼事，還能立即與醫院取得聯繫，了解妳懷孕的過程與細節。因此，在旅行時一定要記得攜帶孕婦健康手冊、健保卡與婦產科的名片。

在機場的安全檢查是否會對胎兒造成影響？

 A 基本上不會對母體及胎兒造成影響

雖然行李必須經過X光檢查，不過，人所經過的金屬探測儀閘門中沒有使用X光，基本上無須擔心肚子裡的寶寶或準媽媽的身體會受影響。還是覺得很擔心，可以先跟機場的服務人員說明自己有孕在身。

該如何預防經濟艙症候群？

 A 多站起來走走也可以穿上彈性褲襪

在懷孕中容易引起血栓現象，不僅是搭飛機，搭乘汽車、火車時若是長時間都保持同樣姿勢，有可能會引起經濟艙症候群。長時間待在狹小空間時，可以試著讓腳往前伸展，頻繁地讓自己起身走動，也可以穿上彈性褲襪等。

要？不要？不想？
懷孕時的性生活

雖然性生活是夫妻之間非常重要的溝通方式之一，但是在懷孕期間內還是必須多加小心。
由於在懷孕的過程中身體也會逐漸產生變化，可以配合懷孕的階段，採取對身體負擔較
少的方式，還是一樣可以享受性生活！

每一對夫妻的習慣皆不相同
別忘了多體貼對方

雖然有許多人對於孕期中與產後的性生活抱持著種種疑問，例如：「性行為會導致流產嗎？」、「產後多久才可以重新開始性生活呢？」不過另一方面也有些人也表示：「根本沒心情進行性行為。」在懷孕時，可能會有些人在心態上已經有母親的自覺，會以肚子裡的寶寶為優先，在無意識中產生「想好好守護寶寶」的本能而避免發生性行為。

而且，最近也越來越多丈夫見到妻子無心經營性生活，便也順應妻子想說「算了、沒關係。」可能是認為夫妻之間不只是靠性行為產生親密感，就算在懷孕期間沒有性生活也能獲得心靈方面的滿足。

雖然每個人的性慾都有程度上的差異，性行為不是非得要做不可，但做了也絕非壞事。只要沒有迫切流產等危險性，醫師沒有禁止的話，在孕期中進行性行為是完全沒有問題的。

初期　不要太刺激、在短時間內快速解決

到懷孕4個月之前的初期階段，是害喜最嚴重、最不舒服的時期，在性行為方面也必須特別注意。在這個階段，胎盤還尚未完成，要盡量避免過於刺激。雖然有可能會有少量出血的現象，不過只要懷孕過程一切正常，就不需要擔心性行為會造成流產。

此階段進行性行為的重點是：「身體先洗乾淨」、「插入位置要較淺」、「時間盡量短一點」、「次數盡量少一點」。

中期　儘管在穩定期，還是盡量別對肚子造成負擔

到了害喜狀況漸漸平復的穩定期，只要身體狀況沒有異常，就可以經由性行為與丈夫維持親密的肌膚接觸。

不過，太過刺激的性行為也有可能會導致迫切早產，因此也必須和懷孕初期一樣以準媽媽的身體狀況與心情為最優先考量，盡量不要對肚子造成太大的負擔，尤其是在進行性行為時，背後體位容易插入過深，請盡量避免。

後期　必須留意性病與早期破水的風險

雖然到了懷孕後期肚子容易產生緊繃感，不過卻也不是絕對不可以進行性行為。

在性行為時要多留意「不要壓迫到肚子」、「插入位置要較淺」、「時間也要比較短」。此外，由於懷孕後期是細菌最容易進入陰道裡的時候，因此一定要特別留意「維持清潔」。

產後　產後1個月複診後再開始。別忘了做好避孕措施！

在產後1個月回醫院複診時，只要醫師同意就可以重新開始性生活。剛開始的時候也許會比較在意會陰部位的傷口，可能會由於疼痛而造成難以插入。為了不要讓自己對於性生活產生恐懼或厭惡感，請與丈夫好好溝通自己的身心狀態，獲得丈夫的體諒。此外，即使沒有來月經也有可能會排卵，也別忘了做好避孕措施。在惡露尚未排乾淨的期間內比較容易有感染的風險，請記得使用保險套。

關於孕期性行為的 Q & A

在什麼期間內可以進行性行為？

A 在什麼期間內可以進行性行為？

在懷孕初期，由於胎盤尚未完成，因此流產的危險也比較高。在懷孕滿12週之前盡量避免性行為會比較保險。

另外，到了懷孕中期步入後期的階段，尤其是在懷孕34～36週的這段期間，進行性行為很可能會造成早產，要是身體突然覺得不太舒服，或是肚子變得很緊繃、感覺不太對勁，就必須立刻停止性行為，觀察自己的身體狀況。若是懷孕過程都很順利，就算到了將近足月的時刻，如果想要進行性行為也不是絕對不可以，要記得隨時提醒自己「動作輕柔一點」。

性行為會導致破水嗎？

A 不需要擔心破水的問題 感到不安時就多溝通吧！

光是性行為時的插入並不會導致破水，不過，要是身為準媽媽心中抱有不安，在進行性行為時還是會忍不住想「會不會破水呢？」「好擔心寶寶」，這樣的話也可能會導致以後對於性生活抱有恐懼或厭惡感，因此請先與丈夫好好聊聊，溝通看看是否有讓妳比較安心的方式。

雖然性行為不會直接造成破水，卻有可能會由於細菌感染而導致破水，因此在進行性行為時也要留意到整潔方面的問題喔！

時間長短與次數有限制嗎？

A 在身體狀況不錯的時候 進行到不至於累的程度

每個人的懷孕過程都大不相同，性行為的時間與次數也必須依照準媽媽的身體狀況與心情而定，因此沒有硬性限制只能多久或幾次。

基本上，享受性生活最好是在進入穩定期之後，感覺身體狀況不錯時，而且要在自己還不會感覺累的時候結束。要是一感覺到肚子變得緊繃，感覺不太舒服，必須立即暫停。規律的震動及高潮都會引起子宮收縮，此外，對乳頭的刺激也是造成子宮收縮的原因之一，請盡量避免。

是否要戴保險套比較好呢？

A 以預防性病的角度來看 要戴保險套比較好

如果是想要避孕，在孕期中不需要使用保險套，不過如果是要預防性病，在懷孕時也要記得使用保險套。

在懷孕時，身體的免疫力會變得比較低落，要是一旦受到細菌侵襲，就很容易引起發炎等反應。另一方面，精子當中含有前列腺素，也會引起子宮收縮，因此要是在體內射精的話，依照懷孕時期不同，也有可能會造成影響，在懷孕初期及後期必須特別注意。

性行為會影響到肚子裡的寶寶嗎？

A 如果醫師允許 就無需過度擔心

只要醫師沒有明言禁止性行為，基本上就無須過於擔心，不會對肚子裡的寶寶造成影響。

也許有些人會擔心：「龜頭會不會撞到肚子裡的寶寶」、「進行性行為的時候肚子裡的寶寶會不會覺得不舒服、會不會痛？」、「羊水會不會變髒」等等，不過由於寶寶是被子宮、羊膜、羊水等多重防護層重重保護，因此不需擔心這些問題。不過，在懷孕時還是盡量避免過於激烈的性愛，不要讓自己喘息太過劇烈。

這種性行為是NG

- 定期產檢時醫師不允許性行為
- 肚子經常感到緊繃
- 身體狀況或心情不佳時
- 太強烈的高潮導致子宮收縮
- 會壓迫到肚子的體位

在進行性行為時，只要一感覺到身體不太舒服就必須立即中斷。一直出血不停時須立即前往醫院就診，要是觀察1～2小時之後感覺肚子的緊繃感有比較趨緩時，則請在隔天前往醫院就診。

配合不斷變化的體型
選擇合適的孕婦內衣

懷孕之後，身體無論是內部或外觀都會產生變化。
為了不對懷孕的身體造成負擔，讓自己更舒適也更美觀，選擇合適的孕婦內衣也是非常重要的一環。

選擇形狀與質地都適合孕婦穿著的內衣

懷孕之後，無論是胸圍與肚圍都會越來越大，若是一直穿著懷孕前的內衣，一定會覺得很不舒服吧！最近的孕婦內衣無論是質地與觸感、鋼圈的柔軟度都相當好，款式設計得也越來越時髦了，非常適合孕婦穿著。

胸圍主要是從乳房下半部開始往兩旁變大

一旦懷孕後，胸部並非往前變大，而是乳房的下半部會往兩旁漸漸變大，專為孕婦所設計的內衣就可以因應這項改變，符合懷孕中的需求。

肚子會往前方突出越變越大

隨著子宮越來越大，肚子也會慢慢往前突出。此外，肚皮的肌膚還會以肚臍為中心放射狀地伸展開來。到了足月之前，肚子的形狀會稍微往下垂。

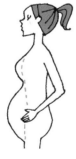

孕婦內褲

請選擇能夠完整包覆住肚子的版型

孕婦內褲有分為材質具有彈性、穿著起來很舒適的類型，以及可以支撐款式。雖然大部分的孕婦內褲都可以一直穿到生產之前，不過隨著肚子越來越大，也有可能需要再換穿更適合的尺寸與款式。

若是內褲將鼠蹊部包得太緊也會造成不適，因此在選購時必須多注意款式設計是否適合自己。此外，為了避免肚子受寒，在選擇孕婦內褲時，能完整包覆住肚子的版型會比較好。到了夏天容易流汗，也要注意內褲材質是否具備優秀的透氣性、肌膚觸感是否良好。

孕婦內衣

較大尺寸NG
請選擇剛好合身的內衣

一般的內衣會緊束著身體，可能會使害喜症狀變得更加嚴重，不過較大尺寸的內衣會造成胸部下垂，因此，請盡量前往店面請店員測量尺寸，選擇剛好合身的內衣。大部分的孕婦內衣，到了產後也可以繼續哺乳，如果想要哺乳，選擇內衣時也要注意扣環的設計方式，選擇哺乳內衣。

托腹帶＆托腹褲

可支撐日漸變大的肚子
同時預防腰痛及寒冷

雖然每個人肚子開始產生明顯變化的時間點皆不相同，不過大部分的孕婦都會在懷孕5個月的時候開始綁上托腹帶，在這個時間點有許多人都會開始選購托腹帶或托腹褲。一般來說，在肚子還不明顯的時候可以穿著托腹褲，到了肚子漸漸變大之後，在於兩側再加上托腹帶同時使用，給予肚子與腰部完整的支撐效果。

內搭背心

**換穿材質與剪裁都是
專為孕婦設計的內搭背心**

內搭背心也要配合日漸變大的肚子，換成具有彈性的材質，完整包覆腹部的同時，也具有避免肚子受寒的效果。現在的孕婦背心不僅擁有保暖設計，還能直接外穿，樣式非常齊全。

絲襪＆褲襪

**在腹部具有伸縮設計的款式
會比較好穿脫**

即使是具有伸縮性的絲襪及褲襪，也無法完整包覆住越來越大的肚子，因此懷孕後就必須準備孕婦專用的款式。由於孕婦專用褲襪在腹部具有特別加強伸縮性的設計，因此穿起來相當舒適。

生產＆產後

**穿上產後內衣，目標是
打造比產前更美好的身型**

生產完之後，要是什麼都不做，肚子的肉就會一直鬆垮垮地維持原樣……。為了盡速恢復產前的體型，在產後必須準備束腹或馬甲，將目標設定為打造出比產前更美好的身型吧！

先從能夠重複穿搭的
孕婦褲開始購入！

懷孕之後不見得一定要穿孕婦裝，以連身裙＋內搭褲的穿搭就很適合。不過，為了配合逐漸變大的肚子，衣服最好還是要選擇專為孕婦設計的款式才方便活動。許多孕婦都會選擇穿著版型偏長的一般上衣，在搭配上孕婦專用的褲裝。

連身裙＋內搭褲

**優點是不會讓腿部感到寒冷
整體線條看起來也相當漂亮！**

孕婦穿搭的王道不必說絕對就是連身裙了！如果再搭配上緊身褲或褲襪，更能增添時髦氣息，而且還可以遮蓋到孕婦最容易受寒的腳踝，維持良好的身體狀況。一直到懷孕7個月之前，上半身都還可以繼續穿著原本的連身裙。

合身長褲

**上班族孕婦必備
選擇具有俐落線條的版型**

最近懷孕後還持續工作的孕婦越來越多了，為了配合上班時的俐落造型，上班族孕婦會比較偏愛穿著長褲。孕婦長褲的長度有分為全長及五分長，腰圍的部分也和丹寧褲一樣具有伸縮的特別設計，布料則以彈性布為主流。

丹寧褲

**無論是休閒或工作時都可以
重複穿搭，一定要先購入一條！**

在腰圍處具有伸縮設計的孕婦丹寧褲，可以從懷孕初期一直穿到足月都很合身，只需要換穿上半身的衣服即可，可說是非常方便的百搭款。此外，剪裁方面有緊身、直筒、合身貼腿等各種款式。

由於到了懷孕後期，肚子會一下子變得非常明顯，如果還繼續穿著原本的連身裙，下半部的長度很容易會顯得太短，因此到了懷孕後期還是選擇專為孕婦設計的連身裙比較好。

短褲

**就算是懷孕時也想穿短一點！
當然要選擇短褲**

可以搭配內搭褲或是在夏天健康地露出肌膚，在懷孕時也能享受穿著短褲的樂趣。若是選擇線條簡單俐落的短褲，可以搭配剪裁略為寬鬆的上衣；如果是荷葉邊較多的迷你裙，就比較適合搭配貼身的針織上衣。

雙喜臨門！
孕期舉辦婚禮須知

最近有數據顯示，約有4成的婚禮是「奉子成婚」，有越來越多人在孕期中舉辦婚禮。
在孕期中舉辦婚禮最重要的就是必須考量到身體狀況，事前的準備工作非常重要。

就算是產後才辦婚禮
也必須在孕期時就先籌備

如果是奉子成婚，從確定懷孕開始算起、一直到舉辦婚禮當天，通常籌備期只有短短的2～4個月。先將舉辦婚禮一定要做的事項列成清單，就可以比較有效率地進行婚事。

此外，若是想要在寶寶出生後再舉辦婚禮，建議在能夠自由運用時間的孕期，先籌備會比較充裕。

及早與雙方父母傳達結婚意
願決定日期之後再告知主管

如果發現懷孕時，還尚未向雙方父母報告打算結婚，先請男方向他的父母表達「想要結婚」、「對方已經懷孕了」之意，接下來必須盡快向女方的父母打聲招呼。要是以「因為懷孕了所以想結婚」這樣的表達方式很可能會遭到女方父母的反對，因此必須先向女方父母傳達「想要結婚」的心情之後，再以「雖然順序與一般人不太一樣」的方式表明懷孕會比較好。

決定婚禮日期後，也必須向公司裡的直屬主管報告，由於這是屬於個人私事，報告時請避免忙碌的上班時間，最好在午休等時段再向主管表達。如果不想同時向主管報告結婚與懷孕的事，也可以先告知結婚，之後再找時間透露懷孕的事。而且絕對不可以跳過主管、先將結婚的事告知同事，禮貌上必須依照主管→前輩→同事的順序告知。

試著找找比較體貼孕婦的
婚禮會場吧！

關於婚禮會場，也是越早決定越好。一邊注意自己的身體狀況，在假日時多看看幾間婚禮會場吧！在選擇會場前，最好要在心中先想好日期、賓客人數、預算、婚禮的大致形式等等，在挑選時就能更加順利。

挑選婚禮會場的重點在於，當身體不舒服時是否有寬敞的休息室可供休息、休息室裡是否有洗手間等等。

如果該婚禮會場具有特別為孕婦舉辦婚禮的企劃，設備與相關服務也會較為周全，令人感到比較放心。

舉行婚禮前的籌備清單

- ☐ 選擇婚禮會場→決定後須支付一部分訂金
- ☐ 一直到婚禮當天都要持續開會討論細節
- ☐ 尋找禮服＆決定款式
- ☐ 製作賓客清單
- ☐ 決定婚宴紀念品、糖果、小禮物等
- ☐ 決定裝飾花材、捧花、胸花等
- ☐ 決定婚宴料理、飲料等
- ☐ 預定婚禮蛋糕
- ☐ 決定拍照·錄影的人選
- ☐ 寄送喜帖
- ☐ 委託親朋好友致詞
- ☐ 製作婚禮背景音樂
- ☐ 購買結婚戒指
- ☐ 構想婚禮演出節目
- ☐ 安排座位、製作座位表·桌邊名牌
- ☐ 安排遠道而來親友的交通·住宿
- ☐ 試妝
- ☐ 與婚禮主持人開會
- ☐ 製作兩人的小簡介
- ☐ 支付婚禮會場的費用（有些可以後付）
- ☐ 製作婚禮致詞與對父母感謝詞的草稿
- ☐ 試穿禮服
- ☐ 準備給工作人員的紅包
- ☐ 將必備用品搬入婚禮會場
- ☐ 確認婚禮當天需要的物品

禮服尺寸要設定得較為寬鬆
可進行臉部保養療程

挑選禮服時請選擇不會緊緊束縛身體與腰部的款式，即使肚子日漸變大也不必擔心穿不下。如果選擇的是一般禮服，就必須考量直到婚禮當天肚子還會繼續變大，先預留2個尺寸會比較好。

若是想為了婚禮進行保養療程，光是做臉與胸頸部位是沒問題的。不過，由於懷孕中的肌膚容易敏感，在進行療程之前一定要先向美容師說明自己有孕在身。如果要進行全身保養療程，請至專門為孕婦設計療程的機構，以不會對身體造成負擔的姿勢接受保養。

在舉辦婚禮的3～4天前
最後一次試穿禮服

雖然一般來說試妝都要另外收費，不過最好還是先試過妝容會比較好。在孕期中容易變得敏感的肌膚，說不定會對某些化妝品過敏，要是在試妝時發生過敏的情形，就可以先向新祕確認婚禮當天是否可以使用自己的化妝品。

此外，肚子可能會以超乎想像的速度在短時間內突然變大，請將最後一次試穿禮服的日期訂在舉辦婚禮的3～4天前比較保險。

為了確保在婚禮當天不會遺漏物品，在婚禮前一天一定要再確認一次必須攜帶至婚禮現場的東西，若是在飯店舉辦婚禮，可以在前一天就先住進飯店裡，這麼一來就能將身體的負擔降到最低。

若是身體不太舒服
千萬不要默默忍耐

到了婚禮當天請早點進入會場，讓自己保持充裕的步調。如果在婚禮進行時想上廁所、或是突然感覺不太舒服，請立刻向婚禮現場的工作人員反應，如果硬撐不僅對自己的身體造成負擔，也會讓現場的賓客感到非常擔

心。一感覺到不舒服，可以請工作人員立刻將婚禮進行的橋段改為賓客自由時間等，讓自己待在休息室裡好好休息一陣子。

另外，為了至少讓身體休息一下，最少要安排替換一次禮服，即使時間很短也無妨，製造一段時間讓自己可以離開婚禮舞台，回到休息室稍作休息，還能順便去一趟洗手間。

在孕期中受邀參加婚宴時

盡量在期限內回覆是否出席
如果有任何需求請及早提出

如果日期是在害喜情況嚴重的初期、以及懷孕9個月之後，由於很可能會臨時不能參加，為避免造成主辦者的困擾，請事先表明自己無法參加會比較好。

如果決定要參加，不妨回覆：

「真的非常恭喜，請務必讓我參加你們的婚禮。其實我現在懷孕○個月了，由於已經是穩定期，所以應該不會造成你們的困擾。」以這樣的方式透露自己正懷孕中，同時為了以防萬一，也請對方幫妳安排在出入比較方便的位置。

在孕期中受邀參加婚禮，可能會很猶豫到底要不要前往，不過拖得太久還未回覆，也會造成對方計算人數及安排座位上的困擾，請務必要在新人希望的期限內回覆是否出席。

此外，在婚禮上可能會提供油炸及生鮮餐點，盡量不要吃這類食材會比較好。

為了迎接寶寶
早點準備育嬰物品吧！

拖得太晚才開始準備育嬰物品，很容易手忙腳亂地亂買一通。
就算不立刻採購必備物品也無妨，至少先將需要用到的東西列成清單，早點開始準備。

小心別買太多了！
只要先準備好必要的東西

由於寶寶相關用品非常豐富，為了不要臨時才發現有所遺漏，現在就先列出一張清單會比較好。在此時很容易會因為太過期待寶寶的來臨，忍不住越買越多，導致準備了太多用品，因此在懷孕時只要先準備好尿布與奶粉等消耗品，以及最少程度的嬰兒衣物即可。接下來再配合寶寶實際成長的速度，慢慢買齊需要的物品。現在只要先查好哪裡可以買到嬰兒用品就行了。

同時，也可以先詢問看看已經當了媽媽的朋友，什麼東西是必要、一定用得上的；而什麼東西是可有可無。有些東西則可以用租借的方式、或是承接別人的二手物品等，不需要多花錢也能慢慢準備齊全。

此外，由於寶寶也有可能會比預期中更早出生，因此趁現在先準備好衣服與尿布這兩項準沒錯！

照顧新生兒時一定要準備的物品

衣服

新生兒基本上穿著50cm的衣物
備齊稍大尺寸的衣服會比較方便

基本上新生兒的衣服尺寸都是從50cm開始，不過每個寶寶的體型與成長速度不盡相同，因此，包含換洗衣物在內，只要準備好最少程度的件數，接著再視實際情況慢慢添購即可。

由於50cm的衣服可能很快就穿不下，為了以防萬一，在產前也可以先備妥幾件60cm的衣物；而外衣等外罩類的衣服就算長大一點也可以繼續穿，先買70cm的尺寸會比較方便。

寶寶的身體很容易流汗，因此衣服必須挑選容易吸汗的材質，春夏季節可選紗布或平紋針織布；秋冬季節則選擇質地較厚的棉質或平絨。

● 肚衣
這種長度較短的貼身肚衣，是新生兒的基本服裝。

● 蝴蝶衣
在大腿部位利用暗扣扣起來，褲腳就不易掀起、容易穿。

● 兩用式連身衣
將暗扣以不同的方式扣起，便能變化出2種穿著方式。初生嬰兒可當作正式服裝穿著。

● 包臀衣
無論是再怎麼好動的寶寶都能服服貼貼，處於翻身期的寶寶最適合穿包臀衣。

● 兔裝
屬於連身包腳設計的外衣，適合活潑好動的寶寶穿著。

● 包巾
能將寶寶緊緊包住，具禦寒的功能，當寶寶坐在嬰兒車時可以當蓋被。

尿布・尿布相關產品

紙尿布、布尿布
各有優缺點

　　紙尿布的優點是用完即丟、替換起來很容易、外出時要換尿布也很方便；缺點是會製造很多垃圾。布尿布雖然不會製造垃圾，缺點是必須花很多時間清洗。至於究竟應該選擇哪一種尿布，就看媽媽本身的想法了。

　　若選擇使用紙尿布，必須配合寶寶的成長替換成合適的尺寸；若選布尿布，尿布兜也必須配合寶寶的成長替換尺寸。使用紙尿布，剛出生沒多久就可以開始使用新生兒（NB）尺寸；布尿布則是從50cm開始用起，當體重增加，肚子、大腿部位顯得比較緊時就必須更換較大尺寸。

● **布尿布**
除了可以自己製作布尿布之外，市售的布尿布也有環狀與長條形的選擇。

● **尿布兜**
若是選擇布尿布，一定要準備尿布兜。有些布尿布則是與尿布兜一體成形的。

● **尿布隔離網**
可以鋪在布尿布與寶寶的屁股之間，減輕清洗時的負擔。

● **濕紙巾**
將屁股上沾附到的髒污擦乾淨，也可以用溫水沾濕化妝棉來替代。

● **垃圾桶**
將使用過的紙尿布丟入附蓋的垃圾桶當中，完全密封住，就能避免難聞的氣味溢出。

● **紙尿布**
每個品牌推出的紙尿布都略有不同，讓寶寶試各式各樣的紙尿布也不錯。

● **清潔劑**
以布尿布專用的清潔劑浸泡髒污處，先大致洗淨過後再放入洗衣機徹底清潔。

洗澡・衛生用品

洗澡・衛生用品
選擇嬰兒專用的會比較方便

　　由於新生兒的新陳代謝速度較快，容易汗流浹背，每天為寶寶洗澡是非常重要的功課。同時，為了預防疾病感染，出生至少1個月後就要使用嬰兒專用澡盆為寶寶洗澡。

　　嬰兒澡盆使用的期間較短、也比較占空間，因此有許多人會選擇以租借或承接二手澡盆的方式。像是指甲刀、體溫計等用品最好要準備嬰兒專用的產品，才能在寶寶小小的身體上靈活使用。

　　另外，嬰兒沐浴乳及洗髮精不一定會適合寶寶的肌膚使用，如果發生了任何問題，請立刻暫停使用，並前往小兒科就診。

● **嬰兒澡盆**
寶寶專用的浴缸。也可以利用嬰兒專用浴網等用品，為寶寶洗澡時會更方便。

● **水溫計**
適合為寶寶洗澡的水溫，要比大人的溫度更涼一些。在習慣溫度之前可以先用水溫計確認。

● **沐浴乳**
只要將嬰兒專用沐浴乳加入澡水中，就能為寶寶去除髒污，不必再另外沖洗。

● **嬰兒清潔劑**
分為固態、液狀、泡沫慕絲狀等，請選擇刺激性低、適合寶寶肌膚的類型。

● **體溫計**
量體溫時嬰兒通常無法乖乖不動，可購買能迅速測溫的嬰兒專用體溫計。

● **指甲刀**
要修剪嬰兒又薄又小的指甲時，可選擇前端呈圓形的嬰兒專用指甲刀。

● **保濕產品**
有分為乳液、乳霜、嬰兒油等，請選擇適合寶寶肌膚的類型。

● **防曬用品**
帶寶寶外出時，1年到頭都必須注意防曬，請選擇刺激性較低的嬰兒專用防曬產品。

嬰兒專屬空間

**依照自家的生活型態
選擇棉被組或嬰兒床**

對剛出生的新生兒來說，通常一整天都以睡眠度過，因此請依照房間的大小與平時的生活型態，為寶寶營造出最佳的睡眠空間。無論是使用嬰兒床、或是在木地板或塌塌米上鋪放棉被，至少都需要1組嬰兒棉被。

● **嬰兒棉被組**
一般來說通常是被套、棉被、鋪被等棉被組成套販售。

● **嬰兒床**
購買嬰兒床前必須先考量到房間的空間大小與放置的位置，也可以利用租借或二手的嬰兒床的服務。

● **安撫椅、餐椅**
平日白天可在客廳與餐廳使用的椅子，可搖晃、具有安撫寶寶的功能，使用起來非常方便。

母乳・餵奶用品

**就算是全母乳餵養也至少
要準備這些用具**

就算在產前認為「一定要努力以母乳餵養寶寶」，但實際上要生出來了才知道奶量多寡。全母乳媽媽至少要準備2～3件哺乳內衣、1箱溢乳墊、解決脹奶的相關用品等，其餘還須備妥1小罐配方奶粉、1～2支奶瓶、簡單的消毒用具等最低限度的準備。

● **奶瓶・奶嘴**
先準備1支奶瓶及2～3個奶嘴備用。

● **擠奶器**
將乳房中剩餘的奶水全數擠出，預防乳腺阻塞等困擾。可以徒手擠出母乳，也可以使用手動或電動擠奶器。

● **溢乳墊**
為了防止母乳沾染到衣服及睡衣，可將溢乳墊夾在內衣與乳房之間使用。

● **消毒用具**
餵奶道具必須全數消毒，消毒的方式有使用消毒藥水、或是放置在微波爐中加熱消毒。

● **哺乳墊**
使用哺乳墊可以輕鬆調整懷中寶寶的高度位置，餵奶時會比較輕鬆。

● **配方奶**
只要是符合世界衛生組織或國際食品法規範的嬰兒配方奶，都是以與母奶成分相當接近的最佳比例調製而成。

外出用品

**為寶寶慎重選擇
舒適、安全的外出用品**

依台灣法規定，年齡在1歲以下或體重未達10公斤的嬰兒，應使用安置於車輛後座的嬰兒用臥床或後向幼童用座椅；1至4歲且體重在10公斤以上至18公斤以下的小孩在搭乘汽車時，必須使用汽車安全座椅。若是在產後出院時要搭乘汽車，請務必在產前就先買好汽車安全座椅並裝置在汽車中。另外，嬰兒推車與背巾的種類相當繁多，請先準備好出生滿1個月後可以乘坐的嬰兒推車，以及在頸部變硬之前可以使用的嬰兒背巾吧！

● **嬰兒背巾**
選擇同時具有橫抱、縱抱、後背等多功能的背巾會比較方便。

● **嬰兒推車**
請選購可轉向與媽媽面對面的嬰兒推車，且椅背必須可放成平躺的角度。寶寶滿1個月後即可使用。

● **汽車安全座椅**
許多廠牌都有推出0個月～4歲都可以使用的汽車安全座椅，種類也相當豐富。

給寶寶的第一份重要禮物
仔細思考如何為寶寶命名吧！

**給寶寶的第一份重要禮物
仔細思考如何為寶寶命名吧！**

　　雖然「取名是給寶寶的第一份禮物」，但也不能因為是禮物就隨意，應該要為寶寶多方設想，深思熟慮之後再做決定，花心思送出去的禮物才能讓孩子感到喜悅。

　　在產前，夫妻倆一起想想看要為寶寶取什麼樣的名字！比起一個人埋頭苦思，兩個人一起想才能激發更多靈感，兩人沉浸在為寶寶取名時的這份喜悅，一定也能同時傳達給肚子裡的寶寶。就算已經知道寶寶的性別，在考慮時還是要同時思考男孩與女孩的名字，這麼一來不僅會有更多靈感，還可以更容易浮現出不錯的名字，要是萬一產檢時性別診斷錯誤，到時候也更能不慌不忙地做出應對。

　　寶寶的候選名字可說是越多越好，就先從隨意發想開始，試著在紙上寫出各式各樣自己喜歡的名字吧！

考慮取名時也有訣竅

　　可能有些人會說：「實在不知道該從何開始取名」，在這裡就要介紹4種方式，也許能幫助你帶來取名的靈感。雖如此，也不必過於拘泥於這4種方式，為寶寶取名時，最重要的是爸爸媽媽心中懷著滿滿的祝福與愛，所取的名字就是最好的。

● 由「自然而然的印象」來取名

　　舉例來說：「因為寶寶是在春天出生，想要在名字當中使用『卉』這個字」「想像著孩子如同邀遊在寬廣天空的飛鳥，因此選擇『羽』這個字」等等，將心中對寶寶浮現出的想像，編織在名字當中是一個不錯的方法。另外，像是寶寶的誕生月份與季節、喜歡的顏色、令妳印象深刻的美麗風景與大自然、與另一半擁有共同回憶的地點等等，都可以成為寶寶名字的靈感來源。

● 由「小名諧音（同音字）」來取名

　　像是在懷孕時對肚子裡寶寶的暱稱，或是像「小波」、「阿寶」等想以後如此稱呼的小名，可以從諧音或同音字開始構想。如此，由於在懷孕時已經用小名稱呼過寶寶很多遍了，到時候就能很自然地呼喚寶寶的名字。

● 由「喜歡的字」來取名

　　如果爸爸媽媽有特別想使用、或特別喜歡的字時，很適合採用這個方法。可以從爸爸媽媽的名字當中取一個字，或是從歷史人物、喜歡的書中的主角名字當中取一個字，也是不錯的主意。

● 由「筆畫數」來取名

　　由筆畫數來命名的姓名學流派超過30種以上，而且筆畫數的算法與判斷基準也各有不同，就算是同一個名字，依照不同派別的說法也可能同時呈現大吉與大凶，這樣的情形時有所聞。如果已經決定要「以這個流派的作法為準」，就不要太在意其他流派的說法了。

懷孕・生產
可以領取的補助津貼

在懷孕・生產・育兒過程中的花費，可以從政府的補助津貼中多少補貼一點。
為了不要讓自己的權益受損，在懷孕時就先來好好研究該如何申請吧！

懷孕・生產要花很多錢？
其實有許多補助可以申請

　　舉凡每一次產檢與寶寶檢查的費用、生產費用、寶寶的衣服與尿布等等，生產及育兒的確需要花上一大筆費用，不過也不是花出去就拿不回來，從政府的各種生產及育兒補助中可以領回部分的費用。

　　但是，這些費用都需要經過申請才能核發，申請手續並不會很複雜。首先就先來好好研究總共有哪些項目的津貼可以申請、要去哪裡申請吧！此外，隨著爸爸媽媽

的勞保雇用條件不同，申請處與給付內容也不盡相同，在懷孕時就先確認清楚，準備好必要的文件，到了產後要辦手續時就能輕鬆快速地辦妥。

　　不僅是花出去的錢可以得到補償，到了產後也可以利用育兒津貼等福利，一旦有了出生證明，政府機關就會主動提醒相關的福利，平時也可以多注意研究相關資訊，肯定可以得到很多有用的訊息。不過，關於國家與地方政府的育兒相關政策可能會有異動，因此請時常注意相關資訊。

其實也有這種補助津貼！

居住縣市、公司的禮金與津貼

　　除了勞保提供的生產給付外，有些縣市及公司還會再額外給予補助與津貼。不過，隨著居住縣市與工作場所的不同，各種補助金與津貼也不相同，詳細金額請至地方戶政事務所、區公所及公司人事部門詢問。

健保給付的住院・手術費用

　　若是在懷孕或分娩時遇到早產或非自願性剖腹產等危急狀況，而導致需住院動手術，便可享有健保，減少醫療負擔；另外，也可依民間壽險的保險種類申請給付，從中取回部分住院與手術的給付金。

在填寫申請文件前
請先備妥這7項物品

在填寫書面申請文件時，必須先準備好這7項物品。趁著懷孕時先將這些東西都找出來備妥吧！

☐ **帳戶存摺**
由於許多補助需由準備媽媽申請，故請在產前準備好媽媽的的帳戶存摺影本。

☐ **父母身分證**
基本上在申請任何證件時，都必須出示身分證才能辦理。

☐ **戶口名簿**
在申請生產補助及育兒補助時需要使用戶口名簿；若父母戶籍不再同一本戶口名簿則需要準備兩者的戶口正本及影本。

☐ **出生證明**
在申請生產及育兒津貼，辦理各種手續都需出示出生證明，記得要多申請幾份隨身攜帶。

☐ **父母印章**
幾乎在所有的申請文件中，都不接受卡式墨水印章。為了以防萬一，也不要使用身分印鑑章或銀行用印，請另外準備一個使用印泥的印章。

☐ **健保卡**
可以證明自己有加入全民健保的健保卡，且寶寶出生一個月內，若尚未命名也需先使用媽媽的健康卡就醫。

☐ **手機**
在申請手續較繁瑣的生產津貼與育兒補助、育嬰假等時，手邊需要行事曆、計算機等，確實將申請日期等細節記錄在上面。

依照每位媽媽的情況不同
能領到的金額也有所不同

　　就算同樣都是孕婦，也會依據是否有在工作、有無加入勞保等原因，導致領到的金額有所不同。一般來說總共可分為下面幾種狀況，分別為「職業婦女」、「在懷孕時離職」、「家庭主婦」。首先，要先確認自己是屬於上述中的何種狀況，才能得知究竟可以領到多少補助。

生育給付依
請領類別不同而有所不同

　　申請補助的來源主要是：有就業有加入勞保者可申請勞保生育津貼；未就業者則又分為育兒津貼、國民年金保險生育給付、農民健康保險生育給付。如果想要更進一步了解有關生產育兒補助可詢問勞保局。

　　網站：http://www.bli.gov.tw/default.aspx

　　諮詢電話：(02)2396-1266轉2866

可申請的給付

● **生育給付**
　Ⓐ 有勞保者
　Ⓑ 有國保者
　＊同時有勞保及國保者
　Ⓒ 有農保者

● **育兒津貼**
　Ⓐ 有就業保險可申請就保——育嬰留職停薪津貼
　Ⓑ 沒有就業保險且屬(中)低收入戶家家——父母未就業家庭育兒津貼
　Ⓒ 各直轄市、縣市政府——生育津貼＆育兒補助等

台灣生育相關補助表

	職業媽咪	懷孕後離職的媽咪	家庭主婦	申請方式
生育補助津貼	◯	◯	◯	各縣市不同，可致電戶籍所在地的戶政事務所查詢
勞保生育給付	◯	◯	✕	向勞保局申請，可致電詢問
育兒津貼	◯	✕	✕	各縣市不同，可致電戶籍所在地的戶政事務所查詢
幼兒醫療補助	◯	◯	◯	各縣市不同，可致電戶籍所在地的戶政事務所查詢
生育補助津貼托育補助	◯	◯	◯	送交幼兒托育地點之社區保母系統初審。再送交該直轄市、縣市政府(社會局／處)複審

◯符合申請資格　✕不符合申請資格

返鄉生產雖然能放鬆
但事前準備相當重要

如果打算回家鄉生產，能在熟悉的環境與父母的支持下迎接生產的到來。
不過，也要記得好好安頓留在家裡的丈夫生活大小事，不要凡事過度依賴娘家囉！

先向當地的醫院預約分娩
至少要在當地做過一次產檢

打算返鄉生產，首先一定要考量到的就是到時候要轉往哪一間醫院生產？可先在網路上看看醫院的官網，如果覺得「這間醫院好像不錯」，就可以前往掛號，並確認是否可以預約分娩。

只要一旦決定要轉往哪一間醫院生產，就必須向現在看診的醫院醫師，請教關於轉院時必須注意的事項。

雖然每一間醫院的規定不太一樣，不過轉院的時間最好在懷孕32～34週左右，如果要在該院產檢，最遲也應該在這段期間內進行。若是太晚才轉院，則必須考量到在返鄉移動時就開始陣痛的可能性。

確認醫療方針是否符合理想
以柔軟的身段盡量配合

在確定轉院之前，應該要先打聽清楚當地醫院的診療方針，才不會在轉院之後遇上不必要的麻煩。如果有些事沒辦法在官網上查詢得知，也可以問問待在家鄉的親朋好友，事先收集有關當地醫院的情報。

為了與醫師建立良好的信賴關係，重要的是要懂得隨機應變。不要仗著自己做過很多功課，只一味地要求「想要這種方式」、「如果不是這樣就不能接受」、「之前待的醫院不是這樣」等，只照著自己的想法提出要求，而是要仔細聆聽醫師的建議，以柔軟的身段盡量配合才是。

此外，返鄉生產時經常會見到體重突然激增的例子，一定要多加留意！不管是在哪裡待產，都要持續控制飲食內容，盡量多多活動身體，過著規律正常的生活。

預期之外的花費
也要先考慮在內

**別忘了替鄰居
帶一點伴手禮**

在生產之前，向鄰居打招呼時也別忘了帶一點伴手禮，生產後當寶寶啼哭不止時還能得到體諒與幫助。

**可能會在返鄉時碰上
預料之外的緊急情況**

雖然原定計畫是自然產，也有可能突然遇上必須緊急剖腹產，此外，在假日或夜間生產的費用可能會比較高。

**丈夫的交通費
可能會花上一大筆錢**

如果在家鄉待產時也能時常見到丈夫，會讓人覺得比較安心，但一旦選擇返鄉生產，在家鄉的停留時間通常會比較長，丈夫的交通費也會隨之增加。如果娘家是在比較遠的地方，請先做好這方面的心理準備。

成功返鄉生產的5個重要關鍵

不要以為
回家就輕鬆了

　　雖然返鄉生產的好處就是「父母可以一起幫忙照顧嬰兒」、「有人可以幫忙做家事」，但卻不一定任何事都有人可以代勞，例如父母親如果還在工作，回到娘家後反而還要幫忙做家事。

提前先返鄉一趟
接受產前檢查

　　返鄉待產時，由於能前往當地醫院的時間非常短暫，可能比較難跟醫師建立信任感，為了與當地的醫師及醫護人員進行良好的溝通，建議在懷孕中期時就先返鄉一趟，在當地醫院接受一次產前檢查。

還是有可能罹患
產前憂鬱症

　　雖然一般來說，身邊圍繞著許多人陪伴會比較能分心注意其他事情，不過有些人也有可能會因為「沒有一個人獨處的空間」而感到憂鬱低潮。此外，到了產後也可能會比較不容易控制情緒，請做好心理準備。

自己能做到的事
盡量靠自己做

　　就算是回到了娘家，還是要抱持著「自己可以做到的事盡量自己做」的態度，因為要是真的完全不做家事，寶寶也全靠爸媽幫忙照顧的話，只要習慣了這種生活，回到家中要重新適應會非常辛苦。隨著產後的身體狀況慢慢復原，漸漸多做一些家事與育兒工作吧！

必須讓丈夫產生
身為父親的自覺

　　返鄉生產的壞處，就是爸爸與寶寶的相處時間會變得非常少。即使是在週末兩天也好，請丈夫過來娘家過夜吧！就算時間相當短暫，也能讓另一半一起體驗到剛開始育兒這段非常辛苦的時期，激發出「已經為人父」的自覺。

在返鄉之前記得先幫丈夫安排好這些事項

先在家裡準備好調理包等
現成食品與消耗品等等

　　要是丈夫不擅長料理，很容易會直接依賴調理包等現成的食品，趁著還住在家裡的時候，為丈夫挑選添加物較少的食品，買好放在家裡備用。此外也要記得補充衛生紙等消耗品。

利用標籤紙或重新整理
讓物品位置一目了然

　　在返鄉之前，先將衣物、內衣、貴重物品的擺放位置告知另一半。由於可能一次記不了那麼多，也可以利用標籤紙做記號，或是將物品移動到比較容易找到的地方。

交代好生活細項
指導先生做簡單的家事

　　如果丈夫平常不常做家事，就必須先將垃圾分類、回收等細項都簡單明瞭地寫下來，同時也要指導丈夫關於廚房家電及洗衣機的操作方式，以及簡單的家事。

先製作好娘家與醫院等
各處聯絡方式的清單

　　為了在緊急時刻能立即連絡上對方，先在丈夫的手機通訊錄裡面輸入好常用到聯絡人名單。也可以先做好一張聯絡清單，在手機沒電的緊急時刻就能派上用場。

每個月的家用帳單
先妥善安排好繳費事宜

　　像是房租、水電費等，每個月的家用支出都要妥善安排好繳費事宜。只要預先設定好銀行的自動轉帳功能，等到產後回到家之後自己也能比較輕鬆。

先確認丈夫是否有
陪產的意願

　　若是返鄉生產，丈夫很有可能會無法及時在分娩的時刻趕到身邊，在待產時兩人可以討論的時間也會變少，因此請先與丈夫確認清楚，預計生產的當天能否向公司請假。

返鄉時
建議攜帶的物品

- ☐ 孕婦健康手冊
- ☐ 健保卡
- ☐ 印章
- ☐ 孕婦裝
- ☐ 正常尺寸的衣服（出院時穿）
- ☐ 待產包
- ☐ 寶寶衣物、用品

帶著這些東西會更方便

- ☐ 美容保養用品
- ☐ 孕婦內衣‧睡衣
- ☐ 給左右鄰居的伴手禮
- ☐ 小說或手機遊戲等

雖然也可以直接在家鄉購買必要的物品，但為了節省不必要的額外花費，平時慣用的美妝品和洗髮精等物品，就盡量從自家裡帶著吧！

為了成為妻子的後盾
準爸爸要做好心理準備

全力支持懷孕中的妻子，便是「準爸爸」的最重要任務。
站在妻子的角度為她著想，從言行舉止中多慰勞妻子的辛勞吧！

多與妻子溝通
讓家庭產生凝聚力

懷孕中妻子的心靈與身體同樣敏感脆弱，正因為如此，做丈夫的在此時最重要的是要發揮同理心，「試著從妻子的角度為她著想」。不僅是在懷孕時必須如此，到了產後當然也要繼續。要是所有的育兒工作都落在媽媽身上，身體疲憊不堪的同時，心裡也會累積不滿，總有一天會全數爆發，因此丈夫一定要全力支持才行。

支持妻子最基本的就是必須好好聆聽妻子說話。當男性在聆聽時，很容易會想提供建議、或提示對方解決方法，但其實大多數女性需要的只是對方好好聆聽自己的心聲而已。當妻子發牢騷或聊天時，只要安靜地聆聽並予以肯定就好，不要將自己的想法強加在對方身上。

此外，當妻子身體不適時，不要只是心裡想想而已，請將體貼的心意直接表現在言行舉止上，例如做好自己手邊可以幫忙的家事、或是幫妻子按摩等等，平時完全沒有表現過體貼的丈夫，就藉著妻子懷孕的機會開始練習吧！如果能學會自己準備簡單的飲食，到了產後妻子忙於育兒時肯定能夠幫上大忙。

當然也有些人的工作真的是從早忙到晚，在時間與體力方面都很難幫上妻子的忙，這樣，與其幫忙做事、倒不如用心體會正在努力養育肚裡胎兒的妻子辛勞，給予妻子精神上的支持。反之，妻子也不能完全單方面地依賴丈夫，要適時體貼對方。彼此多進行溝通，有時候就算吵架了也無妨，這些都是為了讓家庭這個「團隊」變得更有凝聚力。

這種時刻請這麼做！　　妻子希望丈夫能幫忙做的事

害喜的時候	腰痛的時候	肚子感到緊繃時
❶ 主動準備三餐飲食	❶ 按摩	❶ 幫忙撫摸肚子
❷ 說話仔細聆聽	❷ 做家事	❷ 讓自己好好休息
❸ 讓自己好好休息……	❸ 照顧自己	❸ 做家事

雖然每個人害喜的症狀不盡相同，不過在害喜時最讓人感到不適的就屬準備三餐了。請主動從旁協助，盡量不要造成妻子多餘的負擔。

隨著肚子越來越大，腰部也會感到越來越不舒服。重物由丈夫負責拿，另外像是要搬運物品、長時間站立等會對腰部造成負擔的行為，盡量都請丈夫代勞。

感覺到肚子產生緊繃感時，最要緊的就是好好休息。當看見妻子因身體不適而休息時，請不要在一旁默不吭聲，別忘了對妻子說一聲安慰的話語。

還想知道更多！

懷孕時若是家裡有養寵物必須注意哪些事項？

一定要注意生活空間的分配與管理

雖然在生活中擁有寵物的陪伴能夠帶來許多快樂，但飼養寵物在「時間」、「精神」與「經濟」等層面上都必須要有一定程度的付出。在孕期及育兒生活中如果飼養寵物，是非常辛苦的事，這點一定要先考慮清楚。

若是在孕期中要和寵物一起生活，有幾點事項一定要特別注意。例如：將人與寵物的生活空間切割開來、不以嘴對嘴的方式餵飼料，不給生肉當作飼料、照顧完寵物之後一定要洗手等等。

此外，寵物排出的糞便一定要謹慎處理。若是等到糞便變乾了，細菌就很容易飄浮在空氣之中，造成疾病感染。在處理寵物糞便時，最好戴上手套與口罩等會比較安心。

孕婦若是感染弓漿蟲後果會非常嚴重

在懷孕期間與獸醫師建立良好的溝通互動關係也是很重要的一環。要是發現懷孕了，也要記得向平時常去的動物醫院打聲招呼。

在孕期中與寵物相處時，最令人擔心的就是從寵物身上感染弓漿蟲寄生症。弓漿蟲是一種寄生在貓科動物與豬身上的原蟲，傳染途徑為寵物的糞便、生牛肉、生雞肉等。

在孕期中若是感染弓漿蟲寄生症，便會經由胎盤傳染給肚子裡的寶寶，並可能會造成早產、流產等情形。平時絕對不可以用嘴對嘴的方式餵寵物飼料，處理寵物糞便之後絕對要徹底洗手。如果在懷孕前便已感染過弓漿蟲寄生症，身體當中就已含有抗體，不會造成問題！

2大主流寵物——狗狗與貓咪，在寶寶出生之後該怎麼做呢？

 狗狗 當寶寶也在場的時候一起好好疼愛狗狗吧！

狗狗會將寶寶視為同樣是動物，進而產生競爭的心理，可能會出現攻擊性的行為，要多加留意。絕對不可以趁寶寶不在場的時候，例如在午睡時才與狗狗互動、照顧狗狗，因為如此一來狗狗會認為只有寶寶不在的時候，主人才會溫柔地對待自己。因此，當寶寶與狗狗同時都在的時候，更要對狗狗好一點；這樣狗狗也會對寶寶抱有好感。

貓咪 可能有感染之虞！盡量別讓貓咪外出

貓咪一旦出了家門、接觸其他野生動物，就有可能被傳染疾病，因此盡量別讓貓咪外出會比較好。如果是向來都讓貓咪自由外出的話，還是帶去醫院檢查一下才能放心。由於貓咪本來就是獨來獨往的動物，因此並不會主動去接近寶寶，不過在精神上還是比較幼稚一點，寶寶的存在可能會造成貓咪的壓力，導致食慾低落或掉毛等情形，需多留意。

為了寶寶一定要戒菸、戒酒！

一旦懷孕了，一定要果斷地戒菸、戒酒。
吸菸與喝酒都會對寶寶與媽媽的身體造成非常多危害。

使寶寶的氧氣＆營養不足會對腦部造成損傷！

香菸中含有3大有害物質，分別是會造成血管收縮、使血流速度變差的尼古丁，含有致癌物質的焦油，以及會使體內缺氧的一氧化碳。若是在懷孕期間內抽菸，尼古丁會導致輸送到子宮裡的血液量減少，導致無法充分運輸氧氣與營養給肚子裡的寶寶。此外，一氧化碳也會使血液中的氧氣減少，使寶寶缺氧的情形更嚴重。上述情形都很可能會造成寶寶在胎內的發展遲緩、出生時體重過低。

不僅如此，吸菸也會對寶寶的大腦及DNA造成損傷，對於寶寶的將來帶來嚴重的影響，更有報告指出，嬰兒猝死症（SIDS）發生的機率是一般的4.7倍之高。

吸菸造成的危害，不只是吸菸者本人會受到影響，吸到二手菸也同樣有害。而且吸到二手菸的人，吸入香菸當中有害物質的量甚至比本身吸菸的人還要高。因此，就算是孕婦本人沒有吸菸，丈夫吸菸也同樣會造成問題。就趁著懷孕的機會，請丈夫認真戒菸吧！

不僅可能流產、早產，罹患疾病的風險也會增加

懷孕初期是寶寶的身體各項器官形成的重要時期。雖然在懷孕前最好就先戒菸，不過千萬不要因為「反正懷孕前就在抽菸了」而放棄。因為從媽媽戒菸的那一天起，寶寶就能免於缺氧、以及發育遲緩之苦。

另外，可能有很多人覺得「戒菸會發胖」。的確，一旦停止抽菸後，會感覺食物特別美味，食慾增加的情形並不少見。但是，在懷孕中可以藉由控制飲食與運動的方式控制體重。跟不會變胖的好處比起來，吸菸對於母體與胎兒的壞處遠遠超乎一切。

對於寶寶造成的傷害就如前述，對於媽媽造成的影響則有：肺癌風險大幅增加、腦梗塞、心肌梗塞、胃潰瘍、不孕症等等；此外，也有資料指出，吸菸更會提高流產・早產的機率，並容易造成前置胎盤與胎盤早期剝離等風險。

這些項目全部NG！

- ☐ 為了消除累積的壓力，只抽1根菸應該無所謂。
- ☐ 1天只喝1杯啤酒而已，就算是懷孕中也沒關係。
- ☐ 只要自己不抽菸，只是吸二手菸應該還好。
- ☐ 請丈夫抽菸時去陽台抽，應該就沒問題。
- ☐ 到了產後停止餵奶時，就可以繼續抽菸了。
- ☐ 儘管在孕期中抽菸，寶寶還是平安出生，所以不要緊。
- ☐ 反正在懷孕前都有抽菸喝酒，現在戒已經太遲了。
- ☐ 紅酒裡含有多酚，懷孕中喝紅酒應該OK。
- ☐ 男性比較容易對酒精成癮。
- ☐ 反正是用配方奶餵奶，產後就可以開始喝酒了。

以上10個項目中，勾選越多的人越是危險！請趁著懷孕的機會，改變自己對於菸酒的心態吧！

酒精會經過胎盤進入寶寶的體內！

酒精會經由胎盤輸送給寶寶，但胎兒的身體不像大人一樣可以將酒精排出體外，若是準媽媽每天飲酒，除了可能會引發胎兒酒精症候群、胎兒體重過低等情形，將來還有可能會造成發展、學習與行動方面的障礙。

雖然在得知自己懷孕前的行為已經無法改變，但是，從知道自己懷孕一天開始，請務必要戒菸·戒酒。

就算只抽1根、只喝1杯也絕對不行！

平時習慣抽菸、喜好飲酒的人，常會把「只抽1根」、「只喝1杯」掛在嘴邊，但就算只抽1根菸，尼古丁等有害物質就會進入媽媽與寶寶的身體。實際上，在媽媽抽菸時若是照超音波觀察寶寶的情形，就能發現寶寶的心跳會加速、動作也變得更劇烈，看起來非常痛苦。

另一方面，雖然還不知道酒精要攝取到多少會造成問題，但酒精與菸都一樣是成癮性很高的東西。心裡如果想著「只喝1杯」，很容易就會演變成「只要再喝1杯」，最後就會變成每天都常態性地喝酒。

因此，對孕婦來說，面對酒精時不應該是「減少酒量」，而是必須要盡量做到「完全不喝」才行。

關於香菸與酒精必須注意的事項 Q&A

如果使用空氣清淨機就不會吸到二手菸了嗎？

A 還是有一些有害物質無法被空氣清淨機消除

特地在換氣扇下、或在空氣清淨機旁、甚至到別的房間抽菸都是毫無意義的舉動。因為吸菸時排放到空氣中的有害物質，會蔓延擴散至整個家中，就算使用了空氣清淨機，也無法完全去除香菸中含有的有害物質。

在外面餐廳用餐時該怎麼辦呢？

A 請選擇全面禁菸的餐廳

如果餐廳內的吸菸區與禁菸區沒有徹底區隔開來，那麼選擇禁菸區用餐也沒有意義；若只用一個簡單的屏風擋住而已也完全無效。如果要在外頭用餐，請選擇吸菸席在別的空間、或是全面禁菸的餐廳。

要怎麼讓丈夫及周圍親友戒菸呢？

A 讓他們完全了解吸菸的害處

如果可以，請對他們說：「香菸對肚子裡的寶寶有害，別再抽了吧！」但要是「丈夫無法諒解」、「很難對上司說出口」，就裝作不經意地將關於吸菸有害的文宣手冊給他們看，徵得他們的諒解。

無論如何都無法徹底戒菸……

A 可能是對菸成癮了可向戒菸門診求助

試過各種方法都無法順利戒菸，很可能是對尼古丁上癮了，只要一停止吸菸就會忍不住心浮氣躁，出現戒斷症狀。此外，也有可能是染上「吸菸依存症」，如果無法靠自己的力量戒菸，也可以向戒菸門診求助。

在懷孕前喝酒喝得很兇……

A 不需要太過擔心從今以後不要再喝就好

就算在懷孕前喝得很兇，也無法斷定懷孕時出現的問題是因為酒精而造成。不過，要是有計畫懷孕，最好在懷孕之前就不要再喝了。在懷孕前已經喝的酒已經無法挽回，最重要的是下定決心「從今以後不再喝酒」。

料理中含有酒精成分該怎麼辦？

A 只要經過煮沸酒精就能完全揮發

由於只要經過加熱，料理內的酒精成分就可以揮發，不必過於神經質。在點心與調味料裡面即使含有酒精成分，量也非常少，不必擔心會對寶寶造成影響。

真的沒問題嗎？
懷孕生活中的OK與NG

在懷孕時，就算是非常細微的事，也總讓人忍不住擔心「這樣做真的沒問題嗎？還是行不通呢？」。基本上，只要依循「不勉強自己」、「不要做以後會後悔的事」這兩個原則就不會有問題。

雖然細節可能因人而異
但還是有規則必須依循

即使是懷孕了，也無須刻意改變自己的生活；基本上只要可以做的事，想要做什麼都無妨。

在懷孕初期，是否能順利繼續懷孕都取決於受精卵是否具有存活下去的能力，不會因為母體的行動而造成流產，因此無須過於緊張。

只是，懷孕本身就會對身體的循環器官造成很大的負荷，因此絕對不可以做任何勉強自己的行為，可以將自己的感覺是否舒服，作為OK與NG的判斷基準。

到了懷孕中期以後，造成流產與早產的原因大多數是因為絨毛膜羊膜炎所引起，為了預防感染絨毛膜羊膜炎，不管做什麼事都一定要注意保持清潔。如果發現分泌物的量、顏色、狀態有發生任何變化，感覺跟平常變得不太一樣，不需要等到定期產檢，請立刻前往門診與醫師詳談。

關於疾病與醫院的OK・NG事項

可以去看牙醫嗎？

OK 由於在懷孕時很容易罹患牙齦炎與齲齒，在懷孕中期請務必要前往牙科門診檢查。而且牙痛的對症療法在孕期中隨時都可以進行。在懷孕初期與末期、產後餵奶時可能不太方便服用止痛藥，因此如果要拔牙，請安排在懷孕5～8個月期間內進行治療。

可以前往婦產科醫院以外的醫院看醫生嗎？

OK 無論是在婦產科醫院、或是其他醫院看診時，都一定要提前告知醫護人員自己已經懷孕。只不過，在其他醫院看診時也常會被交代：用藥請諮詢婦產科醫師的建議，因此最好還是先往婦產科醫院諮詢會比較好。

當症狀趨緩時可以自行停藥嗎？

⚠ 雖然有些藥是只要症狀消失就可以停止服用也無所謂，但如果是抗生素，就一定要按照用量、服用次數與服用期間的規定服用。當醫師開藥的時候，一定要先仔細確認清楚，依照醫師的指示服用藥物。

可以照射胸部X光嗎？

NG 雖然X光幾乎不會造成影響，但懷孕中無論是哪一個階段都最好不要接受X光檢查會比較放心。如果是因為骨折等一定要利用X光檢查的情況下，一定要先與醫師商量，例如可利用在腹部穿上X光擋板的方式，讓X光不會照射到腹部。

只要身體狀況不錯可以不去做產檢嗎？

NG 要是不去做產前檢查，萬一出了什麼問題就無法早期發現，可能會有惡化之虞。就算感覺現在身體狀況很好，在懷孕中誰也無法保證會在何時發生什麼事，因此每一次的產前檢查都一定要按時前往就診。

除了產前檢查之外平時可以去醫院嗎？

OK 當然可以。要是想著「雖然覺得有點在意，不過等到下禮拜產檢時再諮詢應該也可以」，這麼一來問題就有可能會惡化，必要時請早點前往醫院就診。不過，不要突然自己跑去醫院，請先以電話聯繫醫院看看吧！

關於飲食方面的OK・NG事項

可以喝營養補充飲料嗎？

△ 只要量別太多，喝營養補充飲料是沒問題的。現在已經跟以往不同，沒有人真的缺乏營養，只要按照正常的飲食習慣用餐就好，沒有必要特別喝營養補充飲品。不需擔心「為了寶寶的營養著想，還是要喝比較好」、「不喝的話營養會不夠」等等。

在烹調時可以使用化學調味料嗎？

OK 只要不是大量使用就沒關係。像是味素或高湯塊等，在一般飲食中使用的分量基本上無須擔心。此外，蔬菜上殘留的農藥也是一樣，如果只是食用一般分量的蔬菜，並不會對肚子裡的寶寶造成影響。

如果是無酒精啤酒懷孕也可以喝嗎？

NG 雖然說是「無酒精啤酒」，但還是有些產品會含有微量的酒精。由於目前還沒有研究指出在孕期中究竟喝多少酒會對胎兒造成影響，因此無論是再少的酒精都要盡量避免才好。此外，碳酸飲料也不太適合在孕期中飲用。

可以喝碳酸飲料嗎？

△ 碳酸飲料當中含有大量的磷，磷會妨礙鈣質的吸收，因此不建議準媽媽在孕期中飲用，請盡量選擇其他飲料吧！此外，像是咖啡、紅茶、綠茶等飲料都含有咖啡因，1天建議量為1～2杯左右。

料理中可以添加辛香料嗎？

OK 在料理中適量添加辛香料並無大礙。在辣味中含有辣椒素成分，還具有促進新陳代謝的優點，味道刺激的食品也並不會對肚子裡的寶寶造成影響。不過，要是攝取過多辛香料，可能會導致腸胃不適、並使痔瘡惡化，這方面也需要多留意。

少吃一餐應該沒關係吧？

OK 在懷孕時，從食品當中均衡地攝取到各種營養素非常重要，雖然不想吃的時候沒有必要勉強，不過不要因為過於忙碌、或是不想讓體重增加等原因而不吃正餐。在孕期中請留意一定要過著1天3餐規律的飲食生活。

可以吃速食嗎？

OK 速食並不是絕對不能吃的東西，如果只是偶爾吃一次的話也無妨。不過，速食當中通常都含有大量的鹽分與脂肪，這點比較令人擔心。在吃之前先確認清楚餐點的熱量，注意別吃太多就行了。

可以服用減肥食品嗎？

OK 由於減肥食品當中可能會含有孕期中不宜攝取的成分，最好不要服用。此外，雖然減肥茶應該沒什麼大問題，不過如果要喝，還是要先向主治醫師確認過後再喝會比較好。

應該要多吃一點豆腐嗎？

△ 雖然豆腐屬於優良蛋白質，不過在豆製品當中含有的大豆異黃酮，與名為雌激素的女性荷爾蒙具有相似的作用，在懷孕中攝取過多也不是一件好事。豆腐建議1天攝取1/3塊。

關於家事・日常生活方面的OK・NG事項

做家事時可以使用冷水嗎？

△ 當身體狀況良好時，其實無須因為懷孕而限制做家事，像是洗衣煮飯等會需要使用到水的家事，只要待在不冷的地方、別讓身體受寒就好了。如果做家事做到一半時突然感到肚子變緊繃，不要繼續硬撐，請立即讓身體好好休息。

可以使用漂白劑等具有氣味的洗潔精嗎？

NG 如果只是一般洗衣或打掃所使用的洗潔精分量，裡面含有漂白劑成分並不會對懷孕或寶寶造成影響。不過，散發出來的氣味可能會讓孕婦感到不太舒服，可以藉由打開窗戶，在保持通風狀態下使用。

想要以仰躺姿勢睡覺？

OK 只要自己覺得最舒服的姿勢，就是最好的睡姿，不過當肚子越來越大時，仰躺很容易會造成不適。大大的子宮不僅會壓迫到背後的大靜脈，還會引起嚴重的低血壓，因此到了臨盆前夕不適合採用仰躺姿勢睡覺。

想要以較低的溫度泡澡？

OK 懷孕時的血管容易擴張，也比平常容易暈眩，要是浸泡在溫度過高的溫泉裡很容易會導致暈眩。如果是水溫稍低的半身浴，對身體造成的負擔會比較小。此外，儘管水溫較低，但要長時間泡澡，也別忘了要適時為身體補充水分。

可以騎腳踏車嗎？

NG 騎腳踏車的重點在於平衡感，但隨著肚子越來越大，會越來越難掌控平衡，而且騎腳踏車時會被肚子遮住雙腳視線，很容易就會摔倒。到了懷孕中期之後，最好不要利用腳踏車外出，才能比較安心。

可以騎機車嗎？

△ 機車與腳踏車相同，隨著肚子越來越大，會越來越難以保持平衡，摔倒的危險性會大幅提升。而且，機車的速度又比腳踏車許多，在騎車時若是遭遇事故，受到的傷害更會比腳踏車嚴重，因此，到了懷孕中期之後還是不要騎車比較好。

可以開車嗎？

OK 隨著肚子越來越大，繫上安全帶會讓自己感到不舒服，也不太方便開車。而且，要是在開車時突然破水、但卻不一定會開始陣痛，一時之間可能會過於驚慌而不知所措，很容易會造成事故，因此到了懷孕後期也不要開車比較好。

可以背或抱小孩嗎？

OK 只要孕婦不覺得累，背或抱小孩是沒關係的。不過，要是已經出現了迫切早產或流產的徵兆，或是覺得疲憊的時候，盡量避免會比較安心。可以向孩子解釋：「因為媽媽的肚子裡面有小寶寶」，以坐著的方式將小孩抱在懷中，或是陪孩子睡覺等方式彌補。

可以趴睡嗎？

OK 在肚子還小的時候，什麼樣的睡姿都OK。但懷孕中期之後肚子會越來越大，側躺的睡姿比較不容易受到壓迫，就算是趴睡，由於肚子裡有羊水在守護寶寶，也不會對寶寶造成影響。

Rela♥

家電的電磁波很令人在意……

OK 一般來說，電腦、手機、微波爐等家電用品所釋放出的電磁波，並不會對肚子裡的寶寶造成影響。雖然不可能將電磁波降為0，但如果還是很在意，可以試試看使用防電磁波圍裙等防護裝備。

可以去大眾澡堂嗎？

OK 大眾澡堂與溫泉都沒問題。雖然在醫學上並沒有資料指出溫泉中的成分會影響到肚子裡的寶寶，不過還是可能會發生暈眩的問題，因此絕對不可浸泡過久。離開水池時，要注意別讓自己冷到受寒了。

可以打掃浴室嗎？

NG 對於孕婦來說，蹲著清洗浴缸是非常辛苦的工作，如果感到不適就請立即暫停。媽媽感到不舒服的時候，可以推測肚子裡的寶寶也會感到不舒服，因此在懷孕期間內絕對不要過於勉強自己。當肚子越來越大，這些繁重的家務就拜託丈夫或家人代勞吧！

只是小跑步而已應該沒關係吧？

△ 在懷孕初期，幾乎不會因為小跌倒就導致流產，不過到了中期後，越來越大的肚子很容易遮蔽腳部的視線，讓人比較容易跌倒。懷孕中期之後跌倒很可能會造成不小的傷害，必須嚴加注意！

想要挪動房間裡的擺設

NG 如果是在寶寶出生之前想要改變家裡的擺設、或進行大掃除也未嘗不可，不過千萬不要自己搬動大型家具、或是爬到高處移動物品擺放位置。若是需要搬動大型家具，就請丈夫幫忙吧！孕婦只要發號施令就行了。

瀏覽網頁不好嗎？

NG 一旦開始上網，就很容易沉迷其中，稍不注意1、2個小時就過去了，而且長時間維持相同的姿勢也不甚妥當。無論做任何事都不要過頭，記得找空檔休息，有適度地享受各種事物的樂趣。

關於工作方面的OK‧NG事項

工作上需要搬運重物怎麼辦？

△ 在搬運重物時，可能會造成肚子暫時變得緊繃，不過，一般來說不會只因為腹壓上升而導致流產、早產情形。不過，還是盡可能跟同事交換工作吧！如果真的沒辦法，在抬起重物時請盡量「慢慢來」。

工作地點都在室外怎麼辦？

△ 夏天時需注意做好防禦紫外線的措施、冬天則一定要記得穿上保暖的衣物，注意別讓身體受寒。要是在工作時感覺到肚子變得緊繃，一定要立刻休息。如果可以，請向上司商量看看是否能變更工作內容。

坐辦公桌的工作是否就沒有需要注意的地方？

NG 只要身體狀況良好，就可以跟懷孕前一樣照常工作。不過，要是長時間都一直坐著、維持相同姿勢過久，還是會對身體不太好。記得每隔1個小時就起身走動一會兒吧！

需要長時間站立的工作該怎麼辦？

△ 要是站立的時間過長，腿部便很容易會浮腫，必須特別注意。可以穿上具有預防浮腫效果的褲襪及襪子、或是在睡覺時將腿部墊高等，白天工作時也要記得多找機會休息一下。

需要前往產檢時可以向公司請假嗎？

OK 在男女雇用機會均等法的規定下，公司行號有義務讓在上班的孕婦前往醫院接受產前檢查。可以在事前先調整好工作空檔、或是先將產檢的日期告知上司與同事，無論如何都一定要前往醫院接受檢查。

關於美容與服裝方面的OK・NG事項

可以接受腳底按摩嗎？

△ 由於腳底有非常多穴道，刺激性強烈的腳底按摩可能會使血液量增加、造成促進子宮收縮等影響，因此不可以做腳底按摩。但如果是在婦產科由專業人士進行的區域反射療法則不在此限，其他的按摩還是先暫時避免比較好。

可以使用芳香精油嗎？

△ 由於芳香精油中的成分可能會對孕婦造成影響，在使用之前一定要先和精油方面的專家溝通，確定是不會造成影響的芳香精油才可使用。一般來說，比起會滲透至肌膚的精油按摩，如果只是由呼吸器官吸入香氣，並不會造成太大的影響。

真的不可以穿高跟鞋嗎？

NG 配合自己的體型變化，穿上好穿的鞋子比較重要。當肚子越來越大的時候，高跟鞋會令人寸步難行，同時也會有跌倒之虞，因此還是選擇低跟鞋或運動鞋才能比較放心。

想要去沙龍做美容保養

OK 如果只做臉部保養，基本上不會有任何問題。不過，如果是要進行身體保養，由於會使用到芳香精油等產品，在接受保養之前請先確認該間美容沙龍是否具有專門資格。無論如何，進行保養之前都請務必告知對方自己懷有身孕。

會發出電流的體脂肪計是不是不要使用比較好？

OK 雖然體脂肪計會利用電流來測定體脂肪，不過並不會對懷孕中的身體或肚子裡的寶寶造成任何影響。使用體脂肪計本身沒有問題，但其實懷孕中的身體無法被測量到準確的體脂肪率，在孕期中，最重要的是必須頻繁地確認自己的體重變化。

可以染、燙髮嗎？

OK 在預約美髮時一定要告知對方自己懷孕了。由於長時間維持相同姿勢對身體不好，因此請盡量在美容院比較空閒的時間前往。基本上，染燙髮所使用的藥劑並不會對肚子裡的寶寶造成影響，但不建議。

可以點燃喜歡的香氛線香嗎？

△ 香氛線香與芳香精油相同，在香味當中含有的某些成分可能會對懷孕造成影響。請與香氛方面的專家詳談，確認在孕期中可以使用的線香種類之後再使用。

可以處理多餘的體毛嗎？

OK 如果是以剃除、或以脫毛膏、褪色膏等在家庭中常見的處理方式來處理體毛是沒問題的。雖然可以前往整形外科利用雷射除毛等方式來處理體毛，不過還是要先慎選值得信賴的診所，與醫師好好詳談之後再決定。

cream

指甲去光水的氣味沒問題嗎？

OK 在懷孕初期對於味道會特別敏感，聞到去光水的氣味會感到不舒服，還是暫時不要使用比較好。就算氣味比較刺激，也只是一時的，因此不需特別擔心。只要不會覺得不舒服，使用去光水也OK。為了以防萬一，使用時可以打開窗戶通風。

想去做岩盤浴與三溫暖

NG 岩盤浴與三溫暖都屬於特別高溫的場合，會使孕婦的心跳速度上升、血壓也會升高。雖然短時間應該沒有關係，但在懷孕時還是盡量忍耐比較好，將岩盤浴與三溫暖當作是產後再給自己的樂趣吧！

可以燙睫毛、接睫毛嗎？

OK 燙睫毛或接睫毛本身都沒有問題，不過如果要在美容院的椅子上長時間久坐的話，可能會使腿部浮腫的情形更加嚴重。肚子越來越大之後，最好避免進行這類活動。

紋繡美容

△ 雖然紋繡美容並不會影響到肚子裡的寶寶與分娩，不過特效化妝與刺青相同，一旦做了可能就無法接受顯像造影（MRI）檢查。已經做了的話也沒辦法，之後最好避免。

泰式古法按摩

NG 由於泰式古法按摩是藉由指壓與整骨等手法來按摩，腳底與手掌等都是穴道相當密集的部位，若是按摩會很容易受到刺激，在孕期中最好避免。

刺青沒問題嗎？

△ 雖然刺青不會對寶寶造成影響，但是刺青所使用的顏料當中含有的金屬成分，可能會對於利用磁振的顯像造影檢查產生阻礙，到了醫院可能會無法接受檢查。在懷孕時請不要再刺新的圖案。

可以穿比基尼嗎？

NG 懷孕時若要穿著泳衣，跟比基尼比起來，還是建議選擇能遮蓋到腹部的連身泳裝會比較好。因為在泳池裡，誰也不知道何時會有什麼東西觸碰到肌膚，以保護‧保溫的角度而言，還是避免穿著比基尼會比較妥當。

頭皮按摩

OK 在孕期中若是長時間維持相同姿勢，會使肚子容易產生緊繃感。在預約頭皮按摩之前，請先告知對方自己有孕在身，需要每隔一陣子就起身走動一會兒。

身體穿環

NG 在身體穿環當中，尤其是肚臍環很容易會在肚子越來越大之時造成皮膚拉扯，非常危險。此外，不到分娩的時候不會知道究竟會採用何種姿勢，也有可能必須接受緊急剖腹產，因此還是先拿掉肚臍環比較好。

迷你裙＆小可愛

OK 基本上穿著迷你裙＆小可愛沒有問題。不過若是待在冷氣很強的場所，必須要注意別讓身體受寒了。為了避免肚子受寒，可以在小可愛底下繫上托腹帶，多加一層保護。

水晶指甲

OK 水晶指甲並不會對肚子裡的寶寶造成影響，但由於在分娩之際，度過陣痛的時候很有可能會以手部用力，這時候水晶指甲就可能會造成不便。快到足月的時候就先將水晶指甲卸掉吧！

身體去角質

△ 懷孕中的肌膚非常敏感，容易引起過敏現象。如果是自己在家裡去角質應該還好，但在孕期中請先暫時不要去外頭做身體去角質。就算是平時常去的沙龍，也要先告知對方自己已經懷孕，與美容師討論看看。

淋巴按摩

△ 在懷孕初期，最好不要接受淋巴按摩。如果一定要去，一定要選擇具有專業知識、能專門為孕婦身體量身打造按摩手法的沙龍。

關於休閒活動方面的OK·NG事項

可以去參加結婚典禮或葬禮嗎？

OK 只要身體狀況良好、而且不是在預產期前幾天，前往出席婚禮或葬禮都無所謂。除了要注意自己的身體狀況外，也要考慮到日期、舉行場所的遠近程度等，先與醫師商量看看吧！如果是立食自助餐等需要長時間久站的場合，請務必要注意別讓自己太累了。

想去卡拉OK唱歌

OK 唱歌本身並沒有問題，但如果在現場有人吸菸，一定要注意別吸到二手菸。此外，在唱歌的場合，也有可能會在氣氛的驅使下屈服於酒精的誘惑，也要注意別吃得太多了。

重金屬搖滾樂對胎教好嗎？

OK 對胎教來說，並沒有一定的對與錯。只要孕婦本人感到開心，並且將喜悅的心情分享給寶寶，這就能成為胎教的一環。因此並不是一定要聽古典音樂才能做好胎教，請好好享受自己喜歡的音樂吧！

想去滑雪旅行

NG 在懷孕初期，滑雪幾乎不會對懷孕造成任何影響，但問題是滑雪容易讓人疲倦，導致不知不覺開始勉強自己。到了懷孕中期之後，由於無法掌握良好的平衡感，滑雪時容易摔跤，因此請忍耐別去滑雪。除了滑雪旅行之外，也請避免其他會過於勞累的旅行。

可以打保齡球嗎？

NG 不論是要舉起很重的保齡球、或是將保齡球投擲出去，都必須利用腹部用力，因此對孕婦來說相當吃力。要是在擲球時失去平衡也很容易會摔跤，如果在懷孕時要去保齡球館，請在一旁為大家加油就好，自己不要下場打球。

想去慢跑

△ 由於跑步時的震動會造成身體負擔，也容易造成肚子變緊繃，因此不建議在孕期中跑步。此外，跑步機或室內腳踏車等運動，也要先與醫師商量之後再做。如果想要運動，建議可藉由走路來運動，快走也沒問題。

可以去聽無座位的演唱會嗎？

△ 聽音樂並不是壞事，就算演唱會中的大聲音響可能會吵到寶寶，應該也沒有關係，不過，要在人群混雜的地方站立過久很容易勞累，這一點比較令人擔心。在聽演唱會之前，請先確保自己在肚子感到緊繃時有地方可以坐著休息吧！

可以去遊樂園玩嗎？

△ 雲霄飛車與自由落體等太過刺激的遊樂設施，會造成身體的負擔，孕婦絕對不可以搭乘。而且，肚子越大就越難正確地繫好安全帶，這麼一來會很危險。其他注意事項請留意遊樂設施旁設置的安全須知。

跳草裙舞

△ 雖然草裙舞看起來動作很緩慢，但其實會使用到腰部的動作非常多，對於孕婦來說會造成相當大的負擔。因此，如果是一般人跳的草裙舞還是先暫時避免，請前往專為孕婦開設的草裙舞教室。

可以前往海水浴嗎？

NG 與游泳池不同的是，海邊的環境實在說不上衛生，要是細菌從陰道進入，就有可能會引起感染，因此在孕期時不建議進行海水浴。如果只是腳部碰碰海水、在海灘上悠閒休息則沒問題。同時也要注意防禦紫外線。

園藝活動

OK 如果只是在自家庭院或陽台上享受園藝的樂趣，完全不必擔心。只是在觸碰過泥土之後，一定要記得把手洗乾淨。另外，長時間彎腰整理園藝，很可能會導致肚子緊繃、腰痛等等，要注意多休息。

芭蕾舞／跳舞

NG 在孕期中請避免跳上跳下的舉動，因為肚子越大、就越難掌握平衡感，一旦跳躍就會有摔倒之虞。如果是在懷孕前一直有在跳舞的人，懷孕之後也請暫時休息，最多只要拉拉筋、伸展一下身體就好。

PART 3

關於肚子裡寶寶的
各種疑惑

雖然已經能感覺到胎動了，但因為無法實際看到寶寶的狀況，
還是會忍不住擔心，而且一開始在意就會沒完沒了。
現在就藉著這個單元消除妳內心的不安吧！

別忽略了SOS訊號！胎盤發出的警訊

為了守護寶寶的生命、並養育寶寶順利生長，胎盤可說是責任重大。
胎盤一旦發生了問題，母親與寶寶的生命可能都會受到牽連。

胎盤正身兼著
各種臟器的工作

胎盤大約會在懷孕的第5週左右開始形成，到了15週時便會完成。胎盤的外觀為扁平的圓盤狀，到了懷孕後期直徑成為15～20cm、重量則為500g左右。

胎盤負責將母體內的營養輸送給肚子裡的寶寶，不僅如此，在胎兒的發育過程中，由於內臟功能尚未健全，因此胎盤也會化身為下列各種器官，身兼數種器官的工作。

● 肺部

胎兒是從母體的血液中獲得氧氣，而胎兒排放出的二氧化碳，則是藉由胎盤在輸送回母親的血液裡。

● 肝臟

若有異物進入到寶寶的身體，胎盤也會負責解毒。

● 小腸

從母親身體當中獲得的蛋白質與三酸甘油脂，藉由胎盤分解輸送給胎兒。

● 腎臟

處理胎兒排放出來的老廢物質，輸送回母親的血液當中。

此外，胎盤還能防止病原細菌與異物的入侵，提供給胎兒成長必要的荷爾蒙，並預防出血及凝固血液等。

從超音波檢查中
檢查胎盤是否正常運作

懷孕時可能會因為很多原因的影響，導致胎盤功能下滑。雖然也有專門為了確認胎盤功能的檢查項目，一般來說，是在以超音波檢查確認胎兒發育狀態、羊水量、臍帶血流時，來檢查胎盤功能是否正常。胎盤功能一旦衰退，就無法將氧氣與營養完整地輸送給寶寶，因此，若是發生這種情形，就必須提早將寶寶生出來。

是否會早產
須依綜合檢查結果判斷

一般來說，關於胎盤功能方面的檢查，會在發生下列情形時進行確認。超過預產期但寶寶尚未出生、罹患妊娠高血壓症候群等胎盤功能有可能變衰弱、胎兒發育狀況不佳、羊水量減少等，遇上這些情況時就必須檢查胎盤功能是否正常。

然而，是否需要提早生產，除了要做胎盤功能檢查之外，同時也要進行超音波胎心音檢查（NST）→P61來觀察寶寶的情況，綜合各項結果才能做出判斷。

Column
從羊水量也可以得知
寶寶發育的情形

子宮裡羊水的量，會隨著懷孕週數慢慢增加，到了懷孕8個月時，羊水量會到達最多的狀態。在懷孕後期，平均羊水量約為300～400ml。雖然無法準確地測量羊水量，但可以藉由超音波評估計算出接近的數字。超過500ml就是羊水過多、反之羊水太少就是羊水過低。在羊水過多的情形下，母體通常會有妊娠高血壓症候群等問題，胎兒也會出現食道閉鎖等消化器官異常的症狀，無法好好喝下羊水。另一方面，若是羊水過少，胎兒可能會因為不知名原因而尿量減少、或是發生前期破水等問題。無論如何，羊水量都是肚子裡寶寶是否能順利健康成長的重要指標。

胎盤可能會發生的各種問題

前置胎盤

胎盤位置相當逼近
子宮頸口的狀態

所謂的前置胎盤，是胎盤位置過低而擋住子宮頸口的狀態，在100～500名孕婦中會有1人遇上前置胎盤的問題。就算胎盤位置偏下方，距離子宮頸口也會有2.5cm以上的距離，只要胎盤不是完全緊貼著子宮，幾乎都不需要過於擔心。

即便是在懷孕24週左右進行的超音波檢查中發現了前置胎盤的情形，但隨著子宮越來越大，其實胎盤的位置也漸漸遠離子宮頸口，因此也無須太過緊張。

依照胎盤的所在位置，前置胎盤分為完全行前置胎盤、部分性前置胎盤、邊緣性前置胎盤、低位性胎盤等4種。若是到了懷孕後期，胎盤位置仍然太低而擋住子宮頸口，就有可能會在子宮收縮時引起毫無痛感的少量或大量出血，會危及到母子雙方的性命，因此若是發生了前置胎盤的情形，幾乎都會採用剖腹的方式生產。

完全性前置胎盤

胎盤完全蓋住子宮頸口。

部分性前置胎盤

胎盤蓋住一部分的子宮頸口。

邊緣性前置胎盤

胎盤蓋住子宮頸口的邊緣部位。

低位性胎盤

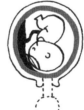

胎盤的位置過低，距離子宮頸口不到2cm的狀態。

胎盤早期剝離

胎盤提早剝離子宮
大多數的情形都需要緊急剖腹產

所謂的胎盤早期剝離，指的是在懷孕中或分娩時，寶寶尚未出生而胎盤卻提早從子宮剝離的狀況。當肚子感覺越來越緊繃、子宮變得很硬時，就有可能發生胎盤早期剝離的狀況，請立即前往醫院。有時候胎盤早期剝離並不會伴隨著出血的症狀。

對於胎盤早期剝離，並沒有預防或治療的方法，胎盤一旦提早剝落，就無法繼續將氧氣輸送給胎兒，引起胎兒機能不全，後果相當嚴重，因此會以緊急剖腹產的方式將胎兒提早取出。

如果胎盤是從下方開始脫落，會造成外部出血。

如果胎盤是從上方開始脫落，會造成內部出血，血液會累積在子宮內部。

胎盤功能不全

無法輸送營養與氧氣
會波及到寶寶的性命

若是遇上了妊娠高血壓症候群 →P142 等問題，會導致胎盤無法正常運作；胎盤一旦無法正常運作，就無法將不可或缺的氧氣及營養輸送給寶寶，影響到寶寶的成長。最嚴重的情況，有可能會導致胎死腹中。

不過，如果是在懷孕中期或後期發生胎盤功能不全，就可以藉由剖腹的方式提早將胎兒取出。血管容易堵塞、或是患有重度糖尿病的孕婦，比較容易遇到胎盤功能不全的問題。

植入性胎盤

產後胎盤無法自然地
從子宮剝離出來

照理來說，分娩之後胎盤應該會自動剝落並排出體外，但若是因為某些原因而導致胎盤組織深入穿透子宮的肌肉層，可能無法自然排出體外、或是只排出一部分。若是可以用手直接深入子宮將胎盤取出，這種情形則稱為沾黏性胎盤。

較為嚴重的植入性胎盤，必須使用器具才能將胎盤連根刨起，在進行手術時可能會引起大出血，非常危險。

絨毛細胞疾病

產後出血不止時
必須確認是否為絨毛膜炎

當受精卵在子宮內膜著床時，其外側會形成數量龐大的突起物，稱為絨毛，而絨毛在之後會形成胎盤。在胎盤尚未成形前，胎兒事先藉由絨毛從母體中獲得營養。到了產後，若絨毛細胞還殘留於子宮內部，因絨毛細胞異常增生而導致出血，就是罹患了絨毛細胞疾病。雖然大部分的絨毛細胞疾病幾乎都屬於良性，但少部分的人會演變為絨毛膜癌。若是到了產後，出血遲遲無法停止，請一定要前往就診。

將營養輸送給寶寶的生命線！
臍帶

從母體將寶寶發育及成長所需的營養輸送給寶寶時，
唯一的道路就是臍帶，因此臍帶可謂是名符其實的「生命線」。

在臍帶內部
有三條非常重要的血管

臍帶是一條具有彈力的索狀胎兒附屬物，連接著寶寶的肚子與媽媽的胎盤，其中有3條血管通過。

有2條血管稱為臍動脈。臍動脈的特徵是管壁呈現厚厚的圓柱狀，具有相當強的收縮力道。臍動脈當中的血液，含有寶寶為了發育與成長而排出的老廢物質。

由於肚子裡的寶寶尚未具備處理老廢物質的能力，因此臍帶會將含有老廢物質的血液輸送回胎盤，再由媽媽的身體處理這些老廢物質。

另外一條血管則稱為臍靜脈。臍靜脈的特徵是管壁較薄，但血管內部較寬。臍靜脈當中的血液則含有脂質・蛋白質・碳水化合物等3大營養素，以及鐵質等礦物質、氧氣等等，所有寶寶發育所需的養分，全部都蘊含在臍靜脈的血液當中，藉由臍靜脈輸送至寶寶的體內。

臍帶是連結媽媽與寶寶的
重要生命線

上述的這三條血管，在臍帶中都被柔軟的膠狀締結組織所包覆、保護著。不僅如此，臍帶上方還包覆著羊膜，提供更完善的保護。

到了懷孕末期，臍帶長度大約會有40～60cm，管壁直徑則約為1.5cm。此外，伴隨著寶寶在子宮裡的活動狀況，臍帶會慢慢纏繞成螺旋狀，構造也會變得非常堅固，即使從外界施力拉扯、或是稍有碰撞也不會輕易斷裂，牢牢地連繫著媽媽與寶寶。

臍帶是從母體將寶寶發育及成長所需的營養輸送給寶寶時的唯一道路，因此對肚子裡的寶寶來說，臍帶正是唯一的生命線，扮演的角色非常重要。

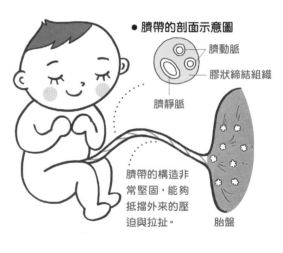

臍帶與胎盤與寶寶的示意圖

● 臍帶的狀態

臍帶的長度大約為40～60 cm，管壁直徑則約為1.5cm，顏色呈現灰白色。

為了讓寶寶順利成長，臍帶除了負責提供營養外，同時也守護著寶寶，為胎兒附屬物的其中之一。臍帶的外觀呈現索狀，從寶寶的肚臍部位延伸出來，連接著寶寶的側面。

● 臍帶的剖面示意圖

臍動脈
膠狀締結組織
臍靜脈

臍帶的構造非常堅固，能夠抵擋外來的壓迫與拉扯。

胎盤

臍帶可能會發生的問題 Q&A

單一臍動脈

原本應該要有二條動脈卻只有一條的疾病

這是種原本應要有二條的臍動脈,卻因為某些原因只剩下一條的狀況;單一臍動脈可以從孕期的超音波檢查中觀測出來。即使臍動脈只有一條,如果這一條臍動脈能夠發揮應有的功能,就不會有什麼大問題,不過通常這種狀況下的寶寶會比較小一點。通常單一臍動脈的寶寶都可以健康長大,但一定要嚴加注意寶寶的發育狀態。

臍帶下垂

臍帶位置比寶寶更低的狀態

在尚未破水時,臍帶位置若是比寶寶的頭部(胎位不正的胎兒則為臀部或雙腿)更低、甚至低落到子宮頸口附近,就稱為臍帶下垂。雖然藉由超音波檢查或內診可能可以檢查出臍帶下垂,但一般來說診斷相當困難。臍帶的位置若是偏低,在子宮頸口尚未張開之前還不必擔心,不過只要一破水了,就可能會有演變為臍帶脫垂的危險。

臍帶脫垂

若臍帶脫出子宮頸口就必須以剖腹產的方式取出胎兒

在臍帶下垂的狀況下一旦破水了,臍帶就會比寶寶的頭部(胎位不正的胎兒則為臀部或雙腿)更早出來,並對子宮頸口與胎兒的頭部或身體造成壓迫,同時也無法繼續輸送氧氣給寶寶。必須藉由剖腹的方式,盡早將胎兒取出。

母親與胎兒的血型不一致時不會互相影響是為什麼呢?

由於血液會通過胎盤運輸因此兩者的血液不會直接交流

媽媽的血液不是通過臍帶中的血管直接流入寶寶的體內,而是先輸送到胎盤,經由胎盤中的絨毛細胞進行過濾後,才傳送給寶寶,就算母親與寶寶的血型不一致,也不會造成問題。

臍帶的粗度、長度與寶寶的大小會有關連嗎?

雖然具有關連,但是不到出生之時無從得知

臍帶的粗度與長度無法藉由超音波正確測量出來,因此,只有等到產後才能得知臍帶真正的粗度與長度。實際上可以觀察出體型較大的寶寶、臍帶也比較粗,體型較小的寶寶、臍帶則比較細,可以證明臍帶的粗度與寶寶的體型大小確實具有相關性。

剪斷臍帶時寶寶會不會痛呢?

媽媽與寶寶都不會感到疼痛

當寶寶一出生,必須立即剪斷臍帶。不過由於臍帶中沒有神經通過,就算剪斷臍帶,寶寶也不會感到疼痛,只是會流一點血而已。同時,媽媽也不會感到疼痛。此外,剪斷臍帶的方式與肚臍的形狀並無關連,剪斷後的臍帶只要乾燥了會自然脫落,而肚臍的形狀是在出生前就已經決定了。

若是在產後沒有為臍帶止血臍帶會變成怎樣呢?

血流會自然停止、血液也會被吸收

生產之後,醫護人員會立刻為臍帶施行止血的措施,從寶寶開始用肺部呼吸的那一刻起,臍帶中的動靜脈會自動停止運作、血流也會自然停止,殘存於臍帶中的血液,會被胎盤與寶寶自然吸收。通常會藉由臍帶夾、或以纏繞的方式幫助臍帶止血。

若臍帶纏繞在寶寶身上寶寶會感到不舒服嗎?

在生產之前都不會有問題

就算臍帶纏繞在寶寶身上,在孕期中並不會有影響。臍帶可能會由於寶寶的動作而打結、纏繞,而纏繞的圈數越多,到了生產的時候臍帶就會造成越強的壓迫,可能會對寶寶造成壓力。臍帶纏繞有可能會造成生產時的風險,在產檢時不容易檢查出來。

當臍帶脫落之後會變得怎麼樣呢?

臍帶會漸漸乾燥、脫落最後成為寶寶的肚臍

一旦剪斷臍帶後,臍帶中的血流就會停止,營養也無法繼續輸送給寶寶,臍帶的切口會自然閉合。接著漸漸乾燥、萎縮,過了幾天便會自然脫落。臍帶脫落後,必須勤於保持臍帶脫落處的清潔,等到表皮變乾燥之後,就會形成肚臍。

在分娩前可以矯正嗎？
胎位不正

寶寶會在羊水之中自由自在地任意移動位置，若是到了懷孕30週左右，胎位還沒往下也不必太擔心。大部分的寶寶到了產前就可能可以自動轉正。

92%的寶寶
是以正常胎位出生

肚子裡的寶寶所呈現的姿勢，分成頭下腳上的頭位、頭上腳下的臀位、以及在子宮當中橫躺的橫位三大類。92%的寶寶在肚子裡呈現頭位，呈現臀位的寶寶則被稱為胎位不正。

在懷孕滿28週前，寶寶的身體還很小，跟長大後比起來，此時的羊水量算很多，胎兒可以在子宮內自由自在地來回移動身體。隨著距離分娩的日期越來越近，大多數的胎兒都會自動將頭部轉為朝下的姿勢；直到最後一刻仍屬胎位不正的寶寶，大約只佔5%。

容易造成胎位不正的狀況，有幾種原因。

● **前置胎盤** `→P117` ……若是胎盤位置偏下方，胎兒能夠將頭部轉下的空間不足，容易造成胎位不正的情形。

● **雙胞胎**……由於子宮的空間有限，若是雙胞胎，1人頭部向下、1人頭部向上才能充分利用空間，因此雙胞胎比較容易出現胎位不正的情形。

● **子宮肌瘤** `→P148` ……若子宮肌瘤在於子宮下方的位置，就會像是前置胎盤的情形一樣，胎兒的頭部不容易在骨盆中移動，造成胎位不正。

● **子宮畸形**……子宮本身的構造異常，例如子宮呈現心型的雙角子宮 `→P149` 、或是子宮天生畸形等，讓寶寶在子宮中難以轉成頭位。

胎位不正的姿勢

● **伸腿臀位**
寶寶的臀部朝下、雙腿往上抬的姿勢稱為伸腿臀位。大多數伸腿臀位的寶寶可以從臀部出來，因此陰道分娩成功的機率很高。

● **足式臀位**
膝蓋彎曲、臀部與腳部同時都往下的姿勢。若兩腳都在下方稱為「全足位」；而一腳在上、另一腳在下則稱為「不全足位」。

● **膝位**
膝蓋彎曲、兩腳膝蓋在最下方的位置。有非常少的例子是一隻腳在後方、另一隻腳在前方的「不全膝位」。一般來說必須以剖腹方式生產。

● **直腿式臀位**
兩腿皆往下伸直的姿勢。一般來說必須以剖腹方式生產。

正常胎位（頭位）的寶寶

寶寶的頭部朝向子宮頸口，臀部或腳部朝向上方。在分娩的時候，會從頭部先出來。

胎位不正（臀位）的寶寶

頭部在上，臀部或腳部朝向子宮頸口的姿勢。可能會依照胎位不正的原因、以及寶寶的大小等條件，來決定是否可以陰道分娩。

到了30週時若還是胎位不正可以嘗試矯正胎位

胎位不正的姿勢分成許多種類 →P120 ，大部分都是伸腿臀位與足式臀位，膝位、直腿式臀位比較少見。

由於寶寶平時在子宮的羊水中自由自在地來回游泳移動，若是到了懷孕28週時，檢查出來是「胎位不正」，很有可能在接下來的日子會自然而然回到正常胎位。在此時，不需要特別採取任何方式來矯正胎位。

雖然每間醫院對於胎位不正的判斷可能不盡相同，不過若是到了懷孕30週仍屬胎位不正，大部分醫師都會建議孕婦可以嘗試膝胸臥式體操、或改變睡覺時的姿勢，來矯正胎位。

是否能以自然產必須諮詢經驗豐富的醫師

在胎位不正的狀況下，是否可採自然產、或必須剖腹產，必須依照導致胎位不正的原因、寶寶身體的大小、媽媽骨盆的形狀、以及媽媽骨盆與寶寶頭部大小是否相容等條件來判斷；也有些醫院只要胎位不正就一律以剖腹的方式接生。

胎位不正時，如果還是希望以自然產的方式生產，必須與經驗豐富的醫師詳談自己的情況，先確認到時候是否有可能還是必須接受緊急剖腹產。胎位不正要以自然產的方式生產時，若是在陣痛之前就先破水（早期破水 →P186 ）會比較危險，隨著破水，有可能會同時出現臍帶下垂、臍帶脫垂等情形，必須更加謹慎小心。

可以試試這些方法矯正胎位

膝胸臥式體操

這種姿勢能讓肚子裡的寶寶更容易旋轉成正常胎位

將手肘與雙膝、胸部都靠在地板上呈現趴著的姿勢，同時高高抬起臀部。彎曲膝蓋，讓大腿與地板呈現90度直角，維持這個姿勢10～15分鐘的時間。

溫暖身體

能使寶寶的活動更加頻繁

藉由泡半身浴、或穿上襪子讓身體變溫暖，促進血液循環，能使胎兒的活動變頻繁，原本胎位不正的寶寶也有可能會轉到正常胎位。

外倒轉術

必須慎選能夠立刻動手術的醫院中進行

這是一種由醫師直接用手在肚皮上施加力量，促使寶寶旋轉到正常胎位的方式。醫師必須擁有非常熟練的技術，為以防萬一，必須要在可以立刻動手術的醫院中進行。

側臥位轉位法

改變睡眠姿勢讓寶寶自己改變胎位

改以側臥的方式睡覺，讓寶寶的背部位於上方位置。

針灸

溫熱穴道部位、或按壓穴道給予刺激也OK

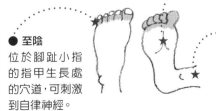

● 湧泉
將腳趾縮起來的時候，腳底會出現「人」字型紋路，此紋路的交會點便是湧泉穴。能幫助促進血液循環。

● 至陰
位於腳趾小指的指甲生長處的穴道，可刺激到自律神經。

● 三陰交
從內側腳踝骨頭算起，距離3根手指的上方便是三陰交穴。可改善生理痛、身體虛寒等困擾。

是男是女呢？
肚子裡寶寶的性別

猜想肚子裡的寶寶究竟是男是女，可說是懷孕時的樂趣之一。
就從科學的角度來看看決定性別的機制、以及性別會帶來的差異吧！

寶寶的性別
在受精的那一瞬間就已決定！

寶寶的生理性別，在受精的那一瞬間就已經決定了。

精子分為2種，1種是帶有X染色體的X精子、另1種則是帶有Y染色體的Y精子。卵子與X精子結合，寶寶便會是女孩；而若是與Y精子結合則會是男孩。1次射精的數量大約有2億個精子，在這當中，含有X或Y染色體的精子，會通過直徑大約1cm的輸卵管與卵子結合，並決定寶寶的性別。

胚胎在剛開始形成的時候都是呈現女孩的外觀。與Y精子結合的受精卵，會漸漸受到男性荷爾蒙的影響，進而長出外生殖器，逐漸轉變為男孩的樣貌。

到了10週大的時候，從顯微鏡就可以觀察出受精卵開始起了小小的變化。陰道超音波可在12～13週、腹部超音波則是在16週之後，便能觀察出寶寶生殖器的樣貌；當懷孕超過20～22週之後，幾乎就能判定出寶寶的性別了。不過，也有可能會因為拍攝角度的關係照到寶寶的腿、或是看不太清楚，很多原因都有可能導致遲遲無法得知寶寶的性別。

與生俱來的性別差異
還要加上後天要素的影響

由於男女大腦構造的差異，男性荷爾蒙會在胎兒時期就開始發揮作用，導致男女的性別差異越來越大。

在胎兒時期，男孩會受到自己的睪丸所分泌出的男性荷爾蒙影響，而女孩則不會。男女性從胎兒期就開始發展出先天性的差異。

由於這種生物學上的差異，寶寶天生具有些許的性別差異，就像是淺粉紅色與水藍色般的不同，而接下來還會再受到家庭環境等後天影響，可以想像成粉紅色漸漸變成紅色、水藍色則轉變為深藍色，男女的性別差異會越來越顯著。

決定性別～可看出性別的過程

受精時 ———	卵子與精子結合時，性別就已經決定了。
第9週左右 ———	胎兒在剛形成時都是呈現女孩的樣貌，等到男寶寶的男性荷爾蒙發揮作用之後，會開始長出陰莖等外生殖器，轉變為男孩的樣貌。
第11週左右 ———	以顯微鏡觀察，可以看出寶寶的性別特徵。
第12～13週左右 ——	藉由陰道超音波，漸漸可以看出寶寶的性別。
第16週左右 ———	藉由腹部超音波，便可以看出寶寶的性別。
第20～22週左右 ——	可以確實知道寶寶的性別。
第22週之後 ———	到了這個時期，大部分的醫院都會告知寶寶的性別。

※上述的時程只是約略的參考值，依各人情況與醫院不同，得知寶寶性別的時間點會有所差異。

關於性別與性別差異令人好奇的 Q&A

男孩比較強壯、女孩比較柔弱？

在體格上，男女會展現出明顯的差異。男孩的體格比較強壯、具有肌肉，女孩的身體感覺起來會比較柔軟。不論是身高、體重、胸圍、頭圍的平均值，都是男孩佔上風，男孩的力氣會比較大、動作也會比較激烈一些。

男孩容易生病、女孩不容易生病？

實際上，男孩的確比女孩容易有嘔吐、拉肚子、氣喘等疾病。在以前就有男孩比較難帶的說法，男嬰的誕生數量也比女嬰稍微多一點點。此外，男孩也比較常受傷或發生事故。

聽說懷男孩時「肚子會比較凸」是真的嗎？

A　或許有剛好符合的例子但並沒有科學根據

除此之外，還有「懷男孩的媽媽五官會變嚴肅」、「懷男孩害喜會比較嚴重」等等，自古以來就有許許多多關於猜測生男生女的說法。但只要實際觀察許多孕婦，就可以發現其實並不一定，這些說法並沒有科學根據。

男孩比較活潑、女孩比較文靜？

男孩在媽媽的肚子裡即受到男性荷爾蒙的影響，天生會比較活潑、且具有攻擊性，動作也有比較激烈的傾向。而女孩則不會受到男性荷爾蒙影響，跟男孩比起來攻擊性較低、也比較文靜穩重。

男孩比較愛撒嬌、女孩比較獨立？

跟女孩比起來，男孩的精神發展程度比較緩慢，幼兒期也比較長，需要依賴母親的時候比較多，因此感覺上比較愛撒嬌。而女孩常被說「比較早熟」，也是因為精神發展程度比較快的關係。

有沒有人可能只生男孩、或只生女孩呢？

A　連續生出3名相同性別的寶寶機率為1/8，並不罕見

如果連續生出好幾名相同性別的寶寶，也有可能跟遺傳有關。無論是生男生女，機率都一樣是1/2，連續生出3名同樣性別寶寶的機率為1/8，因此其實並不罕見。除了家族遺傳外，也有可能是因為平時的飲食生活，造成容易生出相同性別的寶寶。

男孩比較擅長理工科、女孩比較擅長文科？

男孩的大腦具有喜好規則性與因果關係的傾向，這也是受男性荷爾蒙影響的結果。女孩的大腦則比較擅長觀察他人的情緒，大腦當中負責掌管語言的部位也比較發達。

男孩喜歡交通工具、女孩喜歡扮家家酒？

男孩還在媽媽肚子裡時就開始受到男性荷爾蒙的影響，比較傾向喜歡會動的東西，女孩則是會對於媽媽正在做的事情等生活方面的事物較感興趣，喜歡扮家家酒的比較多。

要是女孩都一直只跟男孩在一起玩，會不會也變粗魯？

A　玩遊戲時也許粗魯但氣質不會改變

與不同的玩伴一起玩遊戲時，遊戲的內容也會很不一樣。如果跟男孩一起玩，可能會活潑地爬上爬下，有時玩的遊戲也許會讓媽媽感到心驚膽顫。不過，玩遊戲的內容與孩子的氣質或個性是兩回事，並不會造成影響。

愛與喜悅都會加倍！多胎妊娠知識

肚子裡不只一個寶寶，相對地母體負擔也會較大，在懷孕時更要加謹慎。
但是在寶寶誕生後，當然也會感受到加倍的喜悅！

多胎妊娠可分為卵性多胎與膜性多胎

所謂的多胎妊娠，意即子宮內存在2名以上的胎兒，如果是2人稱為雙胞胎、3人則是三胞胎、4人則稱作四胞胎。而多胎妊娠可分為同卵、異卵雙生的「卵性」多胎、以及由胎盤數量或包覆寶寶的卵膜數量來分別的「膜性」多胎。

1個受精卵分裂成2個、再各自發展成胚胎的屬於同卵雙生，擁有相同的基因，因此擁有一致的性別，外表看起來也會非常相像。

另一方面，幾乎在同時間排卵的2個卵子，分別與不同的精子結合，則屬於異卵性雙胞胎，雙胞胎的性別可能會不同，外表也不會完全一樣，相似程度如同一般的兄弟姊妹。

就統計上來看，異卵雙生的數量為同卵雙生的2倍；異卵雙生主要的原因可能是遺傳。不過，最近由於助孕醫療的技術越來越普及，導致異卵雙生有增加的趨勢。

早產與併發症的風險會比較高

比起懷著1名寶寶的單胎妊娠，多胎妊娠的母子雙方都容易引起併發症，早產的情形也比較多。因此，在定期產檢與分娩的時候，都必須選擇多胎妊娠經驗豐富的醫療院所會比較好。

此外，多胎妊娠也具有容易流產的傾向，因此，只要感覺肚子出現緊繃感，就一定要立刻好好休息。從懷孕中期到後期的這段時間，也必須注意是否有早產的可能，在日常生活中絕對不可以勉強自己讓自己太累了。而且，多胎妊娠的情況下也很容易罹患高血壓症候群 →P142 與貧血 →P146 等，平時一定要多在飲食方面多用點心。

多胎妊娠可區分為同卵雙生與異卵雙生

異卵雙生

「異卵雙生可能是1個胎盤，也可能有2個胎盤、2個羊膜。就算是同卵雙生，如果在很早的時候就已經分開來，也可能會演變為這樣的形式。

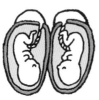

同卵雙生

就算是同卵雙胞胎，也有可能會共用同一個羊膜，或是分別進入不同的羊膜，由「是否共用羊膜」分別發展出不同的形態。在其中，特別是單絨毛膜單羊膜的類型，在懷孕過程中必須特別小心。

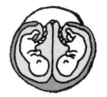

● **單絨毛膜雙羊膜**
「擁有1個胎盤、2個羊膜」。每一名胎兒都分別被不同的羊膜所包覆，但負責運輸營養的胎盤則是共用。

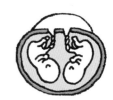

● **單絨毛膜單羊膜**
「1個胎盤、1個羊膜」。胎兒被同一個羊膜所包覆，也共用同一個胎盤。即使是雙胞胎，這樣的例子相當罕見。

關於多胎妊娠令人在意的 Q & A

必須注意併發症

容易罹患妊娠高血壓症候群
容易演變為重症

多胎妊娠對於母體的負擔會比較大，也比較容易罹患妊娠高血壓症候群，一旦罹患就容易演變為重症。另外也有一說是免疫力與荷爾蒙的作用會造成影響。單胎妊娠罹患妊娠高血壓症候群的機率為6～14%，而多胎妊娠則高達40%！平時一定要留意自己的飲食內容，設法預防。

生產方式為何？

大部分皆是以剖腹生產

多胎妊娠大部分皆以剖腹方式生產。因為多胎妊娠較容易早產，在寶寶還很小的情況下可能無法承受陰道分娩的壓力。尤其是懷孕未滿33週的寶寶體重還不到1,500g，大部分都會以剖腹方式生產。此外，即使第一個寶寶是經由陰道分娩出生，但第二個寶寶的分娩情況不順利，也會採取剖腹方式取出胎兒。

產後的復原狀況？

若有引起併發症
住院期間可能會比較長

基本上，多胎妊娠的住院期、產褥期的度過方式皆與單胎妊娠相同。只不過，由於多胎妊娠會將子宮撐得比較大，因此可能會出現子宮無法完全收縮的情況，導致產後出血、並引起貧血重症化，或是併發妊娠高血壓症候群等，而使得住院的期間比較長。

比起單胎妊娠，為什麼多胎妊娠的害喜會比較嚴重？

A 雖然害喜可能會比較嚴重 不過也不用太擔心

一般認為，在多胎妊娠的情況下，引發孕吐的荷爾蒙分泌量會比單胎妊娠來得多，因此，害喜的情況會比較嚴重一些。不過，實際上究竟為何會害喜，其原因仍不得而知。因此先不要有「因為是多胎妊娠，所以害喜一定會很嚴重」的刻板印象。

定期產檢的次數會比較多次嗎？

A 產檢的次數會增加 頻繁地確認胎兒成長狀況

多胎妊娠會比單胎妊娠更容易早產、或是子宮內胎兒發育遲緩的問題，因此產前檢查的次數會增加，確認是否有出現任何問題的徵兆。單絨毛膜雙胞胎為2週檢查1次、雙絨毛膜雙胞胎則為2～3週內檢查1次以上。

該如何控制體重？

A 以＋12～13kg為目標 盡量避免運動

單胎妊娠到了產前的體重最好控制在增加7～12kg內，而雙胞胎則應比懷孕前的體重增加12～13kg為佳。雖然體重增加過多不是件好事，但也不必太神經質，每天都有攝取營養均衡就沒問題。此外，為了避免迫切流產、早產，多胎妊娠的請盡量避免運動。

多胎妊娠一定要住院安胎嗎？

A 若罹患妊娠高血壓症候群 必須住院

若有早產或罹患妊娠高血壓症候群的傾向，症狀的進展會特別快，為了在緊急狀況時能立即採取措施，大部分都會選擇住院安胎，必須做好隨時住院的打算，早點開始收拾準備。若住院安胎期間較長，產後的恢復也會花比較多時間。

分娩會花比較多時間嗎？分娩的流程為何？

A 一般來說會在14～15個鐘頭內生下2名寶寶

生下第1名寶寶所花費的時間，其實與單胎妊娠沒有什麼差別。不過，要是在生第2名寶寶的時候，發生陣痛變弱等狀況，可能就會花上比較多的時間。生得快的人，也有可能在生下第1名寶寶的幾分鐘後又生下第2名寶寶。一般來說，會在14～15個鐘頭內平安生出2名寶寶。

什麼是雙胞胎輸血症候群？

A 寶寶之間的循環血液量處於不均衡的狀態

如果是寶寶們共用一個胎盤的單絨毛膜雙胞胎，胎盤無法平均地輸送氧氣與營養給2個寶寶，容易造成其中1個寶寶的血液量較多。這麼一來，血液較少的寶寶發育狀態會變得極為惡劣，而血液量較多的寶寶也會使心臟的負荷太大。寶寶之間的體重差異極大，在懷孕過程中必須非常仔細地觀察寶寶的狀態。

是大是小有什麼差別？
胎兒的體型

就像每個人的長相都不一樣，肚子裡寶寶的體型當然每個人也都不一樣。
無論寶寶的體型是大是小，只要體重有規律增加，就無需太過操心。

無論體型是大是小
都是寶寶與生俱來的特質

大約到了懷孕27週左右，肚子裡寶寶的體型大小就會開始展現出個人差異。因此，產前檢查時，醫師有可能會說：「寶寶蠻大的耶」、「寶寶有點小喔」。聽到這些話，媽媽可能會擔心：「太大會不會哪裡不正常？」、「太小了是不是有什麼問題？」。但其實通常醫師的意思只是：「雖然跟標準大小比起來偏大／偏小，但都是在正常範圍之內，不必擔心」。

就算是大人，也有長得高、長得矮、體重較重、體重偏輕等差異，肚子裡寶寶的體型大小也會展現出個人差異，請將這些都視為寶寶與生俱來的特質，期待寶寶慢慢長大吧！

要是覺得擔心
請盡量向醫師提問＆確認

無論寶寶的體型偏大或偏小，只要每個月都有確實增加就無須擔心了。反之，若真的有什麼問題醫師也會主動建議：「請去大型醫院做進一步檢查」。要是醫師沒有進一步再多說什麼，表示無論肚子裡的寶寶正以他自己的步調漸漸成長。真的很擔心，就請在產前檢查的時候直接詢問醫師：「您說寶寶偏大（較小），算健康嗎？會不會有什麼問題呢？」確認清楚讓自己安心。

預估胎兒總體重（EFBW）＝
$1.07 \times BPD^3 + 0.3 \times AC^2 \times FL$

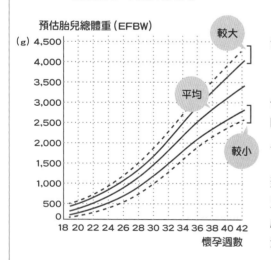

預估胎兒總體重（EFBW）
(g) 4,500　較大
4,000
3,500
平均
3,000
2,500
2,000　較小
1,500
1,000
500
0
18 20 22 24 26 28 30 32 34 36 38 40 42
懷孕週數

出處／岡井崇：超音波醫學 28：844〜871、2001 年

什麼是預估胎兒總體重？

標準是？
預估體重的平均值正負200g左右

寶寶的預估體重，若是在平均值的±200g之內，都還在標準範圍內。如果寶寶的體重在標準上限紅線到上方的虛線，就屬於「偏大」；如果在標準下限紅線到下方的虛線，則屬於「較小」。只要寶寶的體重是落在上下方的虛線範圍之內，而且隨著週數逐漸增加體重，就不必過於擔心。

就算是預估體重
還是會出現誤差

再怎麼說，預估體重只是計算上的數值而已，預估體重與實際出生後的體重出現誤差，也是很平常的事。光從超音波不僅無法得知寶寶的脂肪量與體型，更有可能因為寶寶的姿勢與位置，導致難以測量頭圍與肚圍。可以將預估體重想成有正負10%的誤差範圍。

關於寶寶的體型大小，令人在意的 Q & A

大寶寶 Big

分娩時應該會很辛苦吧？剖腹產會比較好生嗎？

A 難產的可能性的確會比較高

好不好生與媽媽的骨盆大小也有關聯，寶寶偏大可能會難以通過產道，拉長分娩時間。視分娩過程，也可能會在分娩途中臨時改以剖腹方式將胎兒取出。

媽媽的肚子看起來很大裡面的寶寶也會很大嗎？

A 光看外表無法判斷寶寶的大小

由於脂肪量的多寡，會導致肚子看起來與實際寶寶的大小不成正比。若是骨盆較寬的孕婦，肚子看起來就不會很大；而若是骨盆較窄的孕婦，在視覺上肚子看起來會比較大。

在肚子裡面就比較大，出生之後成長也會比較快嗎？

A 寶寶體型大小與成長速度沒有關聯

寶寶的成長與發展，會受到生活環境等因素所影響，每一個寶寶的成長速度皆不相同，並不會與剛出生時的體型大小成正比。

大寶寶會比較健康嗎？體力也會比較好嗎？

A 並不是體型大就會比較健康

寶寶的體力與身體狀況，要等到生出來之後才會知道。如果是在懷孕35週之後出生的寶寶，內臟機能會比較成熟。

寶寶的體型較大是因為媽媽的體重增加過多嗎？

A 不是只有這項原因，媽媽還是要做好體重控制

媽媽攝取營養的方式，與肚子裡寶寶的體型大小有著很深的關連。為了預防孕期發生問題，要留意控制體重的增加幅度。

小寶寶 Small

多吃一點寶寶就會變大嗎？

A 媽媽的體重請不要增加太多

要是攝取了過多的熱量，只會對身體造成不良的影響而已。比起飲食的分量，更該注意的是要注意補充高蛋白、高礦物質、高維生素、低脂肪、減鹽的均衡飲食內容。

寶寶比較小分娩也會比較輕鬆嗎？

A 並不是體型較小的寶寶分娩時就一定比較輕鬆

體型較小的寶寶比較容易通過產道，疼痛感也會較低，分娩起來會感覺比較輕鬆。不過，寶寶的體型小得太離譜，會無法忍受陣痛帶來的壓力，也許需要採取剖腹方式生產。

體型較小的寶寶出生之後成長會比較慢嗎？

A 隨著時間過去也會漸漸長成標準大小

即使寶寶出生時的體型較小，隨著時間過去，幾乎所有的寶寶都可以趕上標準。出生時體型迷你的寶寶，長大後卻十分高大，這種例子很常見。

聽說體型小的寶寶比較脆弱體力也比較差，是真的嗎？

A 並不是體型較小體力就會比較差

寶寶的體力跟體型大小並無因果關係。出生時體重過低的寶寶雖然會進新生兒加護病房（→P139），但這只是暫時的，大多數的寶寶都可以健康長大。

爸爸媽媽體型都比較嬌小寶寶也會比較小嗎？

A 的確有可能遺傳父母的基因

雖然寶寶的確有可能會遺傳到嬌小雙親的基因，不過，寶寶的大小並非只會受到遺傳影響，無論寶寶的體型是大是小，都請視作是寶寶與生俱來的特質。

寶寶有活力的重要指標！
胎動的頻率

胎動是肚子裡寶寶所發出的訊息：「我很健康唷！」
平時仔細傾聽寶寶發出的訊息，千萬別錯失了寶寶所發出的SOS警訊。

藉由胎動，便能知道肚子裡寶寶的活力度

胎動是判斷寶寶活力的重要指標，雖然也有些人表示：「寶寶一直動來動去讓人有點擔心」、「胎動實在太激烈了，晚上都無法熟睡」等等，不過，這就是寶寶很有活力的證明！一點都不需要擔心。

如果肚子裡的寶寶平時經常活動身體，但突然感覺不到胎動，就有可能是寶寶出現狀況了。若是氧氣與營養沒有充分輸送到寶寶的身體，寶寶的心跳數就會降低、胎動頻率也會下降。

不過，有時候只是「寶寶剛好在睡覺」、「媽媽沒有感受到胎動」而已，就從今天開始，養成每天在放鬆的狀態下確幾次認寶寶胎動的習慣吧！

感覺到胎動的方式每個人都不盡相同

一般來說，初產婦在懷孕約20週左右、經產婦在懷孕約16週左右，便能感受到胎動。經產婦可能是因為以前已經有過胎動的經驗，因此在胎動發生時能夠較早有感覺。

每個人對於胎動的感受方式都有相當大的差異。大多數的情況下，媽媽本身在走動時會比較難感受到胎動，躺下休息則比較容易感覺。

胎動時，並不是一定要給肚子裡的寶寶回應才行。有時間、或心情放鬆的時候，不妨在感受到寶寶在動的當下將手掌輕輕放在肚子上，同時跟寶寶說：「你在動呀？很有精神呢！」因為若是以過強的力道撫摸肚子，有可能會引起子宮收縮，因此在回應寶寶的胎動時，也要留意別太用力撫摸。

計算胎動的頻率確認寶寶的活力度！

在30分內胎動有3次以上就沒問題

在自家中能自行確認寶寶活力度的方式，就是計算寶寶的胎動。計算方式：當感覺到寶寶在動的時候，將手部放在胎動的部位，並且計算「在30分鐘內動了幾次」。

如果感覺到寶寶動了3次以上就不必擔心；若只動了1～2次，就代表寶寶可能有點缺乏活力，若是在這30分鐘之內1次都沒感覺到，就必須注意可能是寶寶發出的警訊。胎動次數太多則沒有問題。

可以跟平時胎動比較看看

● 胎動的部位或方式與平時有異
→下次檢查時與醫師諮詢

● 半天之內都沒有胎動
→必須立刻前往醫院檢查

若感覺到胎動不太一樣請立刻就醫

越到接近分娩的時刻，寶寶會開始以20～30分鐘為循環睡睡醒醒，因此有時會頻繁地活動身體、有時候則否。每個寶寶在子宮裡動作的方式都不太一樣，有些寶寶的動作激烈到可能會弄痛媽媽，而有些寶寶的動作則沒有那麼活潑。

就算不太能感覺到胎動，只要是「平時一直如此」，且在定期產檢時已確認寶寶的健康無虞，就不必太過操心。比較值得擔心的是，「明明昨天都還一直在動，今天卻毫無動靜」、「最近寶寶好像變得不太愛動」等情況。

平時就要充分掌握寶寶胎動的情形，只要一感覺到寶寶的狀態跟平常不太一樣，就要早點就醫。

跟平常的胎動比起來「是如何不同呢」？

若是感覺到寶寶的胎動狀況「跟平常不太一樣」，首先，請確認寶寶的狀態究竟是如何與平常不一樣。

● 胎動的位置改變了
→胎位變得不正、或是胎位轉正

「原本寶寶都是在肚子上方部位擺動身體，現在變成在肚子下方」可能是寶寶的胎位變得不正了；也有可能是寶寶轉正了。如果寶寶胎動的位置有產生變化，記得向醫師說明。

● 動作的幅度變小了
→越到後期，子宮內能活動的空間就越小

越是接近臨盆的時刻，胎動的頻率會越來越少，因為寶寶的身體漸漸長大，無法像之前一樣自由活動身體；

不過也有些寶寶一直到出生前都還是活潑地舞動身體。

● 半天都完全沒有胎動
→寶寶有可能出現異狀！

雖然寶寶會在短暫的期間內維持睡睡醒醒的循環，不過長達半天以上都沒有感覺到胎動，有可能是出問題的警訊，請及早就診。只要一感覺到「好像哪裡怪怪的」，請立刻就醫。

有併發症的情形下必須特別留意

如果媽媽罹患有妊娠高血壓症候群 →P142 、妊娠糖尿病 →P145 等疾病，就必須更小心。若是症狀嚴重到導致胎盤機能下降，無法提供給寶寶充足的氧氣與營養，胎動就會變少。當寶寶感受到壓力、或是心跳數降低等時候，胎動也會跟著變弱。

試著跟肚子裡的寶寶玩踢腿遊戲！

跟肚子裡的寶寶一起玩遊戲吧！

習慣了在感覺到胎動時跟肚子裡的寶寶打招呼後，可以試試看跟寶寶玩踢腿遊戲。

踢腿遊戲是一種屬於和肚子裡寶寶互動的遊戲，不用想得太難，只要抱著「跟寶寶一起開心玩耍」的心情就非常足夠了。

感覺寶寶在踢肚子時，邊跟寶寶說：「踢」、邊輕輕敲打剛剛寶寶踢到的部位，如果寶寶再回踢同一個部位就算是成功了！

媽媽可以邊說：「踢」、邊輕輕敲打肚子上的另一個部位，若是幾秒鐘後寶寶又踢向該部位就成功了！多換幾個部位試試。

在肚子上的同一個部位連續輕敲2次，如果寶寶也同樣以踢2下來回應，如果這個挑戰已經輕鬆通過，可以再增加次數試試看。

只有在懷孕時才能享受的胎教樂趣

只要以「介紹爸爸跟媽媽」的心情跟寶寶說話即可

媽媽大約在懷孕6個半月時可感覺到寶寶的胎動，這時寶寶的感官幾乎已經都發育完成了。寶寶這麼早就獲得了感官能力的原因，可能是為了要讓寶寶在出生後能及早適應全新的環境。

寶寶早在肚子裡的時候，已經能聽到媽媽與爸爸的聲音，開始學習適應家中獨有的生活步調；在此時進行胎教，就能夠進一步幫助寶寶學習、適應。

雖然大家可能會對胎教感到一頭霧水，「不知道胎教該做些什麼才好」。其實只要一邊想著：「想讓寶寶知道更多關於爸爸媽媽的事」，一邊跟肚子裡的寶寶講講話就可以了。胎教並不是「教育」，不必把想像得太嚴重，好好享受跟寶寶溝通對話的時間吧！

如果覺得自己不太擅長跟寶寶講話、或是不知道要說些什麼才好的時候，就從簡單的打招呼，像是「早安」、「我們回家囉」等開始試試看吧！對肚子裡的寶寶來說，外界的聲音聽起來都朦朦朧朧的，因此，在跟寶寶講話的時候可以用稍微大聲一點的語調慢慢說；即使說話的時間很短也無所謂，每天都有跟寶寶說說話就可以了。

習慣與寶寶說話之後就可以開始享受各種胎教的樂趣

與肚子裡的寶寶講話不只是媽媽的工作而已，爸爸也一定要跟寶寶講講話才行！讓寶寶多聽一點爸爸的聲音，他也會將爸爸的聲音牢牢記住，不過請避免在媽媽身體不適、或是在睡覺時跟寶寶講話，在媽媽感到放鬆時與肚子裡的寶寶講話才是最好的時間點。等到爸爸也習慣跟肚子裡的寶寶講話之後，就可以一起跟寶寶玩踢腿遊戲 →P129，全家人一起嘗試各種胎教的方式，讓家人之間的情感更加深厚。

讓寶寶的感官動起來！享受胎教的樂趣

聆聽音樂

雖然一說到胎教適合聽的音樂，大家都會聯想到莫札特的古典樂，不過，其實只要聆聽爸爸媽媽自己喜歡的音樂，聽什麼都無妨。無論是嘻哈音樂、或是搖滾樂也好，請跟寶寶一起享受喜歡的音樂吧！

朗讀繪本給寶寶聽

不知道要跟寶寶說什麼，這種時候就可以藉由朗讀繪本，讓寶寶聽見自己最喜歡的爸爸媽媽的聲音吧！朗讀繪本時不需要擔心「一定要念得很好」，只要留意以較大的音量慢慢朗讀就可以了。

試著與寶寶手掌對手掌

從超音波檢查中可以觀察到，當媽媽將手掌貼在肚皮上的時候，寶寶也會朝向那個方向伸出手掌，做出彷彿要與媽媽手掌接觸的動作。一邊溫柔地撫摸肚子，一邊跟寶寶講講話吧！

PART 4

成為母親後該 注意的身體狀況

雖然懷孕並不是一種疾病,不過還是隨時都
有可能會發生緊急狀況。對於肚子裡的寶寶來說,
媽媽的身體健康就是最重要的依靠。

當肚子緊繃或疼痛時
最重要的就是靜養休息

雖然肚子產生緊繃感大多數都是屬於自然的生理現象，不需過度擔心，不過也可能是疾病與寶寶遇上問題的警訊。如果自己無法判斷的話，就直接前往醫院就診吧！

當子宮收縮時
會感覺到緊繃或疼痛感

「肚子感覺很緊繃」就代表子宮正處於收縮的狀態。原本應該是很柔軟的子宮，一收縮後就會變得僵硬，當子宮收縮時，有些人會覺得「緊繃」、而有些人會覺得「痛」；就算是以同樣的強度收縮，有些人會覺得「幾乎沒有感覺」、而有些人會覺得「非常痛」。由於每個人對於子宮收縮的感受差異甚大，因此「緊繃」與「疼痛」都有人說。原因都是子宮收縮所造成，因此，可以將「緊繃」與「疼痛」想成是同一件事情。

在懷孕時，會感覺到「緊繃」或「疼痛」的原因除了子宮收縮之外，也有可能是圓韌帶拉扯、便秘等。尤其是便秘所造成的疼痛與子宮的位置相當接近，所以也有許多人無法區分便秘與子宮收縮的疼痛差異。

感到緊繃時，若休息就能緩解則無須擔心

也許有人會擔心：「當肚子很緊繃的時候，肚子裡的寶寶是否也會感到很難受呢？」不過，由於子宮當中充滿了羊水，寶寶平時處於羊水之中載浮載沉，即使子宮稍有收縮，也不至於會壓迫到寶寶、或造成寶寶的痛苦。

在懷孕中期後容易發生生理性的子宮收縮，其原因大部分都是「稍微勉強自己比

● 當肚子感到緊繃的時候

當子宮的大小發生越劇烈的變化時，越不可能再度縮小。可以將肚子緊繃的狀態想像成平時柔軟的手臂，因突然用力而變硬的肌肉。

● 撫摸肚子時感覺很僵硬
● 從肚子上方撫摸就能摸出子宮的位置

平常活動了更多」、「身體受寒」、「感到壓力」等，除此之外，性行為以及產檢時的內診等物理上的刺激，也會造成子宮收縮而帶來緊繃感。在感到緊繃時，以或坐或臥的方式稍微休息一會兒，要是能獲得緩解的話，則無需過度擔心，只要再觀察身體一陣子就可以了。如果休息了卻還是很緊繃，則請前往就醫。

依照懷孕週數及個人症狀的不同，也可以服用藥物使肚子的緊繃感不那麼強烈。

在下列狀況時，即使緊繃也無須擔心

● 沒有感染疾病的情況下

為了預防早產，平時要注意別讓自己感染疾病，因為早產原因大多數都是疾病感染所引起。反之，只要沒有感染疾病的話，偶爾發生子宮收縮的情形也無妨。

● 緊繃感微弱、並沒有規律性

陣痛會有規律性。即使緊繃感很微弱，但卻以20分鐘、15分鐘等一定的規律循環，或是間隔越來越短，就是非常危險的警訊。一定要觀察是否有出現規律性。

● 還在觀察的時候就漸漸平復了

若是具有規律的緊繃感會比較令人擔心，不過若緊繃感出現的頻率不規則、或者會自行慢慢消失，則不必擔心。若緊繃感的間隔越來越短、強度越來越強就必須警覺。

初期　子宮伸縮時的疼痛感、子宮肌瘤痛

原本宛如雞蛋般大小的子宮，懷孕後變得越來越大，子宮歷經大幅度的伸縮、同時肚皮肌膚也被拉扯，這些都會造成疼痛感。

本來就有子宮肌瘤的人，懷孕時子宮內的血液量會增加，導致子宮肌瘤變大、或是產生變化，也會帶來緊繃、疼痛的感覺。除此之外，卵巢腫脹以及下列幾種情況都會引發緊繃與疼痛的感覺。

中期　過於活潑的胎動也有可能引起疼痛

到了懷孕中期之後，肚子會變得越來越大，也因此可能會感到皮膚被強力拉扯的疼痛感或搔癢感。

同時，若是肚子裡的寶寶胎動頻繁、動作太強烈，媽媽也會感到疼痛，由於胎動所引起的刺激，肚子也可能會變得緊繃。如果休息一陣子就能緩解，就無需擔心。

此外，下列的幾種情形也會引起疼痛感。

後期　即使1天疼痛好幾次只要休息就能緩解則無須擔心

到了懷孕後期，在1天內可能就會歷經好幾次子宮收縮。若是在活動身體之後感到緊繃或疼痛感，稍休息後就平復，則無需過於擔心。若是一直沒有間斷，而且肚子變得非常堅硬，有可能會是胎盤早期剝離，必須立即與院方聯繫。

快要到臨盆之際，子宮也有可能會一直反覆出現不規則的陣痛（前驅陣痛）。在疼痛時必須留意觀察，若察覺到疼痛感出現規律性，有可能是真正的陣痛。除此之外，也有可能是下列原因所造成。

- 迫切流產・流產 →P136
- 子宮外孕
- 圓韌帶拉扯
- 絨毛膜下出血

- 迫切早產 →P138
- 胎盤早期剝離 →P117
- 與懷孕無關的疼痛 →P158

- 迫切早產 →P138
- 胎盤早期剝離 →P117

肚子出現緊繃感時應該注意的事項

讓自己好好休息靜養 觀察身體狀況

只要一感覺到肚子出現緊繃或疼痛感時，就必須立刻躺下休息，讓自己暫時安靜休養一會兒，若緊繃感沒有規律性、或是休息後即可獲得平復，不需要太擔心。

如果出現像是強烈生理痛般的感覺，請計算每一次疼痛感出現的間隔時間，如果出現規律性的間隔、或間隔時間越來越短，為了以防萬一，請立即與醫院連繫。

不知道肚子是否出現緊繃感 該怎麼辦？

如果是第一次懷孕、尤其是在懷孕初期，可能會不知道什麼是「肚子很緊繃」的感覺。要是感覺有異狀又難以判斷是否為緊繃感，首先請在平時處於放鬆狀態時先摸摸看自己的肚子，記住平常肚子柔軟的感覺。在產檢時若聽到醫師表示「肚子有點緊繃呢」的時候也摸摸看肚子，好好記住這就是肚子處於緊繃的感覺。尤其是有感染疾病、被醫師警告「要注意緊繃感」的孕婦，一定要時時提高警覺，摸摸肚子確認自己的狀態。

當子宮收縮變強、感覺起來很痛的時候

子宮在收縮時一定會有「收縮」與「間歇」，也就是說，就算感覺到肚子突然出現強烈的緊繃感，稍等一會兒就會平復，接下來再度出現緊繃感。等到緊繃感越來越強烈、演變為疼痛感時，或是疼痛的間隔越來越短暫，就請立即與醫院連繫。

就算緊繃或疼痛的程度沒那麼強烈，只要持續感到不適、或是同時伴隨出血，也必須趕緊與醫院連繫。

出血就是子宮內發生危險問題的徵兆

只有在懷孕最初期及即將臨盆前的出血不必擔心，其餘時間的出血大多數都是發生危險的徵兆。
若發現自己出血了，一定要仔細確認出血量及出血的狀態，感到不安時請直接就醫。

就算是極為少量的出血也要向醫師交代清楚

在懷孕時，為了輸送給寶寶充分的營養，子宮的血液會比平常來得更多，因此，懷孕時的子宮會更容易出血，只要稍微受到一點刺激或有傷口就會出血。

若發現自己出血了，請保持鎮定，接著再觀察出血的顏色、血量、狀態等。如果是伴隨著分泌物的1～2滴出血，顏色應該是粉紅色；在懷孕初期的出血可能是紅棕色；接近臨盆時的出血可能會以伴隨著血滴的黏稠分泌物的形式出現。無論是哪一種出血，只要血量很少，都不必太擔心。

不過，光是靠自己可能很難判斷哪一種出血是「不須擔心的出血」、以及「屬於危險徵兆的出血」，因此就算出血的量很少，也一定要告知醫師。因為即使量少、卻是清澈稀薄的鮮紅血液，也很有可能是危險的徵兆，須立即前往醫院就診。

初期 胎兒還不穩定 非常容易出血

懷孕初期由於胎兒還不穩定，是比較容易出血的時期。例如受精卵的著床出血（受精卵在子宮內膜著床時，可能會引起少量的出血。就像是生理期剛開始的微量出血，1～2天就會停止），不需要擔心，不過即使少量出血，還是要去看醫生。此外，出血也有可能是發生下列幾個問題的徵兆。

● 子宮肌瘤 →P148

如果孕婦本身就有子宮肌瘤的問題，在懷孕時子宮肌肉層的伸縮性會變差，可能會產生疼痛感，甚至是出血。另外，雖然機率很低，但子宮肌瘤若是產生異狀，也會帶來強烈的緊繃或疼痛感，也可能引起發燒。

● 絨毛膜下出血

形成胎盤的絨毛膜若是出血，會造成絨毛膜與子宮內膜之間的血塊，不僅會造成緊繃或疼痛感，也可能會引起迫切流產的問題。

● 子宮外孕 →P136

在輸卵管中著床的受精卵逐漸變大，導致輸卵管破裂，引起大量出血與強烈疼痛，須及早就醫。

● 迫切流產・流產 →P136

迫切流產與流產都會產生下腹部疼痛或出血的情形，出血量可能會有如生理期第2天的量，必須立即就醫。

中期 有可能碰上大問題 出血請立即就醫

到了懷孕中期後，原則上應該不太會出血。要是一有出血，無論出血量是多是少，都一定要立即就醫，很有可能是發生了下列幾項問題。此外，若是因為發生下列狀況而導致出血，即使出血量不多，但肚子裡很可能已經大量出血了。

● 前置胎盤 →P117

所謂的前置胎盤，就是胎盤位置過低而擋住子宮頸口的狀態。子宮收縮時會導致一部分的胎盤提早剝離，有時甚至會發生突如其來的大出血。產檢時就能檢查出

來，醫師會提醒有前置胎盤的孕婦特別注意。

● 胎盤早期剝離 →P117

胎盤早期剝離是指在寶寶尚未出生時，胎盤提早從子宮剝離的緊急狀況。雖然自己能看到的出血量可能不多，但肚子裡卻很有可能已經大量出血了。胎盤早期剝離最明顯的症狀就是肚子異常緊繃，也會同時伴隨著持續緊繃感，肚子摸起來非常堅硬。若胎盤早期剝離，就無法提供給寶寶氧氣及營養，必須及早就醫、接受醫療處置。

● 迫切早產 →P138

除了出血之外，肚子的緊繃或疼痛感可能會出現頻繁的規律性，或是不斷反覆出現。依照疼痛程度的不同，院方可能會要求孕婦在家靜養休息或是立即住院。

● 子宮頸糜爛與息肉

若是子宮頸出現糜爛或息肉等問題，可能會由於性行為的刺激而造成出血。出血的顏色呈現鮮紅色，血量的多寡則不一定，不必擔心。

【子宮頸糜爛】

懷孕時，子宮頸充血、看起來就像是破皮了一樣，因此稱為「糜爛」，但實際上並不是一種疾病。

後期 也有可能是分泌物無須過度擔心

到了懷孕37週後，可能會由於子宮收縮及子宮頸口張開，而在分泌物當中伴隨著少量出血。這可能是即將分娩的前兆，為了以防萬一，必須先與醫院連繫，在開始陣痛之前先暫時自行觀察。

除此之外，在懷孕後期的出血也有可能會是下列等原因所引起。

● 前置胎盤 →P117
● 迫切早產 →P138
● 胎盤早期剝離 →P117

出血時請冷靜地採取這些行動

仔細確認出血的顏色與量再與醫院連繫

當發現自己「出血了！」，首先該做的不是「立刻打電話去醫院」，而是應該先讓自己冷靜下來。請仔細觀察「血量」與「顏色」，並且具體地描述出血狀態，例如：「像是生理期第2天的量」、「出血中帶有血塊」等。若是有發生性行為，也有可能是因為性行為的刺激而造成出血，也要先向醫師報備一聲。此外，排便時的出血也有可能是痔瘡所造成。

出血時是否伴隨著腹部的緊繃或疼痛感，也是非常重要的訊息之一。

● 顏色（鮮紅色、紅棕色、混雜在分泌物中）
● 血量（像是在生理期的第幾天等等）
● 從什麼時候開始出血
● 是否同時伴隨著疼痛感

同時確認肚子是否出現緊繃或疼痛感

在面臨孕期問題時，肚子是否出現緊繃或疼痛感是與出血同樣重要的指標。

絨毛膜下出血、子宮外孕、迫切流產·流產、迫切早產·早產、胎盤早期剝離等，各種孕期問題發生時，通常不只是出血而已，幾乎都還會伴隨著肚子的緊繃或疼痛感。因此，無論出血的量是多是少，只要一有出血，一定要立即確認肚子是否感到緊繃、疼痛，在就醫時如實傳達給醫師。

夜間突然出血時先與醫院連繫暫時不要移動身體

就算在夜間臨時動身前往醫院，當下可能也沒有醫師能夠立即看診；如果是少量出血，有時候待在家裡靜養會比較適合。萬一在前往遙遠的醫院途中讓身體受涼了、或是使得肚子變緊繃，反而還會招致更多麻煩。

發現自己出血了，請先打電話去醫院，詳細地描述出血的情況與症狀，遵照醫師的指示採取行動。

不在少數的流產&
可以克服的迫切流產

與其他所有懷孕中可能會遇到的問題一樣，無論是誰都有可能會面臨到流產的威脅。
確認了寶寶的心跳之後，就好好休息靜養吧！

早期流產的原因
幾乎都是染色體異常

在懷孕未滿22週前，若寶寶從子宮中自然娩出體外就稱為流產（22週後則為早產）。其中，懷孕未滿12週的流產稱為早期流產，約佔所有流產的9成。

早期流產的原因，幾乎都是因為胎兒的染色體異常所引起。在懷孕12～21週發生的流產，稱為後期流產，發生原因可能是因為母體的健康狀態不佳、子宮畸形、子宮肌瘤、子宮頸無力症、感染症等疾病，或是因為遭逢意外事故而撞擊到腹部等外在刺激所引起。

雖然流產是一件非常悲傷的事，但其實並不少見，約佔懷孕的1成左右。

有9成的迫切流產
還可以繼續懷孕

所謂的迫切流產，是指雖然出現了流產徵兆，但是平安保住了胎兒，還不至於到流產的地步。舉例來說，若持續性地少量出血，但仍可以聽見寶寶的心跳、子宮頸口也並未張開，就是迫切流產。發生迫切流產時，孕婦只要靜養休息、或服用使子宮停止收縮的藥物，幾乎大部分都可以繼續懷孕。

實際上，只要確認寶寶仍有心跳，就算被診斷為迫切流產，有9成以上的孕婦可以繼續懷孕。

引發迫切流產的原因很多，感染症、胎盤位置異常等，若出血等症狀很嚴重，則必須住院接受治療。

遇上子宮外孕或葡萄胎
母體也會相當危險！

不幸的是，有些人可能會從迫切流產的情況演變為流產，代表性的例子就是子宮外孕以及葡萄胎。

所謂的子宮外孕，就是原本應該在子宮內膜著床的受精卵，卻在其他的地方著床。若是尿液或血液檢查中出現了懷孕反應，但超音波中卻無法在子宮當中看到胎囊（裡面裝著寶寶的小袋子），就有可能是子宮外孕。雖然子宮外孕可能會自然流產，但在輸卵管著床的受精卵持續成長，約到懷孕7週左右就會導致輸卵管破裂。輸卵管破裂不僅非常疼痛，在肚子裡也會大量出血，使孕婦臉色蒼白、血壓急遽下降、冒冷汗、暈眩、嘔吐等，處於面臨休克的危險狀態，因此

依照流產的狀況不同
也可能需要動手術

● **過期流產**
指胎兒已經死亡，卻還一直留在子宮內的狀態，需要動手術取出。

● **不可避免性流產**
子宮頸已開，流產正在進行中的狀態，必須持續觀察孕婦情形。

● **完全流產**
胎兒與胎盤皆已自然娩出子宮外的狀態，不需要動手術。

● **不完全性流產**
雖然已經流產，但仍有一部分胎盤或胎囊留在子宮內，必須動手術清除。

一定要特別注意。近年來，可以藉由超音波早期發現子宮外孕，在發生出血與疼痛之前就先採取治療。子宮外孕的治療方式為輸卵管保留性或根除性手術等。不過，究竟採取何種治療法能幫助再次懷孕，到目前為止仍為未知數。

所謂的葡萄胎，指的是胎盤絨毛間質出現異常增生的狀況，若是症狀惡化，絨毛會形成宛如葡萄般的薄壁水泡，這些水泡會吸收胎兒，因此就算到了懷孕7～8週，還是無法確認到胎兒的心跳。

葡萄胎的自覺症狀為少量的棕色出血、害喜嚴重、害喜症狀持續不斷等等，要是

置之不理的話很可能會轉化成絨毛膜癌，必須藉由手術清除子宮。

流產的徵兆

出血 顏色多樣，即使血量很少肚子裡卻可能正在大出血

可能會持續分泌出帶有粉紅色或棕色出血的分泌物，或是持續不斷地少量出血，也有可能突然流出鮮血。因為有可能在肚子裡面出血，所以即使出血量很少也不能掉以輕心。

疼痛 可能會出現悶悶的疼痛感。突然產生劇痛表示非常危險！

大多數人會感覺到肚子出現緊繃感、或下腹部產生悶痛的情形；若是子宮外孕，則會突然在下腹部產生劇痛。

Column
極為早期的流產是無法避免的

幾乎所有的早期流產，都是胎兒染色體異常所引起，因此孕婦並無須因為「都是那次跌倒有碰撞到肚子」、「沒察覺到懷孕所以不小心做了○○事」等感到自責，早期流產的責任完全不在孕婦身上。

無論醫學在怎麼進步，仍舊無法預防或阻止。因此，雖然流產是一件十分令人遺憾的事，還是請想像成受精卵已經努力活過了命中注定的時間，讓自己接受事實。

關於流產方面令人擔心的 Q&A

Q 性行為會成為流產的原因嗎？

A 若已出現流產的徵兆請暫時避免性行為

在懷孕時，陰道黏膜會變得比較敏感，有可能在進行性行為時發生出血的情況。不過一般來說，如果是有節制的性行為，基本上不會造成流產。若是已經出現肚子產生緊繃感等流產徵兆時，還是必須禁止發生性行為。

Q 流產會不斷反覆發生嗎？

A 依流產的原因不同可能會反覆發生

流產的原因有分為習慣性流產、或子宮頸無力症等，若是流產原因是在於母體、或高齡生產，則未來也很有可能會反覆發生流產的情形。若是因為胎兒染色體異常而流產，就不一定會反覆流產。因此，若流產了2次，請當作是「剛好運氣不好」，不要太難過了。

Q 一經流產，距離下次懷孕必須間隔多長時間？

A 必須等到子宮完全復原。月經來過3次之後會比較好

無論是在肉體上、或精神方面，流產都會造成非常大的壓力，因此在流產後，等到月經再次報到可能會花上2～3個月的時間。流產後請不要急於再次懷孕，等到子宮完全復原後再準備懷孕吧！雖然最好是在「月經來過3次」之後再懷孕比較好，但若是在這之前就已懷孕，應該也不會有問題。

早產會怎麼樣？
迫切早產該怎麼辦？

對寶寶來說，能在媽媽的肚子裡待滿10個月是最好的。
光憑自己很難察覺出早產的徵兆，一定要定期接受產前檢查。

指寶寶的身體機能
在尚未完成的狀態下就出生

若寶寶在懷孕22週到未滿37週間，身體機能尚未完全發展完成的期間內出生，即為早產；若是在這段期間內出現了早產的徵兆，則稱為迫切早產。

早產可分為2種，1種是經醫師認定母體或肚子裡的寶寶狀態不佳，以人工方式讓寶寶提早出生的「人工早產」，人工早產約佔全部早產的25%；其餘的75%則為「自然早產」，可能是由於子宮頸熟化（子宮頸口自然張開）及前期破水等原因，促使產程提早發生。

在足月前，寶寶都必須
在媽媽的肚子裡好好成長

對寶寶來說，在媽媽的子宮中、被羊水與卵膜牢牢守護著的環境，是最為安心舒適的場所。因此，在懷孕37週之前，寶寶的身體機能正在發育的時刻，要盡量多待在媽媽的肚子裡，好好成長發育。

如今，新生兒醫療已經相當發達，新生兒死亡率已大幅下降，不過，還是有不低的早產新生兒死亡案例，特別是發生在未滿30週的早產。就算再怎麼努力養育，在未滿30週之前就出生的寶寶，一出生就帶有某些問題的可能性非常高，一染上疾病便很容易發展為重症。不僅如此，即使是滿30週才出生的寶寶，與未足月週數成正比，也很容易出現發展遲緩的問題。

可能有些人會以為「早一點將寶寶生出來，由於寶寶的身體還很小，分娩時應該會比較輕鬆」，但這樣想就大錯特錯了。對寶寶來說，早產是一件風險非常高的事，一定要牢記在心。

定期接受產前檢查
好好確認身體狀況

有許多原因會引發早產，其中，感染症就佔了絕大多數 →P140 。除了感染症之外，早產的原因還有很多，甚至也有些是屬於原因不明的早產。近年來有報告指出，在懷孕25週之內進行內診與陰道超音波檢查的普及，使得早產有逐漸減少的趨勢。

雖然沒有必要整天神經兮兮地擔心早產，不過，在孕期內最重要的還是不可過於勉強自己，同時，為了早期發現早產的徵兆，一定要定期前往醫院接受產檢。

若被診斷出迫切早產
一定要好好靜養身體

要是被診斷出有迫切早產的情形，醫師會指示孕婦「在家好好休息」、或是「住院靜養」等，提出要孕婦靜養身體的要求。所謂的靜養身體，指的就是「盡可能讓身體臥床休息」；至於靜養的長度，則會依照懷孕週數與症狀的程度來調整。

如果醫師指示要在家裡好好休息，關於「打掃、洗衣、煮飯等家事可以做到何種程度？」、「可以泡澡、沖澡嗎？」、「可以外出嗎？」等細節，都要先向醫師確認清楚。另一方面，住院靜養也有程度上的區別，即使無法淋浴、泡澡，但也許可以洗臉、上洗手間，或者也有連洗臉、上洗手間都不行，必須一直躺在床上的絕對靜養。

為什麼在出現流產徵兆的

時候，醫師會要求孕婦必須修習靜養呢？

這是因為「只要身體一有動作，子宮就容易開始收縮，有引發早產之虞」。

再來就是「必須盡量往子宮輸送血液，讓寶寶的身體繼續發育」。

由於早產寶寶的身體還處於正在發育的階段，內臟等身體機能都尚未成熟，因此出生之後很容易引起各種問題。為了讓寶寶在媽媽的肚子裡盡量多待一些時間，使身體機能發育完成，因此孕婦的當務之急就是必須好好休息靜養。

除了感染症之外，下列的情況也有可能會引起早產。

子宮肌瘤 →P148

子宮肌瘤的所在位置及大小，都有可能對於早產造成影響。為了別讓子宮肌瘤妨礙寶寶的發育，一定要在產前檢查定期追蹤子宮肌瘤的情形。

子宮畸形 →P149

若是媽媽的子宮具有先天性異常的情形，發生早產的機率也會比較高。據統計約有5％的女性會有子宮畸形的困擾，可說是不在少數。不過，並不是子宮畸形就一定會引發早產，這兩者並無絕對關聯。

母體併發症

若媽媽原本就有心臟病、腎臟病等疾病，或是罹患有妊娠高血壓症候群、妊娠糖尿病，母體可能會無法承受分娩的過程，因此早產的可能性會比較高。

子宮頸無力症

在陰道內並無發炎、肚子也沒有產生緊繃感的情況下，子宮頸口卻自然張開，就是子宮頸無力症。有些人甚至早在懷孕16週左右就發生此現象，必要時可能需要進行縫縮子宮頸管的手術。

壓力過大

在工作上或家庭內受到衝擊或壓力，也會引起早產。平時必須多注意別讓自己累積過多壓力與疲勞。

吸菸、飲酒

比起不抽菸的孕婦，抽菸的孕婦發生早產的比率高達3倍之多，而且也會伴隨著寶寶出生體重較輕、畸形發生率較高的風險。此外，雖然酒精與早產的關聯性尚未證實，但身體代謝尚未發展完成的寶寶，確實會從母體受到酒精的影響。一旦懷孕之後，請禁菸·禁酒。

多胎妊娠 →P124

隨著寶寶越長越大，子宮內腔的內壓也會越來越高，使早產容易發生，因此，在多胎妊娠的情況下，一定要慎重觀察懷孕過程。如果是雙胞胎，也有可能可以持續懷孕到37週之後。

羊水過多·過少

無論羊水過多或過少，都會使子宮處於不平衡的狀態。從超音波照片中就可以計算出羊水量，若是羊水過多或過少，可以推斷出寶寶可能有某方面的機能異常，因此早產的可能性也會比較高。不過，如果醫師只是隨口說出：「羊水偏多／偏少」，則不需擔心。

子宮內胎兒生長遲滯（IUGR）

由於某些原因，肚子裡的寶寶發展，跟正常範圍比起來出現了顯著的落差。若醫師判斷「早點出來對寶寶會比較好」，就會採取人工的方式促進分娩。

前置胎盤 →P117

所謂的前置胎盤，就是胎盤位置相當接近子宮頸口，甚至擋住了一部分或全部子宮頸口的狀態，會導致子宮壁與胎盤容易剝離，必須小心觀察懷孕的過程。

Column
早產的寶寶必須住進新生兒加護病房接受治療

因為早產導致出生時體重未滿2,000g的寶寶，或者是具有某些疾病必須接受專門治療的寶寶，必須住進擁有齊全醫療器具與檢查設備、醫療人員的NICU（新生兒加護病房）當中接受治療。

若生產的醫院內沒有NICU，可能會將待產的孕婦送到擁有NICU的醫院生產，或是在生產之後只將寶寶送過去接受完整的治療。

為了預防早產
準媽媽應該做到的事

大部分情形下都是由感染症所引發的早產，其實，在某種程度上是可以預防的。即使懷孕的過程都很順利，也不可以掉以輕心，仔細觀察身體的變化，及早接受處置非常重要。

約有30～40%的早產
都與感染症有關

與感染症相關的早產約佔30～40%。懷孕之後，免疫力會變得比較差，若細菌進入到陰道就很容易引起發炎，而且發炎的情形還會一路從陰道一直往子宮頸、卵膜、甚至是子宮內部前進，最後就會造成子宮頸口張開或破水，進一步引起早產。

為了預防早產，一定要在發炎症狀還停留在陰道或子宮頸部位的階段就先根治。

每個人都有可能會早產
千萬不能大意

即使是對自己的體力很有信心的人，懷孕時肚子裡正孕育著一個小生命，因此不可同日而語。而且，就算懷孕過程非常順利，也一定要時時提高警覺。如果肚子的緊繃感跟平時不太一樣、或是分泌物的顏色有別以往，甚至是腰痛，只要感覺到「好像跟平常不太一樣」，查覺到自己「身體狀況不佳」，一定要諮詢醫師。

不僅如此，無論是誰都一樣，只要一不小心就有可能會早產。凡事在採取行動前，只要心裡感覺到一絲不安，冒出「懷孕時還是稍微忍耐一下好了」的念頭，就請打消主意吧！現在做任何事一切都要以寶寶為第一優先考量，千萬不要勉強自己去旅行、或是做家事等等，就算這些與早產並無直接關連，還是別讓自己在事後產生「當時不要這麼做就好了……」等念頭。

避免從發炎惡化成早產！

● 陰道炎
約有1/3的成年女性有陰道發炎的經驗。大多數的陰道炎是由念珠菌、厭氧菌等細菌所造成，即使在懷孕期間，也可以使用抗生素等藥物來治療。只要一出現搔癢的症狀，就要及早治療。

● 子宮頸炎
從陰道開始發作的細菌感染，若是再往上感染，連子宮頸裡的壞菌也會增加，導致子宮頸內側黏膜產生發炎。子宮頸發炎的主要症狀是分泌物增多等，可以藉由陰道消毒、洗淨，或是以抗生素等方式來治療。

在這個階段避免炎症繼續惡化

● 絨毛膜羊膜炎
若是細菌從子宮頸再往上入侵，就會使包覆著寶寶的卵膜也受到感染。絨毛膜羊膜炎主要在懷孕中期發生，孕婦本人並不會有自覺症狀。最好要在前一階段的子宮頸炎發生時就立刻採取治療。

● 前期破水
前期破水指的是儘管還沒開始陣痛，卵膜就已經先破裂，導致羊水流出。一旦破水，細菌就會進入子宮內部，寶寶也可能會受到感染。

● 迫切早產
如果在懷孕22週到37週的這段期間，子宮收縮或子宮頸口打開了，就很有可能是早產的徵兆。不過，可以藉由臥床休養與治療。

為了預防早產可以做到的事項

每一次都務必要
定期接受產前檢查

預防早產的第一步，就是確實接受每一次的產前檢查。在產檢時，可能會以內診的方式檢查子宮頸口的硬度與緊度，還有利用超音波檢查確認子宮頸的長度、胎動、以及寶寶的位置、羊水量等等。

此外，雖然不是每一次產檢都會檢查，不過在孕期中也會進行陰道分泌物培養檢查、確認體內是否有衣原體抗原‧抗體，檢查陰道內是否有細菌‧黴菌等等。

不要畏懼內診
以正確的心態接受內診

所謂的內診，是以手指伸入陰道當中，確認子宮頸口的硬度及張開的程度。或許有些人會對內診感到抗拒、害羞，但也只有內診可以得知子宮頸口的硬度。

如果在內診時會感到疼痛，可以深呼吸、使全身放輕鬆。若有出現搔癢情形，或分泌物的量與顏色等狀態有產生變化，在內診之前請先告知醫師或護理師。

小心別染上感染症
萬一感染也要立即察覺

為了不要染上會引起前期破水或迫切早產的感染症，請先留意別讓壞菌入侵體內。

預防感染症的重點就像是預防感冒一樣，勤於洗手、漱口，保持衛生，同時注意攝取營養均衡的餐點，進行適度的運動，並維持充足睡眠等等，讓身體抵抗力維持在良好的狀態。

別讓自己太累
絕對不可勉強自己！

無論是精神上的疲憊、或是肉體上的疲累，都會導致肚子產生緊繃感。只要一感覺到疲累，就要立刻臥床，讓身體好好休息。若是想著「不要給其他人添麻煩」而繼續工作，就會不知不覺太勉強自己。平時一定要記得時常休息，不要累積疲勞。讓自己放輕鬆好好泡個澡、晚上保持充足的睡眠，在當天就完整消除白天所累積的疲勞吧！

對於腰部或腹部的疼痛
要更敏感

若是腰部或腹部突然出現前所未有的劇痛，一定要特別小心！在懷孕時很容易感染水腎症及腎盂腎炎 **→P158** 等尿道感染疾病。水腎症與尿道感染疾病所產生的疼痛感，很可能會被誤認為是腰痛。即使是輕微的疼痛，只要疼痛感遲遲無法消除、或是反覆出現疼痛感的話，一定要前往醫院向醫療人員諮詢。

絕對禁止
吸菸、飲酒！

香菸裡含有的尼古丁，具有非常強烈的血管收縮效果，孕婦若吸菸會造成寶寶發育不良、甚至還有可能會引起畸形，造成早產的風險是一般人的3倍！雖然目前尚未有酒精對於早產造成影響的明確資料，不過孕婦喝下的酒精，會通過胎盤輸送給肚子裡的寶寶。在懷孕期間內絕對不可以吸菸、飲酒。

前一次懷孕非常順利的
經產婦更要小心謹慎

前一次懷孕經驗非常順利、分娩時間也相當快速的媽媽們，很可能會因此低估了生產的風險。此外，由於家裡還有一個小孩，可能也會讓懷孕中的媽媽無法隨心所欲休息，要是以為「上次都沒問題了，這次應該也差不多」，在不知不覺中就會過於勉強自己。

不僅如此，上一次生產非常順利的經產婦，經常會有子宮頸口容易張開、甚至容易早產的傾向。

盡可能地消除
造成壓力的原因

肉體與精神的關係密不可分，若是精神上承受過多壓力，一定會在肉體上產生影響。壓力不僅會造成孕吐更嚴重、肚子變緊繃等症狀，當然也可能會造成早產。

平時應該盡可能地消除周遭會對自己造成壓力的來源，只要一感覺到壓力，就要盡早排解，別讓壓力長時間累積在身上。

別讓身體受寒
別吃太多冰涼的東西

身體一旦受寒，血液流通就會變差，也會使肚子容易變緊繃。在冬天應徹底保暖；即使是炎熱的夏季，也要盡量避免穿得過於輕薄。

平時也要多留意在冷氣房裡不要著涼，避免攝取冰冷的食物、冰的飲料等等。

促進血液循環、讓身體變溫暖最簡單的方式就是泡澡了。泡進溫熱的水裡，能夠促進副交感神經作用，達成身體放鬆的效果。

妊娠高血壓症候群
孕期最可怕的威脅！

一旦罹患妊娠高血壓症候群，就必須等到懷孕結束後才能治癒，因此最重要的就是事前預防。為了預防妊娠高血壓症候群，必須在生活方面勤下功夫，以幫助平安順產。

高血壓會對
懷孕帶來高危險性

妊娠高血壓症候群是由於懷孕所引起的血管疾病，若是懷孕之前的血壓皆屬正常，到了懷孕20週之後才首次測量出高血壓，即是罹患了妊娠高血壓症候群。

若出現了自覺症狀
表示病情已相當嚴重！

比較令人擔心的是，輕症時，幾乎不會出現自覺症狀，只有在每一次的定期產檢中確實測量血壓，才能察覺初期症狀。等到出現頭痛、耳鳴、暈眩、視力模糊等症狀時，表示妊娠高血壓症候群已經相當嚴重了，可能會引起子癇症（發生痙攣；即使是輕症也可能會引起痙攣）或HELLP症候群（會發生溶血、肝臟酵素升高、血小板減少等症狀，自覺症狀為上腹部或心窩部位突然發生疼痛）、或胎盤早期剝離 →P117 等等，對生命造成威脅的重大疾病。

不僅如此，只要母體的血

妊娠高血壓症候群的定義及對策

輕症	重症
收縮壓140～160mmHg、舒張壓90～110mmHg	收縮壓160mmHg、舒張壓110mmHg
❶ 很可能需住院治療	❶ 住院治療
❷ 採取飲食療法	❷ 必須採取嚴格的飲食限制
❸ 必須考慮使用藥物治療	❸ 多數情況下需使用藥物治療
	❹ 考慮分娩的時機

壓一上升，導致血管收縮，會使流往胎盤的血液減少，對於寶寶的發育帶來不良影響（子宮內胎兒生長遲滯）。若是演變為妊娠高血壓症候群重症，早產的風險更是一般孕婦的2倍以上。

須特別小心在懷孕20～31週發生的早發型妊娠高血壓

在懷孕20～31週發生的妊娠高血壓症候群屬於早發型；而若是在懷孕32週之後發生則稱為遲發型妊娠高血壓症候群。若是原本就患有高血壓的婦女，在懷孕後就會成為慢性高血壓合併妊娠高血壓，除高血壓外還有蛋白尿情形時，則稱為子癇前症。

由於早發型的妊娠高血壓症候群很容易演變為子癇前症，平時生活一定要嚴格遵照醫師的指示。

平時必須嚴加控制
別讓血壓上升

妊娠高血壓症候群是一種因為懷孕才會發生的疾病，一定要到分娩之後才能完全治癒。妊娠高血壓症候群的治療方式為嚴格控制飲食及日常生活，讓血壓維持在穩定狀態，一直到分娩當天，都要謹慎觀察寶寶與孕婦的健康狀況。早發型妊娠高血壓症候群的婦女，必須嚴格控制日常生活習慣，依個人情況不同，也有可能會比預產期更提早生產。

若屬輕症且母子都很健康可以藉由陰道分娩

在輕症的情況下，準媽媽需要定期測量血壓，並且在家中靜養、避免承受壓力，同時採取飲食療法。

若是屬於重症，則準媽媽必須住院治療，徹底臥床休息及進行飲食控制，將血壓維持在穩定的狀態，依病情程度需要，也有可能使用降血壓劑等藥物控制病情。

幾乎所有的妊娠高血壓症候群重症患者，都必須採用剖腹的方式生產。

但在輕症的情況下，如果孕婦身體狀態不錯、寶寶也發育得很好，就有機會可以採陰道分娩。

不過，若是在陰道分娩的途中，如果發生寶寶的心跳出現異狀、或母體的血壓開始上升等危險情況，則醫師會視情況臨時改以剖腹的方式生產。

在定期產檢中測量血壓可以早期發現

妊娠高血壓症候群約佔全體孕婦的3～4%，每一個孕婦隨時都有可能會發生，在輕症的情形下，大多數孕婦都不會有自覺症狀，因此完全無法自行察覺。所以，平時一定要按時前往產前檢查，定期測量血壓。

若是罹患妊娠症候群風險較高的人，可利用家用血壓計密集觀察血壓的變化。

容易罹患妊娠高血壓症候群的人具有這些特徵

☐ **初診時就已經血壓偏高的人**

血壓原本就偏高的人要更小心。若是初診時的收縮壓就在130～139mmHg左右，雖然數值仍屬正常範圍內，已經算是風險較高的族群。

☐ **第一次生產的人**

統計數據指出，罹患妊娠高血壓症候群的經產婦約佔2%，初產婦的比例則約為3.2%。

☐ **紅血球比容率較高的人**

紅血球比容率指的是血液的濃度。懷孕之後，身體內的血液量會增加，血液變稀，血液濃度會比平時來得較低。若懷孕後紅血球比容率仍偏高，就必須小心。

☐ **體重55kg以上的人**

體重較重的人比較容易罹患妊娠高血壓症候群。雖然體重的輕重必須依身高來衡量，但基本上若體重超過55kg以上，罹患妊娠高血壓症候群的風險較高。

☐ **原本就抱有疾患的人**

具有甲狀腺疾病、慢性腎臟炎等腎臟方面疾病、或是糖尿病的人，一旦懷孕之後會更加重身體的負擔，容易使得血壓升高。

☐ **懷雙胞胎的人**

懷雙胞胎等多胎妊娠的情況下，對母體造成的負擔會比較大，風險當然也會更高。若母親自己就是早產兒、或低體重出生的話則更容易罹患妊娠高血壓症候群。

妊娠高血壓症候群，日常生活注意事項

☐ **運動**

為預防妊娠高血壓症候群，可適量運動。若為輕症，請與醫師商量後再運動；重症則不可運動。

☐ **旅行**

若屬輕症，可以外出散步或購物，但須避免出遠門；重症患者則連日成生活中的外出都NG。

☐ **入浴**

雖然入浴時的血壓會下降，但之後身體一旦著涼就會使血壓上升，一定要多加注意。

☐ **低鹽飲食**

高鹽分的飲食會導致血壓上升，盡量減少鹽分的攝取。重症患者則須住院控制飲食。

☐ **工作**

疲勞會使血壓上升，絕對不可以過於勉強自己。若屬輕症，可以縮短通勤時間與工作時間，若是重症患者，則必須住院治療。

☐ **看電視**

看電視、閱讀書籍等，只要別讓自己感到疲累就沒問題。請在睡眠充足的情況下，享受這些樂趣吧！

☐ **按摩**

在家裡可以請丈夫為自己按摩腳底或肩膀。若身體受寒會使血壓上升，必須營造出暖和的室內空間。

☐ **在家自行測量血壓**

可購買家用血壓計，每天早晨在剛起床時就先行測量血壓。若發現血壓上升，可前往醫院就診。

避免讓自己疲勞、壓力大、受寒，並且積極預防

不管罹患妊娠高血壓症候群的風險是高是低，每一位孕婦在日常生活中都必須用心防範血壓升高。一般來說，血壓上升的原因都離不開疲勞與壓力。

只要感覺到壓力，血管就會開始收縮，血壓上升。要是遇到了工作、通勤、家事、照顧小孩等各種會讓自己感覺到壓力的事物時，應該要試著想辦法減輕壓力。

躺下休息不僅可以讓交感神經的緊張感得到紓解，還能使越來越大的子宮對於血管造成的壓迫稍微降低，血壓也比較不容易上升。此外，身體著涼也不是一件好事，要是身體一旦受寒，血管就會跟著收縮，導致血壓容易上升，平時應該多注意保暖，別讓身體受寒了。

以規律的生活維持正常的血壓

在孕期中如果變得太胖，可能會導致高血壓，請依照自己的體型，將體重控制在合適的增加幅度。

熬夜等不規律的生活習慣對身體不好，請盡量讓自己早睡早起，白天適度動動身體，規律地攝取3餐，到了夜晚就必須讓身體好好休息。

為了紓解焦躁的情緒與壓力，只要醫師沒有禁止，就可以利用拉筋、慢跑等輕度的運動，讓自己轉換情緒，同時達到放鬆的效果。

以低鹽&清淡、低卡路里的餐點預防高血壓

雖然鹽分對身體不可或缺，但若是攝取過多就會造成血管內的水分增加，使血液量增多，大量的血液在血管中流動，會使得血壓上升。

由於國人的飲食生活中，鹽分佔的比例本來就偏高，因此平時更應該多留意攝取低鹽清淡的飲食。

若要預防妊娠高血壓症候群，1天可攝取的鹽分為10g，而若要治療的話1天只能攝取7〜8g，且卡路里要控制在1天1800kcal左右。還要注意避免攝取過多動物性油脂與醣類，同時積極攝取含鉀的食品將多餘的鈉排出體外，以及具有促進代謝效果的維生素等等。

如何攝取低鹽餐點

□ 盡量不吃速食食品
例如泡麵等速熱食品、加工食品、速食等，當中都含有很高比例的鹽分，在懷孕期間內請盡量不要食用。

□ 準確計算醬油和鹽的使用量
在做菜時只憑感覺使用調味料，很容易就會不小心用得太多。雖然會有點麻煩，但在使用調味料時還是準確計量吧！

□ 少吃一點湯品、咖哩
咖哩或奶油燉菜等熬煮類的料理當中，都含有大量的鹽分，而且熱量也非常高。此外，重口味的食物很容易吃過量，一定要多注意。

□ 麵湯不要全部喝完
在拉麵、烏龍麵、牛肉麵等湯汁中，鹽分與熱量都非常高，吃麵時的原則就是不要將湯汁都喝完。

□ 發揮天然素材的美味
市面上販售的味精都含有鹽分，做菜時可自己試著利用昆布或鰹魚、小魚乾熬出高湯，不僅可以降低鹽分攝取量，還能使菜餚更美味！

□ 靈活運用低鹽調味料
薄口醬油的鹽分其實比一般醬油還要高！平時使用的醬油與味噌等調味料，可選擇低鹽類型，另外，也很推薦使用香料、檸檬或醋來提味。

妊娠糖尿病
究竟能不能預防？

妊娠糖尿病無論對母親或胎兒而言，都是非常嚴重的威脅。
雖然罹患妊娠糖尿病的原因大多是遺傳，預防起來非常困難，但還是必須留意飲食內容。

不僅會提高流產·早產的風險
也可能會產出巨嬰

糖尿病是由於體內的胰島素不足，導致無法將血液中的葡萄糖轉換為能量所產生的疾病。糖尿病分為許多種，在懷孕期間發作的糖尿病，就稱作為妊娠糖尿病。

一旦罹患了妊娠糖尿病，母體血液中含有的糖分濃度會變高，並透過胎盤傳送給寶寶大量的糖分，因此，寶寶的體型會出現偏大的傾向（巨嬰），反之，也有無法發育導致胎死腹中的案例。

不僅如此，妊娠糖尿病還會造成流產、早產，使剛出生的寶寶血糖過低，也有可能會併發妊娠高血壓症候群及羊水過多症 →P116 等併發症。

必須確認在懷孕前
是否已罹患糖尿病

在定期產檢中，若連續幾次都出現尿糖過高，便會透過血液檢查來診斷孕婦是否罹患糖尿病。此外，也必須確認孕婦是在懷孕前就已罹患糖尿病、還是在懷孕後才出現尿糖情形。

由於糖尿病是極容易受到遺傳影響的疾病，若是雙親家族當中有人罹患糖尿病，可推斷該名孕婦的血糖值容易偏高。另外，體重過重、先前曾經生出先天性異常胎兒或巨嬰、有流產、早產經驗，年齡在35歲以上等，血糖值就會比較容易偏高。

即使尿糖測試為陽性
大部分都是暫時性的

在孕期中，腎臟對於糖的處理能力會變弱，在吃完飯、甜食、或吃太多的時候，孕婦的尿液中就會含有較多的糖分，若產檢時的尿糖測試出現陽性反應，大部分都是屬於暫時性的結果。

在進一步接受精密檢查後，若證實只是暫時性的高血糖，就可以不必太擔心，只不過，如果平時就習慣攝取大量甜食，就必須重新檢討飲食生活了。

反之，在精密檢查後，若發現血糖值還是偏高，而被診斷為是妊娠糖尿病，就一定要採取嚴格的飲食與體重控制。

高蛋白質、低熱量飲食再搭配上適度的運動

飲食療法的基本原則就是攝取高蛋白質、低熱量的營養均衡飲食，並且搭配上適量的運動。如果飲食與運動雙管齊下，血糖值還是異常，可能就必須投以胰島素治療，但在懷孕時的投藥分量，拿捏起來相當困難。

治療妊娠糖尿病最重要的是必須確認孕婦在懷孕前即罹患糖尿病，還是在懷孕後才發病？若是懷孕後才罹患糖尿病，只要等到懷孕結束後，大多數孕婦的血糖值會恢復到正常數值，但是，屬於容易罹患糖尿病的體質卻沒有改變。曾罹患妊娠糖尿病的患者，從現在起就要開始注意平日飲食的內容，才能預防未來再度罹患。

若是在懷孕前血糖值就偏高的人，在產後也必須持續接受糖尿病的治療。

生理性貧血
必須確實補充鐵質！

無論任何人，在懷孕中都會容易貧血，特別在懷孕前過著不均衡飲食生活的人，更需要多加留意！一定要確實為身體補充缺乏的鐵質，以預防懷孕期間產生貧血問題。

懷孕時貧血的判斷基準會有所改變

雖然貧血可分為很多種，不過在懷孕時發生的貧血，大部分都屬於缺鐵性貧血。

鐵質會成為血液中紅血球所含有的血紅素，血紅素與氧氣結合之後，再負責將氧氣輸送到全身每一個角落。因此，只要採集血液測量血紅素的量、或是測量1cc的血液當中紅血球的量，就可以得知是否有貧血的問題。

在沒有懷孕的時候，血紅素濃度低於12g／dl就會被診斷為貧血；在懷孕時，低於11g／dl即為貧血，若是低於9g／dl則屬於重症貧血。

血管內部
懷孕前
懷孕後

雖然血液量增加了成分卻沒有變化導致貧血

懷孕後體重會增加，在身體裡面循環的血液量，最多可能會增加到30%，但實際上血液中增加的幾乎都是血漿而已。如果血液中的紅血球跟著血漿一起增加就沒問題，但若是沒有刻意補充製造血紅素的原料（鐵質），紅血球便無法增加到30%這麼多，因此血液會變成比較稀薄，導致貧血。

在懷孕前，每天的鐵質建議攝取量為6.5mg，一旦懷孕後，建議攝取量就會上升為19.5mg，甚至建議攝取到13mg之多（18～49歲的成人女性在月經沒來的情況下）。在懷孕時一定要注意更積極地攝取鐵質才行。

貧血容易造成心悸、喘息疲倦感揮之不去

一旦貧血，血液運送氧氣的量變少了，會使得心臟跳動變快，容易引發心悸與喘息等症狀，臉色也會變得比較蒼白。

平時與鐵質結合、輸送到全身各處的氧氣，負責去除體內累積的疲勞物質（乳酸），並且使身體恢復活力。因此若是貧血，也會出現疲勞感揮之不去的症狀。

在分娩之前沒有治好貧血，會讓身體處於缺乏體力的狀態，若出血過多可能會導致休克，分娩會造成許多危險。

平時在身體內發揮諸多作用的鐵質一旦變少，很難自行察覺，等到出現上述症狀時，大多已經演變為非常嚴重的貧血了。

另外，本來一直站著突然挪動身體時若發生頭暈目眩的情形，是由於自律神經紊亂所導致的腦貧血。這是流過腦組織內部的血液量在一時之間大為減少所引發的症狀，與孕婦常見的缺鐵性貧血是完全不同的。

攝取含豐富鐵質的食品就能有效率地吸收鐵質

雖然缺鐵性貧血是生理現象引起的貧血，但在懷孕中多補充鐵質是非常重要的。

身體無法自行製造會成為血紅素成分的鐵質，為了打造不易貧血的身體，一定要在平日的飲食中多攝取鐵質。

鐵質分為血基質鐵與非血基質鐵兩種，血基質鐵在紅肉及紅肉魚、貝類等動物性食品中含量相當豐富。非血基質鐵則是在綠色蔬菜與豆類等植物性食品中含量較多。在攝取非血基質鐵的時候，會因搭配何種食材導致鐵質吸收率產生變化，反之，血基質不會因為搭配的食材吸收率產生變化，鐵質的吸收率較穩定。

巧妙地將含有豐富血基質鐵的食材添加在每天的主菜或配菜中，是預防＆改善貧血的捷徑。

與維生素C同時攝取
更能提升鐵質的吸收效果

不易為人體所吸收的鐵質，可搭配維生素C攝取，能提升鐵質的吸收率。多吃一些含有豐富維生素C的蔬菜，打造均衡的飲食生活！

→P74

利用健康食品補充也OK
同時維持健康的日常生活

除鐵質外，每天最好藉飲食補充各式各樣的營養素，但是，要每天持續攝取含有豐富鐵質的食材，可能不是那麼容易。這時可以聰明運用健康食品補充鐵質。

平時選擇對腸胃負擔較低的鐵質強化食品；出門旅行時可利用錠狀的鐵劑。不過，在服用健康食品之前，一定要先仔細確認外包裝上標明的一日攝取量等資訊，以免過量。

將攝取得來的營養，經由消化、吸收之後化為血與肉，就是身體原本的功能，鐵質當然也是一樣。平時藉由適度運動、充足休息及睡眠讓腸胃好好休息，才能將吃下的鐵質好好消化、吸收，營造一個理想的身體環境。

若平時總是處於緊張狀態，會導致腸胃無法休息，沒辦法發揮消化、吸收的功能，讓自己獲得放鬆也非常重要。如果大便阻塞在大腸中，也會妨礙身體吸收營養，要多留意讓排便暢通。

關於貧血的 Q & A

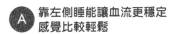

「左側睡可以改善貧血」
是真的嗎？

A 靠左側睡能讓血流更穩定
感覺比較輕鬆

雖然不能立即改善貧血，但在懷孕時靠左側睡，的確會讓人感到較輕鬆，因為連接心臟的大動脈流經身體左側。由於動脈的管壁較厚，是一條具有彈性的強力血管，就算受到子宮壓迫，還是能保持穩定的血流。反之，位於右側的靜脈管壁較薄，血流也遠比動脈來得弱，若是朝右側睡、或仰躺，感覺會比較不舒服。

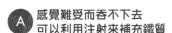

服用治療貧血的藥物時
感覺很不舒服

A 感覺難受而吞不下去
可以利用注射來補充鐵質

服用鐵劑可能會引起胃痛、心情浮躁、便秘等症狀，一定要在飯後補充鐵質，才不會對腸胃造成太大的負擔。有時候為了預防胃痛或心情浮躁，醫師在開立鐵劑時會同時開出保護腸胃的藥物。若還是出現副作用，就會改以打針、膠囊來補充鐵質。感到不舒服的時候請與主治醫師好好商量對策。

心悸、冒冷汗
是因為服用鐵劑的影響嗎？

A 也可能是因為貧血的緣故。
請與醫師好好商量

用來治療貧血的鐵劑，有時可能會出現身體受不了的現象，引起心悸或冒冷汗。不過，也並不全然是因為鐵劑的關係，貧血本身有可能會導致身體出現症狀。此外，懷孕時所引起的自律神經紊亂，再加上貧血，也有可能導致心悸與冒冷汗。若有這些困擾，還是要找機會與醫師好好詳談會比較好。

原本就有疾患的孕婦
負擔較重，更要注意保養

原本就有疾患的孕婦，在孕期中須特別注意別讓疾病惡化了，這麼做也是為了寶寶的健康著想。
在懷孕過程中，一定要遵照主治醫師與婦產科醫師的指示喔！

將病情控制住
才能朝平安順產邁進

若是原本就有疾患懷孕後可能導致發病的人，在日常生活中要比一般孕婦更小心。不過，也不必過於擔心，因為在醫療技術已相當發達的現代，就算是有甲狀腺異常或糖尿病等問題，只要妥善控制病情，還是可以平安地懷孕、生產。

此外，應該也有許多原本抱有疾患的人，在接受治療時獲得了主治醫師「可以懷孕」的許可，才準備懷孕。由於原本的疾病症狀已經相當穩定，醫師也同意，可以自信滿滿地迎接懷孕與生產。重要的是必須先了解疾病可能會對懷孕造成何種影響、懷孕之後在日常生活中該注意哪些事項等等，務必要遵守婦產科醫師及原主治醫師的指示。

即便是懷孕之後才發病的人，只要在懷孕期間好好遵照醫師的指示，還是可以安全生產。如果是在懷孕後才出現症狀的疾病，有可能會在生產之後痊癒，不過，必須擔心的是，到了年齡漸長、身體變弱時，懷孕時出現的疾病也有可能重新找上

門來，因此，請趁著懷孕的機會，好好重新檢視自己的生活習慣。

腎臟病

對腎臟的負擔增加
必須採用飲食療法並臥床休養

懷孕後，不僅為了養育肚子裡的寶寶、也因為母體的血液量增加，使得腎臟的負擔變得更大。原本就是慢性腎臟炎或糖尿病腎病變的患者，腎臟的負擔會比一般孕婦來得更重，不但可能會導致病情惡化、症狀更嚴重，有可能會引發妊娠高血壓症候群。

此外，當腎臟的功能下滑時，無法藉由胎盤提供寶寶充分的營養及氧氣，容易出現胎兒發育遲緩，甚至是流產、早產等問題。為了平安地產下寶寶，腎臟疾病患者在懷孕期間必須以低鹽、高蛋白、低熱量的飲食，同時多臥床休養身體。

甲狀腺異常

自然產・哺乳都OK

甲狀腺方面的疾病，無論是甲狀腺機能亢進、或低下，一旦惡化，會造成胎盤

功能下滑，甲狀腺疾病患者的流產、早產風險也特別高。

尤其是瀰漫性毒性甲狀腺腫的患者，更容易在懷孕時罹患妊娠高血壓症候群，可能會導致胎兒的發育遲緩。不過，只要正確服用藥物，控制好甲狀腺荷爾蒙的分泌狀況，就無需過於擔心，甚至也很有可能可以採陰道分娩的方式。

由於藥物可能會藉由胎盤影響寶寶，因此也有人認為在孕期服用藥物可同時治療胎兒。到了產後，改為服用對甲狀腺機能亢進影響較小的藥物，就能以母乳哺餵寶寶。

子宮肌瘤

肌瘤的位置與大小
可能會對生產造成影響

絕大部分的子宮肌瘤都是屬良性腫瘤，幾乎不會對懷孕造成影響，大部分子宮肌瘤的患者都可以陰道分娩，不過，仍有必須剖腹或早產的風險。若子宮肌瘤的大小在2～3cm左右，幾乎不會對懷孕造成影響，但若是超過這個大小，在整個懷孕的過程中必須仔細觀察肌瘤的狀

況。子宮肌瘤的位置如果距離子宮頸口很遠就沒問題，要是位置偏下，有可能會造成胎位不正，甚至會妨礙分娩，這種情況下必須以剖腹的方式取出胎兒。

無論子宮肌瘤的位置在哪裡，都有可能會受到懷孕時荷爾蒙的影響而逐漸變大、或轉變為惡性。若肚子頻繁地出現緊繃、疼痛感，一定要立即就醫。

自體免疫性疾病

設法使症狀穩定
惡化時可能早產

如果原本就是全身性紅斑狼瘡（SLE）的患者，懷孕之後有可能「症狀幾乎不會改變」、也有可能「因懷孕而惡化」，每個人的情況都不同。

另一方面，類風濕性關節炎的患者，大部分在懷孕後症狀會有所改善。

患者在懷孕後最重要的是設法讓症狀穩定下來，一旦惡化，就可能會導致迫切流產、早產、妊娠高血壓症候群、胎兒發育遲緩，甚至使新生兒出現類似全身性紅斑狼瘡的症狀。

為了預防以上的問題，患者即便是在懷孕期間，也一定要確實服用處方藥（Prednisolone），只要讓病況保持穩定，也可以採行自然產。

椎間盤突出

平時多注意自己的姿勢
就能順利克服

在懷孕中的種種不適，最多人苦惱的就是腰痛。而椎間盤突出就是椎間板之間的組織移位，進而壓迫到旁邊神經的疾病，腰痛的情形更容易惡化。

幸好椎間盤突出並不會對懷孕過程與寶寶造成任何影響，只要不是非常嚴重的情況，幾乎能以自然產的方式來娩出胎兒。

只是，在懷孕時不能服用會對寶寶造成影響的止痛藥，也不能接受椎間盤突出的治療，因此，椎間盤突出的患者在整個孕期必須飽受腰痛之苦。

在孕期中，可以多注意自己的姿勢，並且使腰部保持暖和，緩和疼痛的症狀。

子宮畸形

容易引起流產、早產
絕對不可以勉強自己

正常子宮的形狀如同倒掛著的西洋梨，有些人的子宮形狀天生性異常，不僅不容易讓受精卵著床，即使著床後，流產、早產的機率也相當高。若程度不嚴重，還是可以繼續懷孕，也有些人成功地以自然產。在懷孕時，絕對不要勉強自己硬撐。

雙角單頸子宮　　　正常子宮

雙腳單頸子宮的特徵是子宮的上半部分作二部分，就算懷孕週數持續增加，子宮卻很難跟著胎兒一起變大，可能會影響寶寶的發育。

卵巢囊腫

對寶寶不會產生影響
可以藉由手術摘除

所謂的卵巢囊腫，是指在卵巢中出現液體堆積、甚至越來越大的囊腫。在懷孕初期，有可能因為荷爾蒙的影響導致卵巢變大（黃體囊腫）。雖然卵巢囊腫並不會對寶寶造成任何影響，若是卵巢因腫瘤而脹大，也可能導致卵巢扭轉，或是沾黏到其它內臟，可能會有卵巢破裂之虞時，即使是在懷孕中，也必須動手術切除。

Column
一定要確實服用
醫師開立的處方藥

有許多孕婦會擔心，在孕期中服用藥物會對肚子裡的胎兒帶來不良影響，但是，考量到疾病與藥物各自對胎兒＆母體所造成的影響，醫師若還是開立藥物，就請理解為「服用藥物是為了寶寶與自己好」。

過敏體質孕婦
必須注意的事項

據說3人之中就有1人是過敏體質，儘管如此，也不需要過於擔心，只要先向主治醫師與婦產科醫師確認清楚過敏體質的注意事項就可以了。

過敏是一種身體機能過度發揮的現象

人類的身體可以察覺「外來的異物」以防止異物入侵身體，同時也具備「免疫」的功能。若有細菌或病毒曾經入侵體內，與免疫力相關的細胞就會自動記住這些細菌與病毒，下一次若再遇到同樣的威脅，就能直接將細菌或病毒趕出體外。例如麻疹或流行性腮腺炎等疾病，只要得過一次就不會再度感染，就是身體免疫力發揮作用的緣故。

不過，有時候身體會對於原應無害的花粉或塵蟎、食物等物質出現過敏反應，引發打噴嚏或是皮膚過敏等症狀，這些過敏的症狀就是免疫系統發出的異常行動。由於懷孕時每個人免疫系統的變化不一樣，有些人的過敏症狀會好轉、但也有些人反而會惡化。

過敏體質大多是遺傳造成不一定會出現症狀

過敏體質會受到遺傳的影響，如果雙親都有，比起雙親中只有一位有，產生的機率大約是2倍左右。

不過，過敏也並非只受到遺傳的影響。即使基因完全相同的同卵雙胞胎，同時具有氣喘症狀的比例，在全世界各地的統計結果中最多也只有50～60%；遺傳可能造成的影響大約是這個程度。

就算遺傳到父母過敏的體質，若是在成長環境中沒有會引起過敏的物質、或是數量非常稀少，也不會引發過敏症狀。反之，即使雙親都沒有過敏體質，但小孩卻是過敏體質的也不少。

懷孕期間也有可以服用的抗過敏藥

應該也有些人原本就屬於過敏體質，即使是在懷孕期間也必須依賴抗過敏藥。從懷孕的第4週5天開始到第8週前可說是「絕對敏感時期」，在這段期間內如果要使用藥物，一定要非常謹慎才行。

雖然如此，用來治療氣喘的類固醇噴劑，或是塗抹於肌膚的外用類固醇藥物，是不會對胎兒造成影響的。此外，有些抗組織胺藥物即使是在孕期中使用，也不會造成問題。

若是擅自停藥，使得過敏症狀惡化，有可能會對肚子裡的胎兒造成不良的影響，因此，在孕期中關於抗過敏藥的使用，一定要先與醫師商量過再做決定。

均衡攝取各種食材無須採取極端的飲食限制

有些人會擔心「會害肚子裡的寶寶過敏」，而在懷孕期間內避免攝取蛋、牛奶、大豆等蛋白質豐富的食品，但是，這樣的做法不僅過於極端，事實上也並沒有科學實證。

像是這樣任意限制飲食攝取，很容易會造成母體的營養不足，對胎兒造成不良影響。

不過，若是在懷孕期間「把牛奶當白開水一樣大口大口暢飲」、「1天之中吃好幾顆蛋」，也可能發生子宮內胎兒被致敏化，導致寶寶還在肚子裡的時候就開始產生過敏體質，因此，注意「均衡飲食」不過量攝取特定食物才是最好的作法。

最重要的是
盡量避免氣喘發作

在懷孕期間若是發作，後果最嚴重的就是氣喘。氣喘發作會導致母體處於低氧的狀態，連帶使得胎兒也缺氧。氧氣不足會使胎盤機能下降，進一步導致流產‧早產或胎兒發育遲緩等問題。

即使是在懷孕期間內，也可以使用類固醇、$\beta2$腎上腺素受體激動藥、茶鹼等藥物，只要正確地使用藥物就不需擔心對胎兒造成影響。因為過敏症狀發作，帶來的影響可能遠比藥物來得大，請務必遵照主治醫師的指示服用藥物抑制過敏症狀發生。

懷孕時的過敏對策

出現過敏症狀時
請前往耳鼻喉科、婦產科就診

也許有很多人會擔心「過敏讓人不斷打噴嚏，會不會關係到早產或流產呢？」雖然打噴嚏造成的腹壓的確有可能會使肚子感到緊繃，但基本上不至於會引起早產或流產。

不過，絕對不可以自行判斷「吃一點成藥應該沒關係」，這樣對寶寶並沒有任何好處。

感覺自己「好像出現過敏的症狀」，請先前往內科或耳鼻喉科就診，聽取專門醫師的建議後，再前往婦產科向醫師諮詢會比較好。

外出時

● **帽子**
頭髮很容易夾雜到粉塵，長髮的人可將頭髮挽起，再戴上帽子完整覆蓋住髮絲。

● **太陽眼鏡／眼鏡**
眼睛黏膜沾染到粉塵，就會導致長時間的搔癢。如果能戴上專門的護目鏡，效果會更佳。

● **口罩**
現在市面上的口罩款式眾多，例如毫無縫隙的立體口罩、就寢時專用口罩等等。

● **外套**
回家時先在玄關外面快速脫掉外套，避免將外套上沾染的粉塵帶入室內。

● **在玄關前拍落粉塵**
即使在外出時有穿戴衣物或帽子來抵擋粉塵，進入玄關之前也一定要確實將粉塵拍落。

● **洗手、漱口**
戴了口罩還是可能會有粉塵進入到喉嚨，可藉由漱口清除口中的粉塵，洗手也非常重要。

● **洗澡**
回到家後，盡早洗澡、洗衣服，就能簡單又確實地清除粉塵。

在家裡

● **時常打掃**
以水擦拭是除去粉塵最有效的方式，可利用抹布等清潔工具，讓自己能站著打掃比較輕鬆。

● **在房間裡晾衣物**
別將棉被或洗滌好的衣物放在戶外晾乾。市面上也有推出不易沾染粉塵的柔軟精。

● **盡量不要開窗戶**
如果要開窗戶，請選在下雨天等粉塵散量較少的日子。

● **將室內濕度維持在50%**
若是空氣太潮濕會引發霉菌生長，鼻腔黏膜功能也會下降。將室內濕度維持在50%較恰當。

● **注意飲食**
含有豐富乳酸菌的優格可以調整腸道內部平衡，並提高免疫力，建議可多加攝取。

● **喝茶**
甜茶與香草茶等茶類飲品中，都含有能緩和鼻塞的成分，在飲用之前還是要先確認咖啡因的含量。

若有性器官相關疾病
夫妻須一同接受治療

雖然懷孕後可能會因為荷爾蒙的影響導致分泌物增多，但也可能是感染了性器官相關疾病的徵兆。如果最近的分泌物產生變化或性器官感到疼痛，就請及早就醫求助。

一旦感染細菌
分泌物就會產生變化

大部分的性器官相關疾病，都可以從分泌物的異常變化觀察出來。

所謂的分泌物，指的是從子宮出口（子宮頸口）或陰道部位分泌出的黏液，就如同口中會分泌出口水製造滋潤一樣，分泌物也是為了避免讓陰道與子宮頸變乾燥，有如潤滑油般的角色。此外，防止黴菌進入體內也是分泌物的工作之一。

分泌物過多
也有可能是破水了

分泌物會呈現透明或白色的水潤狀態，由於陰道內屬於酸性，帶有一點酸酸的味道是正常現象。而且，每個人分泌物的量跟狀態都不太一樣，所以也不能果斷地判斷「分泌物量太多就是出現異常」。

不過，懷孕中期之後，若分泌物的量多到會使護墊或內褲都變得濕答答，時常感覺到流出液體就必須多注意了，也有可能是破水，即使還沒到定期產檢的日子，也請前往醫院確認看看。

定期確認分泌物的
顏色‧氣味‧狀態

若分泌物的顏色呈現灰白色、黃色、綠色，有可能是受到感染或患了細菌性陰道炎；如果分泌物的顏色屬於紅棕色，則有可能是出血了，考量到迫切流產‧早產等風險，一定要立刻就醫。

除了顏色外，平時也要留意分泌物的味道。一般來說，在正常的狀態下分泌物會帶有一點酸酸的味道，但若有細菌增生的情形，則會出現難聞的魚腥味。此外，也要仔細觀察分泌物的狀態，若分泌物呈現宛如豆渣般的泡沫狀，也很有可能是性器官傳染疾病所造成。

一定要及早治療
而且要夫妻一同進行

只要感覺到分泌物的顏色、氣味、狀態等跟平時不太一樣，就必須及早就醫，確認自己是否受到感染。若是拖到定期產檢的時候才看醫生，症狀很可能會惡化。

由於性病是藉由性行為傳染，若感染了性病，夫妻必須一同接受治療，而且即使治癒了也有可能再度復發，因此請定期回診確認。

Column

免疫力低落時可能會
引發念珠菌陰道炎

大部分分泌物有異常狀況而前往就診的人，幾乎都是念珠菌陰道炎的問題。分泌物呈現宛如白色乾酪般的豆渣狀，是念珠菌陰道炎的特徵，而此疾病受到白色念珠菌感染所致。

念珠菌是一種每個人體內都含有的黴菌，在免疫力低落時，陰道內部的自我清潔作用也會跟著下降，導致念珠菌大量繁殖。懷孕期間正是免疫力特別低落的時期，必須特別留意別讓自己太累、不要累積過多壓力。

屬於什麼樣的疾病？該怎麼治療？

衣原體性病

衣原體性病是由一種稱為沙眼衣原體的細菌所引起的。

感染衣原體性病時，可能會出現分泌物的量變多、發出難聞的氣味、並呈現彷彿膿水般狀態。雖然在排尿時可能也會感到疼痛、下腹部疼痛，但有些人即使感染了衣原體性病，也並不會出現任何症狀。

對抗衣原體性病可服用抗生素治療，一直到完全痊癒為止，都必須禁止性行為。

滴蟲性陰道炎

滴蟲性陰道炎是一種由陰道毛滴蟲寄生所引起的疾病。

一旦感染滴蟲性陰道炎，分泌物會呈現細緻的泡沫狀，顏色為黃色或綠色並帶有惡臭，也有可能會帶有血絲。此外，外陰部可能會出現強烈的搔癢感，排尿時也可能會感到疼痛。

通常會使用抗滴蟲的陰道栓劑或口服藥來治療滴蟲感染。

子宮頸癌

子宮頸癌是由於感染人類乳突病毒後，發作在子宮頸部位的疾病，屬於可以預防的癌症。

大約有8成的女性體內都帶有會引起子宮頸癌的人類乳突病毒，主要是經由性行為傳染。在子宮頸癌的早期階段，或是在懷孕後期才發現子宮頸癌的情形下，大多會選擇在產後才進行手術。子宮頸癌是一種緩慢且漸進的疾病，必須依照醫師的指示進行治療。

淋病

淋病是由於淋病雙球菌所引起的傳染性疾病。

感染淋病後，不僅分泌物的量會變多，同時也會帶有惡臭，甚至出現有如黃膿般的分泌物。也有許多人在排尿時會感到疼痛。

可服用抗生素進行治療，一直到完全痊癒為止，都必須禁止性行為。

細菌性陰道感染

當陰道內的酸鹼值偏高、且抵抗力較差時，陰道內原有的壞菌便會增多，導致細菌性陰道感染。

特徵是出現彷彿牛奶般的灰白色分泌物，不過也有些人不會出現任何症狀。

如果有需要，可使用抗生素陰道栓劑來治療細菌性陰道感染。

細菌性陰道炎

當大腸桿菌之類的壞菌，進入到陰道當中並大量繁殖，就會引起細菌性陰道炎。在身體抵抗力較差的時候特別容易感染這項疾病。

感染細菌性陰道炎，會出現黃色或綠色的膿狀分泌物，也有可能會出現參雜血絲的粉紅色或紅棕色分泌物，此外，也可能會出現外陰部腫脹、糜爛等狀況。

治療細菌性陰道炎時，必須依照細菌種類對症下藥，使用抗生素陰道栓劑及止癢藥膏。

生殖器疱疹

生殖器疱疹是由於單純疱疹病毒所引起的疾病，在外陰部長出水疱或突起，一旦感染，單純疱疹病毒就會潛伏在體內的神經結內，因此即使治癒了還是很有可能會復發。在免疫力特別低落的懷孕期間，可說是生殖器疱疹最容易復發的時候，如果在沒有治好的狀況下進行陰道分娩，便會傳染給新生兒，引起新生兒疱疹。大約有7成的新生兒疱疹不會出現任何症狀，但要是演變為重症，便有可能會引發肺炎或腦炎等疾病。

愛滋病（AIDS）

若經由性行為或輸血感染上愛滋病毒（HIV），一旦發病便會使免疫力低落，嚴重時會導致死亡。有時即使感染了愛滋病，也有可能好幾年都不會發病。由於愛滋病毒會藉由胎盤、產道、母乳感染給寶寶，因此，若是在懷孕初期的檢查中發現母體為愛滋病帶原者，便會以剖腹生產的方式將寶寶取出，產後也必須採取特別的照護。

感冒與流行性感冒萬一感染怎麼辦？

雖然不會帶給寶寶直接的影響，不過，在免疫力特別低落的懷孕時期，必須特別注意別感染感冒或流行性感冒。一定要小心預防才行。

感冒可前往婦產科就醫
流感則必須事前先與醫院連繫

懷孕本身也會對身體造成非常大的負擔與壓力，身體的免疫力與抵抗力會比懷孕前低落，因此在懷孕期間特別容易感染感冒或流感。

尤其是懷孕初期，由於害喜等影響，大多數孕婦都無法攝取充足的飲食，再加上持續的倦怠感與嗜睡，體力也會變差，因此在這個時期特別容易感染感冒與流感，一旦感染就很容易惡化。

若發現自己發燒在37度C左右、或出現喉嚨痛等小感冒的症狀，可以直接前往婦產科就診。若是症狀遲遲不退，或突然高燒到38度C以

上、關節疼痛，就有可能是流感，請先前往耳鼻喉科就醫，就診時一定要告知醫師自己懷孕了。

如果想要前往平時產檢的婦產科就診，為避免將流感傳染給其他孕婦，在前往醫院之前一定要先聯繫醫院，了解前往就診的正確方式。

雖然不會直接影響胎兒
但發高燒會讓胎兒很難受

就算在懷孕期間內真的得了感冒或流感，病毒也不會對寶寶造成直接的影響，不過，若是身體持續發燒到38度C以上的高溫，會使得媽媽的脈搏變快，造成子宮環境不佳。

同時，劇烈的咳嗽會造成腹壓上升，可能會導致肚子變緊繃，甚至造成破水。因此，在懷孕期間內感冒，請別想著「等身體自然痊癒」，若是症狀遲遲不退，還是應該要及早就醫，服用醫師開立的處方藥來治療。

注意別讓身體著涼
平時就要多用心預防感冒

別讓身體著涼，就是預防感冒與流感的基礎。要是身體一旦受寒，血液循環就會變差，讓平時對抗病毒的免疫系統無法充分發揮功效，導致容易感染感冒與流感。

為了避免接觸到病毒與細菌，平時應避免到人潮眾多的場所，外出時記得戴上口罩，勤於洗手＆漱口等，預防勝於治療。由於病毒不耐高濕的環境，請將室內濕度控制在50～60％左右為佳。

營養均衡的飲食非常重要。特別是肉、魚、豆腐等蛋白質，是成為對抗細菌與病毒的免疫系統之源；黃綠色蔬菜與水果，含有大量能提高免疫力的維生素C、以及具有保護喉嚨與鼻腔黏膜效果的維生素A與β胡蘿蔔素，應均衡攝取各種營養以預防感冒與流感。

同時，睡眠不僅能夠恢復疲勞，還可以增加淋巴球來對抗病毒。因此，必須設法營造充足的睡眠才行。

一旦感染好好休息

若是感染了感冒，無論如何都一定要讓身體好好休息。如果家中還有比較大的小孩，請盡量拜託丈夫或家人幫忙協助育兒及家事，在工作場合上也不要硬撐，讓自己多休息。為了以防萬一，平時就應該與主管及同事說明工作進度等，多多進行溝通。

關於感冒&流行性感冒的 Q&A

要是家人感冒了該怎麼做才好呢？

A 盡量遠離感冒的家人、或是全家都戴口罩

丈夫若是感冒了，盡量請他待在別的房間，避免傳染給孕婦。若是家中比較大的小孩生病，盡量請丈夫或家人幫忙照顧。要是很難請家人代為照顧的話，就只好全家都戴上口罩了。

如果可以的話盡量不想吃藥……

A 程度輕微只要好好休息即可必要時還是要吃藥

如果只是小感冒，只要多休息病情就能自然好轉，不過，要是堅持不服用藥物，也可能導致病情惡化或無法痊癒。在必要時，服用藥物是是必須的，若心裡感到不安，可先向醫師確認清楚。

在感冒的時候，可以吃哪些食物呢？

A 容易消化、能帶給身體溫暖的食物

在感冒期間內，建議吃含有豐富的肉、魚、蔬菜的火鍋類料理，帶給身體溫暖。若出現拉肚子或嘔吐症狀，必須選擇容易消化的食物。沒有食慾也不必勉強自己一定要吃東西。

因感冒而久咳不止會對寶寶造成影響嗎？

A 要是咳得太厲害可能會使肚子緊繃

由於咳嗽時會使腹壓增加，若嚴重咳嗽拖得太久無法痊癒，可能會引起腹部的緊繃感，甚至引發早產。這種情況請與醫師商量後，服用止咳的藥物。

是否該施打流感的預防疫苗？

A 是否要接種疫苗必須先請教主治醫師的意見

雖然跟流感的種類也有關係，不過，得到流感的風險遠比接種疫苗可能造成的風險高，一般認為孕婦施打疫苗應該沒有問題。建議與主治醫師討論後再決定。

自己能夠區別感冒與流感的差異嗎？

A 若突然出現38度以上高溫有可能是罹患流感

若是突然出現38度以上的高溫，且同時產生關節、肌肉疼痛，很有可能是得了流感。請前往診斷流感經驗豐富且具備抗流感藥物的耳鼻喉科就診。

感染了流感會傳染給寶寶嗎？

A 胎盤會將病毒隔絕在外不必擔心傳染給寶寶！

除了像德國麻疹等比較特殊的病毒之外，一般來說，即使細菌或病毒入侵母體，胎盤也會發揮隔離病菌的效果，不會讓胎兒得到流感，請不用擔心。

要是得了流感是否該吃藥？

A 醫師會判斷是否必須開藥

只要在發病的48小時之內服用抗流感的藥物，就能成功抑制病情惡化。只有在醫師評估需要服用抗流感藥時，才會開立處方給孕婦。

若工作場合中盛行感冒該怎麼辦？

A 勤漱口‧洗手‧戴口罩是預防感冒的不二法門

從事服務業等平時需接觸人群的工作，無法做到100%預防，還是前往施打流感疫苗會比較安心。若是工作場合中盛行感冒，一定要戴上口罩隔絕病菌，平時也要多洗手、漱口。

傳染性疾病
免疫力低時要特別注意！

由於懷孕期間的免疫力‧抵抗力特別低落，在這段時間內很容易會染上各式各樣的傳染性疾病。若身上沒有抗體，請盡量避免出入人潮眾多的場所，多用點心預防感染。

德國麻疹

若在懷孕未滿4個月前感染會對寶寶造成影響

懷孕中一旦感染，會造成嚴重影響的就是德國麻疹。

德國麻疹是一種由風疹病毒感染所造成的疾病，藉由噴嚏或咳嗽等飛沫傳播病毒。一旦感染德國麻疹，在發燒的同時全身皮膚上還會發出大片會癢的紅疹。如果是小孩感染德國麻疹，幾天內便能退燒，紅疹也會在4～5天之內好轉，不需要太擔心。但是大人就不一樣了，一旦感染德國麻疹，症狀會比較嚴重，同時也會出現頭痛與關節疼痛等情形。

若是在懷孕4個月之內感染德國麻疹，會造成寶寶眼睛與耳朵方面的損傷，以及心臟疾病、發展問題等等（先天性德國麻疹症候群）。若在懷孕中是第一次感染德國麻疹，才會造成影響，如果先前就已經感染過德國麻疹，體內便已經有風疹病毒的抗體，不需要擔心會再度感染。

身上沒有抗體一定要小心避免感染

雖然德國麻疹是一種可以藉由接種疫苗來防疫的疾病，但是，如果不知道自己以前是否有感染過德國麻疹，可以藉由血液檢查來檢查體內是否具有抗體。

若是目前正在懷孕、但體內卻沒有德國麻疹抗體的孕婦，在懷孕滿5個月之前請盡量避免出入人潮眾多及孩童出入頻繁的場所，一定要仔細留意避免感染。

pi pi pi

Column

從未得過的疾病請在下一次懷孕前接種疫苗

傳染途徑為飛沫感染的疾病，很容易從家中比較大的小孩身上傳染，再加上懷孕時無法接種疫苗，因此在這次生產完後，請在下一次懷孕之前先接種疫苗預防感染。尤其沒有接受德國麻疹集體預防接種的世代，很多人身上不具有抗體，到了產後，請前往當時生產的醫院洽詢，如果可以接種疫苗就請直接接種疫苗，才能比較放心。

懷孕時應極力避免感染的傳染性疾病

麻疹

**雖然可能會引起流產・早產
但並不會對胎兒造成影響**

麻疹是由麻疹病毒引起，傳染力非常強，在懷孕時感染麻疹，會帶來流產與早產的風險，不過，並不會造成胎兒畸形或某方面的障礙，幾乎不會對寶寶產生任何影響。

只要得過一次麻疹，身體就具備免疫力，無須擔心再度感染。若是沒有得過麻疹的孕婦，還是應盡量避免出入人潮眾多或麻疹盛行的區域比較好。

水痘

**懷孕初期・分娩前・分娩後
感染水痘會非常危險**

水痘是由於感染帶狀皰疹病毒而引起的疾病，感染力非常強。

在懷孕第5～12週這段期間內若是感染水痘，可能會造成胎兒白內障或發育不良，此外，若是在分娩之前與之後的階段感染水痘，也會使寶寶染上重症的水痘。

流行性腮腺炎

**不會對寶寶造成影響
但很有可能重症化、需小心防範**

流行性腮腺炎是由流行性腮腺炎病毒所引起的傳染疾病。

雖然病毒不會對寶寶帶來直接的影響，若是在懷孕時感染了流行性腮腺炎，容易有重症化的傾向，絕對要避免在流行性腮腺炎盛行的時候，出入人潮眾多的場合。

B型肝炎

**如果媽媽感染了B型肝炎
寶寶也必須接種疫苗**

B型肝炎主要是由血液傳染的疾病，即使在懷孕時感染B型肝炎，也並不會對懷孕過程造成影響。

但是，媽媽感染了B型肝炎，成為B型肝炎帶原者，寶寶也很有可能帶原，因此，必須在生產之後立刻為寶寶接種疫苗，預防感染。

傳染性紅斑

**比起母體感染、
胎兒受到感染更危險**

傳染性紅斑由於感染了人類微小病毒B19所引起的疾病，特徵為臉頰會出現一片潮紅。若是在懷孕期間感染了傳染性紅斑，母體只會出現微微發燒、喉嚨痛等輕微的症狀，卻有30%的機率會通過胎盤傳染給寶寶，可能會造成流產、或胎兒水腫（全身性的水腫）。對於分娩不會造成影響。

乙型鏈球菌

**在分娩的時候
必須使用抗生素**

據說約有1成健康的孕婦陰道內有乙型鏈球菌，不會對母體或懷孕造成任何影響，無須特別在懷孕期間內治療。不過，乙型鏈球菌卻有可能在分娩時傳染給寶寶，一旦感染便會引起腦膜炎、肺炎、敗血症。帶有乙型鏈球菌的孕婦在分娩時必須施打抗生素，防止從產道傳染給寶寶。

弓漿蟲寄生症

**懷孕中應避免吃生肉
與寵物接觸後須洗手**

弓漿蟲寄生症是藉由貓的糞便、生的牛肉／豬肉所傳染的疾病，一般人感染也不需要太過擔心，要是在懷孕中才首度感染弓漿蟲寄生症，便會傳染給胎兒，將來可能會產生問題。

在懷孕時，應避免食用生肉，確實將肉煮熟後再食用，也應避免以嘴對嘴的方式餵食飼料給寵物，觸摸寵物之後一定要記得洗手。

手足口病

**手足口病屬於輕症
即使感染了也不需要擔心**

手足口病通常是由克沙奇病毒和腸病毒71型引起，有好幾種病毒會引起手足口病。感染手足口病時，手掌、腳底、口中等部位會冒出水疱，只要1週的時間就能痊癒。由於在10歲以下的孩童常見此疾病，孕婦也有可能會從家裡較大的孩子身上感染。不過，即使傳染了手足口病也能很快痊癒，不需擔心會對肚子裡的寶寶造成任何影響。

子宮以外的疾病哪裡出現疼痛感？

有時候，腹部出現疼痛感可能是與懷孕無關的其他原因所造成。
不過，當腹部出現疼痛感時，很難自行判斷原因為何，不舒服還是直接去就醫，才能比較安心。

除了疼痛外，若有腹瀉、嘔吐、出血等情形請立即就醫

當腹部出現疼痛感，有可能是子宮或其它內臟發生問題的徵兆。若是感覺到肚子的緊繃感（子宮收縮）越來越強烈，則必須考量有可能是迫切流產、早產、或胎盤早期剝離等風險。

如果是原本就有子宮肌瘤、卵巢囊腫問題，萬一肌瘤發生變化或是在卵巢囊腫導致卵巢扭轉的情形下，會產生劇烈的疼痛感。此外，越來越大的子宮也會對各器官造成壓迫，可能會因為胃痛、便秘引起腹痛。

當腹部疼痛還伴隨著腹瀉、嘔吐等症狀，則必須懷疑有可能染上病毒型腸胃炎等消化器官方面的疾病。另外，雖然結石或盲腸炎與懷孕無關，但也會引起劇烈的疼痛感。

萬一感到疼痛時，必須同時確認是屬於怎麼樣的疼痛感、是否伴隨著腹瀉與嘔吐、有無出血或發燒等情形。若是疼痛感非常強烈、且持續一段時間，還同時出現腹瀉、嘔吐、出血情形，必須立即前往醫院就診。

胃食道逆流

大部分孕婦都曾胃食道逆流 注意平時飲食與姿勢來預防

胃食道逆流是由於胃酸逆流回食道，導致食道內黏膜發炎。若平時暴飲暴食、或飲食中攝取過多脂肪，使得胃酸增加，或者是由於年齡增長讓食道的肌力下降等，都會造成胃食道逆流。在懷孕時，越來越大的肚子會壓迫到胃，使得胃酸容易逆流，大約有70%的孕婦都曾出現過反胃或嘔吐等逆流性食道炎的症狀。除了反胃及嘔吐之外，胃食道逆流的症狀還有火燒心（灼熱感）、心窩或胸部疼痛等等。平日飲食應選擇容易消化的食物，同時也要注意不要一下子吃太多，另外，用餐後不要立刻橫躺、就寢時將上半身墊高，也有助於防止胃酸逆流。

腎盂腎炎

屬於好發於女性的疾病 約有1～2%的孕婦會發病

所謂的腎盂腎炎，指的是細菌進入位於腎臟中心部位的腎盂部位繁殖，導致腎臟發炎的疾病。由於女性的尿道比男性來得短，更容易引發與尿道相關的感染疾病。再加上懷孕時的荷爾蒙變化，以及越來越大的肚子會壓迫到膀胱導致膀胱發炎，連帶引起腎盂腎炎的例子也不少見。大約有1～2%的孕婦會感染腎盂腎炎，必須服用抗生素等藥物及早治療才行。腎盂腎炎的症狀除了腹痛之外，還會全身發冷、發熱、腰痛、背痛、嘔吐等。

膀胱炎

有尿意時不可忍耐 勤於補充水分預防膀胱炎

膀胱炎是由於細菌侵入膀胱內部而引起發炎的一種疾病，分為急性膀胱炎、以及容易復發的慢性膀胱炎。

懷孕之後，由於膀胱受到子宮壓迫的緣故，會讓人一直想上廁所、並感覺尿液沒有排乾淨，如果還同時出現排尿疼痛的症狀，就有可能是得了膀胱炎。

懷孕16～18週的孕婦很容易罹患膀胱炎，可利用不會影響懷孕的抗生素治療。平時有尿意時不可忍耐，並且應注意確實補充水分，才能預防膀胱炎的發生。

若腹部右側發生疼痛
需檢查是否為盲腸炎

在懷孕時有可能會突然發生盲腸炎。雖然盲腸炎是一種非常常見的疾病，但若沒有及時診斷與治療，可能會引起腹膜炎，尤其是在懷孕時，盲腸炎的病程會更快速，更容易引發腹膜炎。

到了懷孕中期之後，由於子宮越來越大，盲腸的位置也會比原本更偏上方，診斷起來會變得比較困難。若發現疼痛感都集中在腹部右側，同時還有發一點燒，請立刻前往醫院接受檢查。也會出現反胃、嘔吐、腹瀉等症狀。

尿道結石

據說在懷孕時
很容易產生尿道結石

尿道結石指的是在連接著腎臟與膀胱的尿道中，產生了以鈣質為主要成分的結石。此外，如果結石位於膀胱就稱為膀胱結石，若位於尿道則稱為尿道結石。雖然尿道結石是在懷孕中很容易出現的問題，但不會對寶寶帶來直接影響。若結石大小在5cm以下，身體能夠自行排出，因此應先觀察病情再做治療。

尿道結石的特徵是腹部與側腹、背後會出現疼痛感。另外，若尿液堆積在腎盂部位，就是所謂的水腎症，也會出現類似的症狀，在懷孕時也有可能會發生。

膽石症

受到荷爾蒙變化的影響
懷孕中期之後容易引發膽石症

膽管中的膽汁堆積後可能會形成膽結石，膽石症所引起的腹痛是幾乎無法忍耐的劇烈疼痛，且都是突然發生。不過，有些人的症狀可能是上腹部有輕微的疼痛感，背後與胸口附近也會疼痛，可能也會引發38度C以上的高燒、全身顫抖不停。

懷孕時，由於受到荷爾蒙變化的影響，膽囊功能的運作會變差，因此到了懷孕中期之後膽石症的發生機率會大幅提高。在懷孕期間內若發生膽石症，不到非常嚴重不會輕易動手術，只能盡量降低孕婦的疼痛感並觀察病情進展而已。

腸胃炎

腸胃炎分為2種
分別是細菌及病毒所引起

腸胃炎大致可以分為2種，分別是病毒及細菌所引起的腸胃炎。病毒所引起的腸胃炎，病情大部分都比較輕微，而細菌引起的腸胃炎也就是一般的食物中毒。

在懷孕期間內應避免食用生食，而且在抵抗力較弱時更容易受到感染，平時一定要多注意飲食內容，並勤加洗手保持衛生；在高溫潮濕的梅雨季節與夏季更要特別小心。腸胃炎主要的症狀除了腹痛外，還會引發腹瀉、嘔吐、發燒等。若出現了這些症狀，可以先自行觀察，若症狀未好轉，一定要前往醫院就診。

腹部突然疼痛，是哪個部位在痛？

隨著子宮越來越大，其餘內臟器官的位置也會改變。當然，疼痛時必須請醫師診斷，不過自己也可以依照疼痛的部位來推測出原因。

● **右上方疼痛**
膽石症
膽囊炎
腎結石
盲腸炎　等等

● **正中央疼痛**
胃·十二指腸潰瘍
盲腸炎　等等

● **右下方疼痛**
尿道結石
大腸炎
子宮外孕
卵巢囊腫
盲腸炎　等等

● **左上方疼痛**
胃·十二指腸潰瘍
腎結石　等等

● **左下方疼痛**
尿道結石
大腸炎
子宮外孕
卵巢囊腫　等等

參考資料：「EBMに基づく周產期リスクサインと妊產婦サポートマニュアル」中井章人著

依醫師指示正確服藥
及早恢復健康！

「務必依照醫師的指示用藥」就是服藥的鐵則。雖然懷孕期間會讓人對藥物敬而遠之，在用藥前一定要先了解藥物的副作用與服用時的注意事項，再依照規定謹慎服用。

在孕期中必須選擇
對懷孕影響較少的藥物

藥物不僅能夠抑制各種令人難受的症狀，還能擊潰引起疾病的細菌，治療好身體。但無論是再怎麼好的藥物，都還是會引發副作用，在懷孕時服用藥物也是一樣，如果孕婦本人會對該藥物產生副作用，肚子裡的寶寶也很有可能會出現副作用。

不過，實際上很少發生孕婦因為服用藥物產生問題的例子，由於在懷孕時醫師所開立的都是「經過長年的研究與經驗，得知並不會對懷孕或胎兒造成影響的藥物」。

而且，一定是在全盤考量過孕婦症狀、懷孕週數、藥物種類等因素，確定孕婦必須服用藥物比較好的情況下，醫師才會決定採用藥物治療。因此，若是因為懷孕而擅自決定不服用醫師開立的藥物，可能反而會導致病情惡化，甚至對懷孕及胎兒造成不良影響，不可不慎。

是否要服用藥物
絕對不可自行判斷

而在孕期中最重要的是，不可自行判斷是否要服用藥物，無論要不要服用藥物，都一定要先與婦產科醫師仔細商量過後，再遵照醫師的指示服用。此外，也務必要先問清楚：「為什麼需要服用藥物」、「藥物會帶來什麼效果、以及什麼樣的副作用」、「服用藥物時的注意事項」等等，汲取正確的用藥知識相當重要。

若是在沒有察覺到自己懷孕的狀況下，就服用了市售成藥，也一定要和醫師商量。市售成藥當中往往含有相當複雜的成分，務必在吃藥前先和醫師確定是否可以服用。

如果不正確地服用藥物
可能會發展為慢性疾病

一般來說，處方藥之中含有的成分劑量，是醫師認為最能發揮效果的比例。因此如果自行決定減少1天中的服用次數，或擅自停藥，會導致疾病難以根治，甚至演變為慢性疾病。

在醫院拿到的處方藥，一定要依照藥師指示的服用方式與分量服用；若是擔心藥物會產生副作用，請先與該專科及婦產科醫師都確認清楚。

服用藥物時也要
同時喝下滿滿1杯水

內服藥必須搭配冷水或白開水一起服用，若以果汁或牛奶搭配服藥，可能會導致藥物中某些成分受到妨礙，無法發揮應有的功效，或是反而會更增強藥效。

服用藥物時要確實喝下1整杯的水或白開水。要是水量過少，藥物很可能會梗在食道裡，或是無法被身體完整吸收。

若忘記服用藥物，可以在想起來的時候趕緊服用，不過要是距離下一次的服藥時間過近，就先跳過一次也沒關係。千萬不要一次吃下2倍的藥物。

此外，應該有些人是原本就抱有疾病，即使是在懷孕中也必須繼續服藥控制病情！這種情況下，一定要事先告知該專科醫師自己懷孕了並與婦產科的主治醫師說明自己正在服用哪些藥物。

懷孕中可能會服用的處方藥物・注意事項

肚子出現緊繃或疼痛感

**可利用子宮收縮抑制劑減緩症狀
除內服藥外，也有打針、點滴等方式**

造成肚子出現緊繃或疼痛感原因的子宮收縮，是為了在分娩的時刻將胎兒娩出所產生的力道，但是，若懷孕期間內發生不恰當的子宮收縮，則有可能引發迫切流產、早產等問題，為了降低肚子緊繃的情形，醫師會開立子宮收縮抑制劑來舒緩子宮的肌肉。

子宮收縮抑制劑除了內服藥外，也可以利用打針的方式輸送到孕婦體內，若因迫切流產・早產等原因住院，也有可能利用點滴注入子宮收縮抑制劑。

為了讓藥效確實發揮，最重要的是孕婦本人必須在完全靜養的狀態下服藥。服用子宮收縮抑制劑之後，可能會產生臉部變紅、心悸等副作用，若出現這類症狀，請務必告知醫師。

出血

**子宮出血的狀況下
可以使用2種止血劑**

當子宮出血時，可以使用止血劑來治療。孕婦可以使用的止血劑主要分為2種，1種是例如「Adona」利用腎上腺素色素製劑來補強毛細血管，進一步達到抑制出血的效果。

而另一種是像是「傳明酸」等屬於纖維蛋白溶解抑制藥的用藥，幫助出血部位的血液凝固。

在出現迫切流產、早產的情況下，除了服用止血劑之外，讓自己保持臥床靜養也非常重要。

貧血

**對很多孕婦來說
都必須補充鐵劑**

為了補充身體裡的鐵質，很多人在懷孕期間被醫師開立鐵劑的處方。這是因為懷孕時很容易會引起缺鐵型貧血，貧血惡化不僅會容易疲憊，在分娩時出血過多也會非常危險。

鐵劑都是以內服藥居多。每個人的身體對於鐵劑的反應都不相同，可能會出現便秘或腹瀉等副作用。

由於鐵質很難被身體吸收，每天一定要補充大量的鐵質，可是，能夠為身體補充足夠鐵質的鐵劑，卻有著難以下嚥的缺點。因此，在平日的飲食中也要有意識地多攝取鐵質，在牛肉、羊栖菜、紫菜、海苔、蛤蜊、紅豆、黑芝麻、黑棗當中都含有相當豐富的鐵質，同時搭配蛋白質與維生素一起攝取，能更提升鐵質的吸收率。

血壓過高

**可利用降血壓劑治療
妊娠高血壓症候群**

血壓過高不僅會導致血液循環變差，還會對胎兒的發育造成不良影響，並可能引發早產。

若是罹患妊娠高血壓症候群等必須使血壓下降的疾病，醫師可能會開立降血壓劑給孕婦。但光是用降血壓劑使血壓下降，只是治標不治本的作法，因此不能因為有在吃藥就感到放心了。治療妊娠高血壓症候群時，多臥床休養及正確的飲食才是關鍵。

發炎（性器官感染）

**依照引起感染的細菌或病毒
分別採用殺菌用藥**

若感染了衣原體性病、念珠菌陰道炎、生殖器疱疹等疾病，在分娩時可能會發生產道傳染，對寶寶造成影響。衣原體性病還可能會引起早期破水，帶來早產的風險。因此，發現自己染上這類性病，一定要使用藥物將引起疾病的細菌或病毒殺死才行。若是染上滴蟲性陰道炎，治療結束後還要再持續服用防止復發的藥物。

感冒

**利用藥物緩和症狀
避免消耗過多體力**

感冒藥有分為綜合感冒藥與治療特定症狀的藥物，綜合感冒藥對於發燒、咳嗽、流鼻水等症狀能發揮整體的藥效，而治療特定症狀的藥物是只針對咳嗽或發燒等單一症狀。無論是什麼原因引起感冒，感冒藥的目的並不是殺死病毒，是藉由緩和症狀來減少體力消耗，用意是及早治好感冒。尤其是在懷孕時，一定要在發燒與咳嗽的症狀變嚴重之前就先採取治療。

發燒・子宮以外的部位疼痛

可以使用不會引發
子宮收縮的解熱鎮痛藥

若是體內的前列腺素增加太多，會造成身體溫度上升、讓人感覺疼痛，同時也會誘使子宮收縮，可能會帶來迫切流產、早產等問題。因此，必須使用有鎮痛解熱功能的乙醯胺酚，抑制身體分泌前列腺素。在各種解熱鎮痛的藥物中，有些必須要達到一定的懷孕週數才能使用。

便秘

可服用能促進腸胃蠕動、
具有軟便效果的藥物

在懷孕期間內，可以使用能促進腸胃蠕動、具有軟病效果的藥物，此外，也有醫師會開出能調整腸道內環境的整腸劑給孕婦。

由於浣腸帶來的刺激太過強烈，可能會促使子宮收縮，因此在懷孕時不建議以浣腸的方式解決便秘。

即使服用便秘藥物後效果沒那麼理想，也絕對不可以擅自增加藥物的使用量、或是自行決定改為服用別種藥物。

胃痛・胃下垂

在害喜時也可能會
利用胃腸藥緩和症狀

若出現火燒心（灼熱感）、打嗝、胃下垂、胃痛等種種症狀時，可以使用胃腸藥帶來緩和的效果，此外，在害喜嚴重時，醫師也有可能會為孕婦開立胃腸藥的處方。

一般而言，胃腸藥可分成調整胃酸pH值、以及保護胃壁黏膜的類型，必須依照實際發生的症狀區分使用；有時候也會採用中藥來調理身體。

肌膚搔癢

可利用效果穩定的
類固醇藥物治療

在懷孕時，由於受到荷爾蒙變化的影響，肌膚可能會出現搔癢情形，或是因為免疫力低落而引起蕁麻疹等困擾。搔抓就會更癢，抓破皮還可能會引起發炎。搔癢的情形可利用外用藥膏解決，比起內服藥，外用藥膏的好處是其成分不太會被身體吸收，在懷孕期間可以利用效果穩定的類固醇藥物來治療。

過敏症

以身體較不易吸收的
噴鼻液或眼藥水為主

對付過敏的藥物分為噴鼻液、眼藥水及內服藥。不過，在懷孕期間，大多數醫師都會採用身體比較不容易吸收的噴鼻液或眼藥水，降低過敏帶來的困擾。

在使用噴鼻液、眼藥水時，一定要確實遵守使用方式與正確的用量；在用藥的同時，也要盡量避免外出，減少接觸到粉塵的機會。

腰痛

雖然可以使用痠痛貼布
還是必須在醫師的指示下使用

內服的止痛藥由於成分的關係，在懷孕時並不能服用，醫師會比較傾向利用痠痛貼布解決腰痛的問題。

雖然跟止痛藥比起來，痠痛貼布比較不容易被身體吸收，但在使用時還是要遵守婦產科醫師的指示，另外，含有吲哚美辛（Indometacin）成分的止痛藥會對於胎兒的血管造成影響，在懷孕中應避免使用。

蚊蟲叮咬

如果是局部、短時間使用
基本上沒有問題

雖然針對蚊蟲叮咬的止癢藥膏，還是會經由肌膚吸收進身體，不過，如果只是在短時間內局部使用市售的蚊蟲叮咬藥膏而已，基本上不會對於肚子裡的寶寶、以及懷孕本身造成影響。

憂鬱

可以使用不會影響懷孕的
抗憂鬱藥物

若是服用抗憂鬱藥物後症狀有所改善，醫師看診後認為已經不需要再使用藥物，就可以停止用藥了。不過，停止用藥也有可能會使媽媽的憂鬱狀態惡化。

在各式各樣的抗憂鬱藥物當中，也有不會對懷孕造成影響的藥物，因此如果有需要，即使在懷孕時也可以服用抗憂鬱藥物。

PART 5

令人困擾的
孕期小毛病

隨著時間越來越大的肚子，有時候也會帶來一些困擾。
雖然不至於得要去醫院治療，但還是盡早解決
這些令人不適的症狀比較好；心靈方面的煩惱當然也要一掃而空！

令人不適的困擾❶
解決便秘問題！

在懷孕期間，種種因素都會導致孕婦容易發生便秘情形。
為了解決便秘的問題，首先一定要改善日常生活中的習慣，若還是無法好轉，使用藥物「排出」宿便就顯得相當重要。

無論是任何人，在懷孕時都很容易發生便秘的困擾

在懷孕的每一個階段，都會因為不同的原因而造成便秘。

在懷孕初期，可能會由於害喜的緣故使得水分攝取量降低，而導致便秘；再加上懷孕後身體會分泌大量的黃體素，造成腸胃蠕動的功能下滑；到了懷孕中期之後，越來越大的子宮會對腸道造成壓迫，使得腸道機能變差，因而再度產生便秘的問題。

必須重新檢討自己的生活步調、飲食、運動

一旦察覺到自己出現便秘的跡象，第一件事就是必須重新檢視自己的日常生活，努力解決便秘的問題。規律的生活、攝取富含纖維質的飲食、適度的運動就是不二法門。也要記得補充足夠的水分、保持充足的睡眠，就算解不出來還是要養成在固定時間上廁所的習慣。

要是做過各種努力後還是無法解決便秘、肚子疼痛不已，千萬不要默默忍耐，一定要和醫師討論。

通常醫師會開立具有促進腸胃蠕動效果的便秘藥，不過每個人對於藥物的反應都不相同，藥效太強烈導致腹瀉，也有可能會引發肚子產生緊繃感，因此若要服用藥物，還是先從少量開始為佳。

如果持續便秘，使得硬便堵塞住肛門出口，即使服用藥物也還是很難解便，這種情況下就必須利用浣腸或肛門栓劑使大便變軟，才能順利排出。雖然大家可能會覺得「使用藥物感覺不太好……」，不過，要是便秘惡化了才會對身體造成更嚴重的影響，只要是在婦產科拿到的藥物，就儘管放心使用吧！

便秘會導致痔瘡而痔瘡又會使便秘惡化

在懷孕時，不僅容易產生便秘的問題，漸漸變大的子宮更會帶來壓迫，使得下半身的血液循環越來越差，引起靜脈瘤與痔瘡等問題。再加上便秘所引起的排便困難，也會造成外痔的問題。肛門一疼痛，自然會對排便產生恐懼感，使得便秘問題更加惡化，而陷入惡性循環。

萬一形成了痔瘡，可以在定期產檢時與醫師商量對策，應該會採取外用藥膏或肛門栓劑治療，基本上懷孕時不會以動手術的方式切除痔瘡。

在懷孕時的便秘問題，到了產後大部分都可以獲得改善。不過，開始哺餵母乳，會造成媽媽身體內的水分流失，再加上不規律的生活與睡眠不足，便秘的問題很可能會再度找上門。在哺餵母乳的期間內，服用藥物會對寶寶造成影響，若產後便秘情形嚴重時，請向醫師尋求協助。

嗯～～

在日常生活中預防便秘的訣竅

飲食內容

吃過早餐之後
腸胃就會開始蠕動

平時務必要養成規律攝取一日3餐的習慣，尤其是早餐最為重要，吃早餐具有喚醒腸胃蠕動的效果，能夠使排便更加順暢。

平時要多攝取膳食纖維 →P76、水分及適度的油脂，另外也可以積極地補充優格等乳製品。為了解決便秘的問題，建議可多吃玄米、蕎麥、豌豆、黑豆、海帶芽、地瓜、牛蒡、西洋芹、地瓜葉、高麗菜、蓮藕、金針菇、蒟蒻、紅蘿蔔等食材，多攝取膳食纖維才能幫助排便。

早晨剛起床時，可以喝一杯冷白開水，也具有喚醒腸胃蠕動、助便的效果。

補充水分

太硬不容易排便
補充水分也有軟便的功效

在懷孕時，身體會很容易吸收油脂，大便會出現偏硬的傾向，若是便秘，大便在腸子裡滯留的時間拉長，會漸漸流失水分，變得越來越硬。

由於變硬的大便很難排出體外，因此在懷孕期間應該注意補充大量水分，以達到軟便的效果。

泡澡

身體變冷導致血液循環變差
容易引起便秘

身體的血液循環變差也容易導致便秘，尤其是下半身受涼更會帶來不好的影響。為了促進血液循環，每天都要泡澡確實讓身體溫暖起來。不過，若是水溫過熱，會造成交感神經緊張，反而會使便秘的情況更惡化，因此建議以微溫的泡澡水讓副交感神經放鬆。平時也要注意別穿太少，也不要在冷氣房待得過久。

運動

適度活動身體
讓腸胃確實蠕動、發揮作用

運動不足也會對於便秘造成不良的影響，平時可以藉由出門散步、健走、或是孕婦專門運動，養成適度活動身體的習慣，讓腸胃確實蠕動。早晨起床之後立刻動動身體，也可以喚醒腸胃，讓腸胃開始發揮作用。

生活步調

以規律的生活步調
營造出規律的排便時間

起床、用餐、上廁所、運動等，每天都要盡量在同樣的時間進行，規律的生活步調也能同時營造出固定的排便習慣。睡眠時也會促進腸胃消化機能，充足的睡眠也是解決便秘的一環。

上廁所

養成在固定時間
上廁所的習慣

如果只是被動地等待便意來臨才去上廁所，很難掌握到自己排便的步調。如果已經出現便秘的情形，再怎麼等待還是不會感受到便意。

平時不應該拘泥於是否出現便意，應在早上同一時間上廁所，盡量多留一些時間，讓自己從容又放鬆地待在廁所吧！

最後一步服藥

在陷入惡性循環之前
利用藥物趁早解決便秘

要是長時間便秘，可能會導致痔瘡。形成痔瘡會讓人對排便心生畏懼，使得便秘情形更加嚴重……，很容易陷入惡性循環。

要解決便秘的問題，最重要的是趁早採取應變措施，在便秘情況尚未惡化前，利用藥物解決。只要是在婦產科拿到的藥物，即使是在懷孕期間也可以安心服用。

令人不適的困擾❷ 減緩腰痛情形

大部分的孕婦都有經歷過腰痛的困擾。由於在懷孕時禁止服用止痛藥，可以藉由正確的姿勢以及體操，減緩腰痛的情形。

有時不一定是懷孕所造成
腰痛嚴重時請前往就醫

隨著肚子越來越大，帶來的重量會對腰部造成負擔，再加上長時間挺著肚子，會造成腰部及背後的肌肉承受的負擔越來越大。

為了讓寶寶在分娩時能夠更容易通過狹窄的產道，身體會分泌出荷爾蒙使關節與韌帶的接合部位處於鬆弛的狀態，而造成腰痛。不過，若是罹患椎間板突出、腎臟病等與懷孕無關的疾病，也會感到腰部疼痛，要是痛得很厲害，還是及早向醫師求助會比較好。

適度運動、溫暖身體、
使用托腹帶來解決腰痛

在懷孕時發生的腰痛情形，通常會隨著肚子越大而讓人越難受，平時運動不

足、背部肌肉不夠發達，腰痛更容易惡化。在懷孕期間可藉由健走、伸展、孕婦瑜珈、游泳等運動來鍛鍊背肌，消除腰部的緊繃感。

為腰部帶來溫暖、促進血液循環，可以對腰痛帶來幫助，利用托腹帶或腰痛帶護腰支撐腰部的重量，都是不錯的方法。

體重增加過多會使得腰部的負擔變重，平時多注意控制體重增加的幅度，都是非常重要的一環。

記住正確的站立姿勢＆
走路方式才能預防腰痛

當腰痛得厲害時，首先要注意自己的姿勢是否正確，不要造成腰部的負擔。隨著肚子越來越大，上半身容易呈現反弓形的姿勢，將全身的重心往後挪，這麼一來就會使得腰部與背部的負擔越來越大。

平常站著時，必須隨時將肛門與下腹部縮起來、不要過度挺胸，保持身體直立，當然也不可以駝背。站立時

揉揉捏捏

應伸展開背部肌肉，左右腳張開與肩同寬，才能平均地分擔體重，讓肩膀保持放鬆狀態。

走路時應自然地搖晃雙手，就像以腳尖往前踢一樣，確實將腳跟抬起、踏出步伐。

幾乎所有孕婦的腰痛問題，到了產後都會自然消失，開始育兒之後，也可能因為不習慣抱小孩的姿勢，反而使腰痛情形加重。為了減輕產後的腰痛情形，在懷孕時可先適度運動身體，鍛鍊背部與腰部的肌肉。

請參考右頁的步驟，從現在起練習體操。但要是感覺到肚子變緊繃，還是要多休息，千萬不可勉強自己。

預防&解決腰痛的體操

腰部伸展操

活動腰部促進腸道蠕動

1 兩腳打開與肩同寬，稍微彎曲膝蓋。雙手插腰，注意肩膀不可往上聳起。

2 慢慢旋轉腰部。無論是先向左或向右旋轉皆可，先從比較輕鬆的那一邊開始，接著再換另一邊。

扭轉腰部

將膝蓋放倒在地上，伸展側腹肌肉

1 坐在地上，雙手放在後方平貼地面，拱起膝蓋，雙腳張開與肩同寬。

2 將兩邊的膝蓋先往左、再往右放倒，只要放到自己能達到的程度即可。要注意臀部不可抬起，必須一直坐在地上。

腰部伸展操

利用瑜珈的基本動作解決腰痛

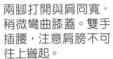

1 雙手與雙膝打開與肩同寬，靠在地面上。注意背後必須挺直，讓自己呈現出「四方形」。

2 將頭部縮往內側、朝往肚臍的方向。一邊吐氣一邊將背部拱起來，感覺就像是模仿貓咪生氣時的動作。

3 抬起臉部朝往天花板的方向，一邊吸氣一邊將背部往內縮，能達到伸展腰部的效果，感覺會很舒服。

從腰到背的伸展

延續貓式伸展的下一個步驟

1 做完貓式伸展之後，將雙腳緊貼在臀部旁邊坐下，再將雙手置於膝蓋前方。

2 接著抬起臀部，一邊吐氣一邊將雙手向前伸展。手要盡量往前伸，才能伸展到背後與側腰。

將膝蓋往左右兩邊放倒

藉由伸展側腹肌肉，解決便秘問題

1 在地上仰躺，將雙手置於頭部下方，雙膝與雙腳併攏，拱起膝蓋。

2 一邊吐氣一邊將雙膝放倒到兩旁。須注意肩膀及手腕不可抬起，盡量伸展側腰。

將膝蓋往內側放倒

有調整骨盤、改善腰痛的效果

1 在地上仰躺，將雙腳打開、並抬起膝蓋。左右手分別抓住左右腳的腳踝。

2 分別將兩邊的膝蓋往內側放倒，感覺就像是讓髖關節往內側運動一樣。

這樣也OK 就算膝蓋無法完全靠在地上也沒關係，不需要過於勉強自己，只要以自己能達到的程度伸展身體即可。

167

不會影響寶寶
但卻令人困擾的孕期不適

懷孕之後，身體的各個部位會開始出現變化，當然也會連帶造成一些小狀況。
雖然這些令人不適的狀況到了產後就會不藥而癒，但若是太過嚴重還是必須就醫治療。

孕婦常見的孕期困擾列表

浮腫

**穿著減壓襪或是按摩
都能發揮顯著效果**

在懷孕時，身體細胞本來就會比較容易儲存水分，再加上隨著子宮越來越大，下半身的血液循環也會越來越差，導致身體容易出現浮腫。

若感到腿部浮腫，可在睡眠時墊高腿部，或試試看按摩、穿著減壓襪等各種方式減輕腿部的負擔；適度的運動也可以促進血液循環，讓身體保持溫暖也非常重要。

手指也會出現浮腫的情形，萬一感覺戒指越來越緊，可以用手指從指尖→指根→手腕→手肘的方向按壓，或是以輕輕揉捏的方式為手部按摩。

雖然浮腫是懷孕引起的生理現象，不過，也有可能是因為生病而造成。如果是生理上的浮腫，只要睡一晚，隔天早上起來應該就會好轉。如果是早上就開始浮腫，雖然有可能是因為前一天晚上喝下的水分所來的影響，但也有可能是生病的徵兆。若是在短短1天內體重就增加了1kg之多、或是用手指按壓腳踝時，肌膚深陷久久無法回復，就必須向醫師求助。

靜脈曲張

**多促進血液循環
注意別讓靜脈曲張惡化**

越來越大的子宮會壓迫到下半身的靜脈，使得血液循環變差，因而形成靜脈曲張。停滯不前的血液累積在靜脈，沿著靜脈擴張、形成靜脈曲張。由於大多數的靜脈曲張會在懷孕之後漸漸消失，因此不需要特別接受治療。若是已經形成了靜脈曲張，平時需多注意不要長時間維持相同姿勢，也不可以讓自己受寒，下點功夫促進血液循環，別讓靜脈曲張惡化。

腿部抽筋

**主要是缺乏鈣質、
下半身的血液循環不佳**

小腿肚或腳底抽筋，是在懷孕期間相當常見的症狀。腿部抽筋主要的原因是肚子越來越大，造成下半身的血液循環變差，以及體內缺乏鈣質等等。平時如果攝取過多甜食，也會使鈣質更缺乏，因此必須留意不要攝取太多甜點與果汁。

睡眠腳動症

**體內的鐵質與葉酸不足
也會引起睡眠腳動症**

所謂的睡眠腳動症，指的是在睡覺時雙腳出現抽搐動作，造成睡眠障礙。如果體內的鐵質或葉酸不足、或有罹患糖尿病等疾病可能引起睡眠腳動症，好發於高齡者與懷孕中的女性。由於只要治好原本的疾病就能解決睡眠腳動症的問題，所以到了產後會自然消失。如果症狀嚴重可前往神經內科就醫。

站立時暈眩

在孕期中容易出現的
腦貧血症狀

　　腦貧血是一時在腦部流動的血液突然變少，腦細胞的能量不足所引起。由於在懷孕時，身體裡的血液大部分都集中於子宮，在突然站起來的時候，很容易發生暈眩的情形。搭車時如果長時間站著容易引起暈眩，最好多加留意避免。若是一時感到頭暈目眩，為了避免暈倒時撞到頭，請在原地直接蹲下休息，等待暈眩感穩定下來。

肩膀僵硬

不自然的姿勢所造成
試著舒緩放鬆肩膀肌肉吧！

　　在懷孕時，為了支撐越來越大的肚子，肩膀會向後仰，形成身體往後弓的姿勢，這種不自然的姿勢會帶給肩膀多餘的負擔，不僅如此，肩膀同時也必須支撐越來越大的乳房，更加重了肩膀肌肉的負荷。平時可以藉由體操、伸展操、孕婦游泳等方式，舒緩肩膀的肌肉；按摩也是一個不錯的方式。

頭痛

荷爾蒙分泌的變化
導致自律神經失衡

　　由於自律神經失去平衡、精神方面會比較不穩定，在懷孕時感到頭痛的人不在少數。如果是還可以忍耐的疼痛，可以聽聽比較安靜的音樂，再藉由充足的睡眠讓身體獲得休息，或是以自己感興趣的事物轉換心情。若是痛得受不了，強忍反而會讓心情更焦躁，這時應該向主治醫師求助，即使是在懷孕期間，還是可以服用某些藥物減緩頭痛。

倦怠

出現倦怠感
＝身體需要休息的徵兆

　　在懷孕初期，由於受到黃體素分泌的影響，孕婦容易感到疲憊，到了懷孕中期之後，肚子越來越大，隨之而來的重量也會讓人產生倦怠感。無論如何，感到倦怠時就應該讓自己好好休息，不要硬撐。

　　如果必須工作，不妨尋求同事的諒解與幫忙，稍微減輕一點自己的工作量，並且在工作空檔找時間休息。

嗜睡

嗜睡是自然的生理現象
不要硬撐，睡個午覺好好休息

　　懷孕時與生理期相同，都會受到黃體素的影響，讓人產生嗜睡的感覺。為了讓孕婦的血管擴張、輸送給寶寶足夠的營養與氧氣，血液會集中在骨盆部位，頭部的血液量就會變得比較少，讓人忍不住昏昏欲睡。感到想睡時，讓自己躺下來休息一會兒，不要硬撐。如果可以，就睡個午覺讓自己好好休息吧！

失眠

即使睡不著
也要躺著讓身體休息

　　受到荷爾蒙的影響，在懷孕期間常會有人有失眠的困擾。尤其到了懷孕後期，可能會因頻頻想上廁所、寶寶的胎動過於激烈等原因，在晚上醒來好幾次。如果心想「我一定要睡著」，反而會讓人睡不著，只要將房間布置得昏暗一點，躺著就能讓身體獲得休息，不要太在意反而給自己壓力。

潮紅・精神亢奮

在日常生活中
盡量讓自己放輕鬆

　　由於荷爾蒙平衡發生變化、自律神經失衡等因素，血管的擴張與收縮無法照常運作，造成孕婦容易面部潮紅、精神亢奮。此外，壓力也會導致自律神經紊亂，平時應盡量讓自己放輕鬆。在黃綠色蔬菜當中含有的維生素E，具有改善血液流動及調整荷爾蒙運作的功效，在飲食中應多攝取。

耳鳴

自律神經的平衡
受到干擾所引起的現象

　　在懷孕時，自律神經很難保持在平衡，有可能會引起耳鳴。另外，若害喜過於嚴重導致體重急遽下滑，也會使耳管打開（耳管開放症），導致耳內出現回聲、聽不清楚聲音；也有可能因為浮腫導致耳管變狹窄（耳管閉塞症），造成孕婦聽不清楚。無論是哪一種，都會在產後自然復元，不需在懷孕時接受治療。

味覺變化

**由於荷爾蒙造成的影響
常會造成味覺發生變化**

在懷孕時，會發現自己的味覺與對食物的喜好發生變化，這是極為常見的現象。大多數人在害喜的階段發現自己「以前很喜歡的東西現在變得不愛吃了」，反而對「以前從來不感興趣的東西躍躍欲試」。這都是因為荷爾蒙變化所帶來的影響，不需要特別擔心。

心悸

**身體左側朝下躺平
就會感到比較舒服**

懷孕之後，由於貧血＆血液量增加的緣故，對於心臟帶來非常大的負擔，再加上自律神經的調節功能下滑，可能會引起心悸的現象。此外，躺下來的時候壓迫到腹部的血管，也可能會讓心臟跳動得更快，在休息時應該讓身體保持在左側朝下的姿勢，才能使血流較為穩定，比較不會發生心悸。

口渴

**孕期時很容易罹患牙周病
一定要仔細保養牙齒**

懷孕時由於荷爾蒙失衡的關係，口中的狀態也會產生變化，讓人感到口渴、或舌苔增加。
這樣的口腔環境很容易引起牙周病，在懷孕期間應該更注意刷牙，多補充水分。用嘴巴呼吸的話也會讓人感到口渴，應提醒自己用鼻子呼吸。

手指僵硬

**為浮腫帶來的影響
到了產後會自然消失**

到了懷孕中期左右，手指與手腕變得比較腫脹，許多孕婦會產生手指僵硬、麻痺、甚至疼痛感，引起所謂的腕隧道症候群。這是因為懷孕會造成全身浮腫，導致手腕與手指的神經輕微麻痺。這只是暫時的現象，等到產後身體浮腫的情況改善，症狀就會自然消失。

撲通撲通

視線模糊

**身體狀況不佳時
也會造成眼睛調節功能下降**

基本上，懷孕並不會造成視力方面的問題，不過，當孕婦看東西時，卻有可能會出現一時之間對不到焦的情形，在身體狀況不佳時，眼睛的調節功能會隨之下滑。因此，在身體狀況較不穩定的懷孕初期與後期，可能會出現視線模糊或眼睛疲勞等感覺，不過這只是暫時的現象，等到產後就能不藥而癒。

心情焦躁

**懷孕時本來就容易焦躁
試著讓自己轉換心情吧！**

懷孕後由於荷爾蒙分泌，每個孕婦都會容易感到心情焦躁，只是程度上的差異。雖然心情焦躁並不會造成身體的疾病，不過，在懷孕期間還是應該盡量保持愉悅的心情。只要是醫師沒有特別限制，可以在合理範圍內適度享受休閒活動的樂趣，為自己轉換心情。

指甲斷裂

**注意飲食內容的同時
也要做好保濕工作**

在懷孕時，不僅是肌膚、就連指甲與髮絲狀態都會出現變化。雖然指甲斷裂可能也是因為生理造成的狀況，也有可能是身體缺乏維生素與礦物質的徵兆。發現指甲斷裂，請重新檢視自己的飲食生活，是否有攝取均衡的營養。平時可以擦上保養油等，為指甲做好保濕工作。

眼睛分泌物變多

**懷孕會讓眼睛變敏感
也有可能是過敏**

一般來說，懷孕並不會使眼睛分泌物增加、或是導致眼睛搔癢等情形。比較有可能的是原本就屬於過敏體質的人，懷孕之後變得更敏感容易刺激出現過敏症狀。如果感到不適，請前往眼科就診。

肚臍突出

這正是肚子變大的證明
到了產後便會恢復原狀

原本應該是往內縮的肚臍，隨著肚子越來越大，肚臍周圍的肌膚也會被拉扯，造成肚臍往外突起。到了產後肚臍會自然恢復原狀，不必擔心。順帶一提，想要清潔肚臍是無所謂，如果清得太乾淨也可能會導致肚臍發炎，還是小心一點比較好。

痘痘・濕疹

更換使用的美妝品
無法好轉的話需前往皮膚科

由於懷孕期間體內的荷爾蒙會產生變化，肌膚狀態也會隨之改變。可能會對於外來的刺激比較敏感，肌膚免疫力也會變差，使得肌膚容易產生問題。可以試著更換比較溫和的洗顏品或美妝品，也許就能改善肌膚問題。要是肌膚問題很讓人在意、或是遲遲未見改善，請前往皮膚科就診。

搔癢感

加強保濕後還是很癢
可以利用藥物止癢

在懷孕期間，身體的新陳代謝會變得比較旺盛，不少孕婦都會感到手腳、背部、肚子等身體各部位出現搔癢感（妊娠搔癢症）。覺得很癢的時候，可以在洗完澡後塗抹保濕乳液，為肌膚補充水分與油分。如果真的很癢、會忍不住想要伸手去抓時，還是要向醫師求助，請醫師開立在懷孕期間也能安心使用的止癢藥膏。

尾椎疼痛

荷爾蒙變化造成關節鬆弛的緣故
盡量不要頻繁動作

一旦懷孕之後，身體就會開始分泌一種名為雌激素的荷爾蒙，雌激素會使身體關節變得比較鬆弛，因此，尾椎、恥骨、腳跟等部位可能會出現疼痛感。痛得難受時就必須好好休息，不要勉強自己活動。感到疼痛時也不可以進行任何伸展動作，要是硬要拉扯鬆弛的關節，只會更不舒服。

恥骨疼痛

這是快要分娩的徵兆
到了產後就能自然復元

越到接近分娩的時期，骨盆會呈現比較張開的狀態，讓寶寶的頭部得以順利下降，壓迫到恥骨部位造成疼痛感。而胎位不正的寶寶也可能會踢到恥骨，因此也同樣會感到疼痛。恥骨疼痛時，請採取最舒服的姿勢好好休息。幾乎大部分孕婦的恥骨疼痛情形，到了產後1～2個月左右就能自然復元。

一直想上廁所

肚子越來越大的懷孕後期
會到達頻尿的高峰

隨著子宮越來越大，會對膀胱造成壓迫，讓孕婦頻繁地感覺到尿意，特是在懷孕末期胎兒的頭部已經朝下，更會達到頻尿的高峰。若是勉強憋尿，可能會引起膀胱炎，只要一感覺到尿意，就直接去上廁所會比較好。一般來說，頻尿的現象到了產後會自然消失，若是產後還是持續頻尿請前往就診。

漏尿

利用體操
鍛鍊骨盆底肌肌肉群

孕婦漏尿的原因與頻尿相同，都是因為越來越大的子宮壓迫到膀胱的緣故。再加上支撐著膀胱的骨盆底肌肌肉群，會由於懷孕的關係變得鬆弛，使得膀胱的位置往下移動，因此只要有一點腹壓就會容易漏尿。這是懷孕引起的現象，不需要特別動手術治療，平時可以多做體操，鍛鍊骨盆底肌肌肉群。

工作時不可太勉強
孕婦職場注意事項

懷孕時，最重要的絕對是肚子裡的寶寶。不過，如果是持續工作的準媽媽，還是必須依照工作上應遵守的規則行事，也別忘了不可造成周遭同事的不便。

掌握職場環境
建立一套自己的孕期對策

在懷孕時，身體狀況有可能會突然變差，或出現許多懷孕特有的困擾，若是太過於勉強自己，不僅會對寶寶帶來不良影響，甚至可能導致迫切早產／流產等情形。雖然在工作上具有責任感很好，但千萬不可徹夜／熬夜工作、或接受時間過於勿忙緊湊的出差等，透支自己的體力。而且，當身體狀況不佳時，在工作上也一定不會順利。

在職場環境方面，一定會有「對孕婦友善的工作環境」、當然也絕對會有「無法體諒懷孕‧生產的職場」。不過，就算工作環境再怎麼惡劣，還是不能忘記自己畢竟是在工作才能拿到薪水，現實就是如此。就算在職場上，每個人也都會有自己的想法，有些人得知身邊有孕婦，可能會比較體貼溫暖，不過當然也會有完全相反的人。面對這種情形可能會出現許多令人困擾的狀況，這時候一定要記住，不能因為自己懷孕就強硬地要求更多的優待，也不可以毫無道理地依賴他人，這就是在工作上應遵守的潛規則。

在職場上，也必須注意不可太明顯地表達自己的不滿，要時時提醒自己，自己是在許多人的幫忙下才能繼續工作。在懷孕時，最重要的是思考一套孕期對策，在愉快的狀況下繼續工作。

早點辦妥在工作場合中需要辦理的手續

首先要向公司報告自己懷孕了

只要醫師確定懷孕已經屬於穩定狀態後，就必須及早向公司報告自己懷孕的事，這不僅是職場上共通的規定，也對自己往後在工作上的安排比較有利。對於公司組織而言，必須確認孕婦的工作時數與休假等事宜。提出種種申請時可能也必須具備醫師的診斷證明書，必須先請醫師開立。

身體狀況不佳時能派上用場的文件

在身體狀況不佳時，如果想要調整休假、通勤時間、工作內容時就可申請醫師証明，請善加利用。

所謂的產假是？

雇主於女性受僱者分娩前後，應使其停止工作，給予產假8星期，就屬於「產假」的範圍。必須先與公司的行政單位洽詢需要辦理的相關手續。

所謂的育嬰假是？

在寶寶滿3歲前，爸爸和媽媽各自可以請最長兩年的育嬰留職停薪。夫妻輪流請，兩人在育嬰留停的前6個月都可以領有勞保投保金額的六成，補貼家用。

休產假之前若能先取得

各種需要的文件，申請起來會更順利

出生證明書——如果能先拿到出生證明文件，到了寶寶出生之後就可以立即提出。各種相關的給付金額 →P100 ，都必須以出生當天的日期為基準才能計算。

育嬰假申請書——為了方便起見，也可以先填好必要事項，預先寄放在公司。請先向公司內部的人事‧行政部門洽詢清楚。

全職孕婦可能會遇到的不便

害喜

隨身攜帶嘔吐袋、糖果等
會讓人比較放心

在孕期可能會出現「聞到他人的氣味感到想吐」、「公車過於搖晃讓人感覺很不舒服」、「空腹會覺得反胃」等等，害喜真的是一件令人很難受的事，建議在通勤時可以隨身攜帶嘔吐袋，「萬一吐了至少身邊還有嘔吐袋」，讓心情多少可以輕鬆一點。如果是空腹時會感到不適，可以隨身攜帶口香糖、糖果、小餅乾等點心止飢。

病毒

密閉車廂中可能會沾染病毒
戴上口罩確實防禦吧！

只要有人咳嗽或打噴嚏，空氣中便會佈滿了感冒病毒，尤其是在電車或公車等密閉空間，感染力會更加倍！懷孕時身體的免疫力會降低，就算是一點點的接觸也都很容易會感染病毒。

外出時一定要記得戴口罩，回家後也必須勤於漱口、洗手，徹底抵擋病毒的威脅。

大眾運輸工具

要盡量彰顯出
自己是孕婦的身分

各式各樣的人都會利用電車與公車等大眾運輸工具。近年來在各級縣市政府都能領取到可以別在包包上的孕婦識別徽章，儘管如此，還是有很多孕婦表示「從來都沒有被讓位過」、「搭車時常被別人撞到」等情形。不過，也只能盡量利用各種方法彰顯出「自己是孕婦的身分」。如果可以，還是盡量避開交通尖峰時間通勤吧！

身體受寒

無論是冬天或夏天
都要注意別讓身體著涼了

要是身體一受寒，肚子就容易產生緊繃感，在公司時也不能因為身處於空調房就掉以輕心。因為空調可能會受到建築物的構造所影響，無法發揮效果此在公司裡常會有些地方出乎意料外地寒冷，一定要隨時放一條毯子保暖才行。如果是特別怕冷的人，可以準備暖暖包或攜帶式熱水袋在身邊。只要為腰部帶來溫暖，全身就能保持在暖呼呼的狀態。

在通勤時，冬季可利用服裝、圍巾、手套等確實做好防寒措施。雖然在電車或公車內部都會有空調，如果是在尖峰時間人潮眾多時也許不會感到寒冷，不過在月台或公車站牌等車時卻很容易著涼，一定要多留意保暖。

夏季也不見得絕對不會著涼，在公司裡、電車與公車等冷氣效果很強的地方，也要注意別受寒了。

乾燥

在不造成別人困擾的前提下
保護自己遠離乾燥

長時間開著空調的辦公室中，空氣相當乾燥，不只會造成口渴、肌膚乾燥等困擾，乾燥的地方更會使細菌與病毒大量繁殖。

平時可以多補充水分，或是在桌上放一台小型加濕器。若是特別在意肌膚乾燥的人，可以隨身攜帶礦泉水或保濕噴霧等，在不造成別人困擾的前提下，保護自己遠離乾燥的威脅。

肚子緊繃

「雖然很對不起大家」
但還是必須好好休息

一旦得知自己懷孕了，應該早點向公司報告，若是肚子變緊繃感到很不舒服時，也可以比較大方地提出休息的要求。不過，千萬不可以忘記自己正在休息的時間，同時也是大家正努力工作的時刻，必須時時抱有「對不起」、以及感謝的心情。當身體受寒時，肚子特別容易緊繃，在辦公室裡一定要做好防寒措施。

臉部潮紅

妥善利用各種小物
解決過熱的問題

懷孕時由於受到荷爾蒙平衡變化的影響，即使在冬季臉部也可能會熱得發紅。雖然這不是很特殊的現象，但千萬不可以認為「大家應該也都跟我一樣」，便擅自調低空調溫度、或隨意打開窗戶。

在這種情況下，必須先試著向周圍的同事表達出「自己覺得很悶熱」的感覺，再使用扇子或降溫貼等小道具減緩不適。

電磁波

利用電磁波擋板
也是一種解決方式

一般來說，電腦釋放出的電磁波「並不會對肚子裡的寶寶造成影響」。雖然手機也會釋放電磁波，不過目前為止也沒有任何研究指出會提升寶寶的畸形率。如果還是覺得很在意，可以使用電磁波擋板等用具，不需要過於神經質。

各種職業的注意事項與 Q & A

行政工作‧辦公室內勤

適時讓自己休息
走路活動一下或伸展筋骨

　　一般人很容易會認為，辦公室內勤工作「不會對身體造成負擔，孕婦應該也可以輕鬆勝任」。但其實長時間一直面對電腦保持同樣的姿勢坐著，也不是一件好事，容易導致肚子產生緊繃感、肩膀僵硬、頸部疼痛等問題。

　　在懷孕時也很容易形成血栓，建議要適時地起身走動、或是伸展一下筋骨，別忘了要勤於補充水分。

長時間站立的工作（店員等）

不要過於勉強自己
必須留意腿部的浮腫情形

　　在懷孕時若長時間站立，會導致肚子緊繃、並且惡化腰痛。如果可以，請向公司表明自己懷孕了，申請調動到其他職位。若是必須繼續長時間站立，只要一感覺到肚子變緊繃，就必須讓自己適時地休息。

　　由於長時間站立會導致腿部容易腫脹，可以利用具有支撐效果的彈性襪、或是穿上腳底具有顆粒可帶來按摩效果的拖鞋，睡覺時也別忘了將腿部墊高，藉由各種方式舒緩腿部浮腫情形。

教師‧幼兒園教師

可以向學生表示
「老師的肚子裡有小寶寶唷！」

　　如果在工作時會面對到年幼孩童，就算自己再怎麼小心，還是很有可能會發生小孩不小心碰撞到自己等情況。雖然在子宮內有羊水包圍著寶寶，但若是被強力撞擊到還是會對肚子造成相當大的衝擊。平時可以對孩子們說：「現在老師的肚子裡面有小寶寶，要注意不要撞到或踢到老師喔！」，並且請同事一起協助。

上班時間不規則的工作（護理師等）

試著向值勤單位商量看看
盡量減少自己的負擔

　　雖然在懷孕時必須過著「規律的生活」，但若是護理師等職業，也不得不過著不規律的生活。雖然每個值勤單位的規定不相同，如果可以還是要向主管商量看看，盡量減少、或是不值夜班。

必須開車的工作

判斷力‧注意力容易低落
一定要時時保持警覺

　　在懷孕初期很容易會感到嗜睡，開車時一定要多加小心。無論是哪一個時期，懷孕都會造成判斷力與注意力降低。若是在工作上必須開車，一定要多預留一些交通時間；如果必須駕駛遠距離，也要記得在路途中多休息幾次。另外，隨著肚子越來越大，會越難操控方向盤，到了懷孕後期請停止駕駛。

Q 一直工作到懷孕後期
會容易早產嗎？

A 肚子可能會容易變緊繃
別讓自己太累了

　　雖然到了懷孕後期，肚子會越來越容易變緊繃，但並不代表一定會發生早產等情況。要是疲勞感持續累積，肚子也很容易會變緊繃，絕對不可以讓自己太累。若是在產檢時發現寶寶已經開始下降、或是子宮頸口已經打開了，就必須臥床休養。

Q 搭乘高鐵單程2小時
當天往返的出差行程沒問題嗎？

A 如果身體狀況不錯的話就OK
盡量休息、別讓自己太累

　　如果肚子沒有出現緊繃感、身體狀況也還不錯，即使出差應該也沒問題。如果擔心，建議可先跟主治醫師討論看看自己的身體情況。出差時，可在高鐵的車廂內坐著休息、或是在工作的空檔稍微歇息一會兒，絕對不可以讓自己太累。

從懷孕時就要先開始打聽托育資訊

**蒐集幼兒園的相關資訊
列出可能的候選清單**

越早開始準備規劃幼兒園越好，在懷孕時就可以先前往居住區域的區公所收集資料。同時，也別忘了要提前跟公司確認育嬰假等事項。

托育可分為政府認可的公立、私立托育機構，以及保母、到府保母等個人托育等類型。首先應先了解托育設施與個人托育各自的特色，再決定第一優先、第二優先的托育單位，朝著自己希望的方式著手準備。

接下來，確認該單位的托育時間是否能配合上班時間、托育費用是否在負擔範圍內等條件。公立托育機構資料、目前候補人數，都可以在區公所的官網查詢得到，不過，親自跑一趟區公所的服務窗口，可得到更完整的資訊，有時也可以獲得沒有相關認可的托育機構資料。建議在懷孕時就先前往區公所確認過較好。

**從懷孕時到產後都可持續
參觀幼兒園直到滿意為止**

列好托育機構的候選清單後，可實際前往參觀。只要對自己的托育服務有信心的機構，通常都會很快就答應讓家長前往參觀。由於之後要讓心肝寶貝每天前往該托育機構，一定要多參觀幾間，直到滿意為止，還可以與園長或保育人員實際談一談關於托育的事。

不過，坊間的私立托育機構還是有些機構本身或保育人員不符合規定的基準，在選擇之前一定要審慎評估再做決定。

比較接送方便度與
幼兒托育條件再決定

☐ **通勤與接送是否方便？**

先確認好住家→托育機構→公司的交通路線，原則上最好不要造成家長與小孩多餘的負擔。

☐ **托育時間是符合需求？**

一定要先確認好該機構的托育時間是否涵蓋上班＋通勤時間，是否能延長托育時間。

☐ **可接受的嬰兒月齡範圍**

每間托育機構關於嬰兒月齡的規定都不同，托嬰中心是0歲2歲、幼兒園是2歲至6歲。

☐ **產後回到職場的相關規定**

在懷孕時就要先確認清楚公司關於延長或縮短育嬰假、以及回歸職場後工時是否可縮短等相關規定。

☐ **托育費用是否在負擔範圍內？**

除了基本托育費用外，也要確認是否還有其他費用要支付，此外，延長托育時間的費用可能會依時間有所不同，也要先問清楚；或者是否選擇公立的托育中心。

參觀幼兒園時
確認重點

☐ **小孩的表情**

從小孩的表情，可以一眼看出該托育機構的好壞，重點在於該機構托育的小孩是否呈現出開朗活潑的神情；若是對於托育人員發出的指令一個口令一個動作，也有可能是因為管理非常嚴格的緣故。

☐ **面對父母的接待方式**

該托育機構是否能很快地安排父母參觀環境、直接觀察小孩狀態；對於父母提出的疑問，是否能夠詳細地提供解答等等。當然，托育費用與延托的收費一定要公開透明才行。

☐ **園長的人品**

考量到孩子在托育機構內的成長，園長應具備紮實的保育知識，對於保育觀念也要有自己的想法與堅持。若是家長對於教育方針提出疑問，園長應該要能夠仔細地回應。

☐ **保育人員之間的氛圍**

除了確認保育人員是否具有保育執照，同時觀察園內的人手是否充足、有沒有確實照顧到每一位小朋友。保育人員之間相處是否融洽、工作時有無面帶笑容。

☐ **建築物與室內的環境**

要確認環境是否乾淨、日照與通風等情況，還有遊戲場所是否夠寬敞，周遭是否存在危險物品等等。也要觀察小朋友是否能自由拿取符合年齡的繪本及玩具等等。

☐ **是否有庭院**

對1歲以上的幼兒來說，能在室外遊玩是一個非常重要的條件。托育機構是否能讓小朋友每天出去戶外，在安全的環境中玩耍？如果該托育機構沒有庭院，請向工作人員確認孩童外出遊玩及散步的情況如何。

☐ **飲食內容**

必須確認該托育機構內部是否有廚房，此外也要了解食材的安全性、以及每天菜單的內容等細節。至於是否可接受冷凍母乳寄放、或者是否有注意到避免採用過敏食材等等，每間托育機構的做法都不太一樣，必須事先打聽清楚。

35歲以上的高齡產婦也有許多優勢！

就統計上的而言，高齡首度生產的確存在著相當高的風險；不過反過來說，高齡生產也不全然只有壞處而已。先了解高齡生產具有的種種優勢，靜心等待分娩的那一天到來吧！

一定要仔細觀察懷孕過程
全心守護寶寶的健康

現在的社會中，工作表現活躍的女性越來越多，再加上初婚年齡的平均漸漸提高，因此近年來的生產年齡也呈現逐步升高的趨勢，年過30才初次面臨生產的準媽媽並不少見。

不過在醫學上，將超過35歲以上的初產婦稱為「高齡產婦」，跟20幾歲與30出頭的產婦相比，高齡產婦更必須仔細觀察懷孕與生產的過程。從統計數據來看，35歲以上的產婦無論是在懷孕‧分娩的過程中，出現問題的機率比較高。

其實不只是孕婦，一旦年齡增長，罹患高血壓、心臟病、糖尿病等生活習慣病的機率本來就比較高，再加上懷孕所帶來的變化，自然會對身體造成更大的負擔，當然也就容易引起不適。

不過，高齡初產婦還是具有某些優勢。不需要因為自己的年齡較高就不安，只要具備正確的知識，儘管可以有信心地迎接分娩的到來。

流產‧併發症
發生的機率比較高

流產，也是高齡產婦必須面對的風險之一。由於女性在誕生時就具備了卵泡，而卵泡可說是卵子的雛形，因此當產婦的年齡較高時，卵泡也會較為老化，這會影響到流產的機率、以及增加胎兒出現與染色體異常相關的疾病，例如唐氏症的機率會比較高。有些醫院也建議高齡產婦進行胎兒染色體方面的相關檢查。

當年齡漸長，生活習慣病的風險因子也會增加。因此，高齡初產婦罹患妊娠高血壓症候群、妊娠糖尿病、胎盤早期剝離等併發症的風險也會增加，同時，懷孕時出現的併發症可能會導致早產、胎兒出生體重過低等，不可不謹慎。

比起年齡帶來的影響
實際上每個人的體質才是關鍵

隨著年齡增長，不僅流產機率比較高、罹患妊娠高血壓症候群或妊娠糖尿病的

風險比較大，具有子宮肌瘤等婦科疾病的機率也會比較高，因此高齡初產婦的剖腹產比例相對比較多。

不過，只要在懷孕與分娩過程中沒有出現問題，產後的恢復情形不會因為年齡較高而比較差，與20幾歲的媽媽相比，高齡初產婦的恢復狀況反而不遜色。

就統計上的資料，高齡初產婦確實必須面對許多風險，不過實際上比起年齡帶來的影響，每個人的體質才是懷孕‧生產過程順利與否的關鍵。事實上，幾乎所有的高齡產婦都不會出現太大的問題，每個人都可以順利生下健康有活力的寶寶。

高齡懷孕‧生產
其實也有不少優勢

另一方面，其實高齡產婦也具有不少優勢。

● 在精神上比較有餘裕

隨著年齡增長，高齡初產婦的人生經驗與社會經驗會比較豐富。憑自己的力量就可以收集到完整的資訊，並

且取捨出對自己而言最合適的部分，不會造成周遭的困擾。

● **經濟狀況比較理想**

過35歲之後，通常收入也會比較豐厚，家人變多還是可以應付得來，沒有經濟上的後顧之憂。若是夫妻雙方都在工作，會更為明顯。

● **豐富的社會經驗對育兒很有幫助**

隨著社會經驗的累積，與旁人溝通起來會更加圓滑。媽媽在產後若要獨自育兒，一定會非常辛苦，這時如果可以借助周圍親友的力量，媽媽與寶寶都輕鬆。透過工作時累積的溝通能力，在產後一定能夠派上用場。

● **夫妻兩人可以一起享受育兒的樂趣**

跟20幾歲的時候相比，爸爸在精神方面也會成長，可以與媽媽一起樂在育兒生活。雖然可能正是在工作上最繁忙的年紀，不過，實際上也有許多爸爸會特地空出時間，將育兒放在第一位。

順利克服高齡初產的關鍵

**藉由清淡的飲食
預防妊娠高血壓**

高齡初產婦最應該注意的就是妊娠高血壓症候群。建議在懷孕初期就開始清淡飲食，平時的餐點以健康均衡為主。

**平時可進行健走等運動
維持充足的體力！**

雖然不必勉強自己運動，不過，可以在身體狀況不錯時進行健走等運動，積極地活動身體。

**每次都一定要
定期接受產前檢查**

只要定期接受產檢，就可以及早發現妊娠高血壓症候群、迫切流產‧早產等問題發生的徵兆。

**想像肚子裡的寶寶
順利誕生的畫面**

難得的懷孕期不要一直想著「自己是高齡產婦」而感到不安，應該多想像開心的事物，開心積極地度過孕期。

**聰明地借助
丈夫與周遭親友的力量**

如果只有自己一個人拚命努力，一定會感到非常疲倦。配合對方的步調與時間，聰明地向丈夫與親友尋求幫助吧！

**不勉強自己硬撐、
不累積疲勞**

大多數的高齡產婦都有上班，可能會不小心過於勉強自己。在感到疲倦之前就必須讓身體好好休息才行。

懷第二胎的準媽媽
有經驗不代表可以安心！

在第二胎之後的懷孕‧生產過程中，往往會出現與第一胎不同的不安與煩惱。
千萬不要一個人默默努力，應該要比第一胎更積極地向周圍的人尋求幫助！

不要太拚命想維持
懷第二胎之前的照顧品質

懷第二胎時，最讓媽媽煩惱的就是該如何照顧原本的小孩吧！要維持與懷孕前完全相同的照顧品質相當困難。試著請爸爸分擔小孩洗澡的工作，在休假時請爸爸多陪陪小孩，盡量讓自己輕鬆一點。

媽媽的態度與心情上的轉變會影響小孩，這時孩子的心情應該會變得比較不穩定，隨著孩子的成長，一定可以逐漸適應這些變化。媽媽應該要從旁守候，觀察孩子的變化與成長。

至於該何時將懷孕的事告訴小孩，一般建議在害喜平復之後，因為若是還在害喜，媽媽可能比較沒有心力關心孩子的心情。等到身體狀況較好之後，再告訴孩子：「就快要有小Baby來陪你囉！」會比較好。

經產婦最容易出現的問題就是不定期前往產前檢查，這是絕對不行的。「懷第一個孩子的時候都沒有問題」、「照顧小孩非常忙碌」都不能成為不去產檢的藉口。因為每一次懷孕的過程都是獨立的，若是還有一個孩子要照顧，就容易在不知不覺之間過於勉強自己。每一次產前檢查的時間，都一定要前往醫院確認自己的身體狀況。

住院時就下定決心
讓丈夫或娘家照顧小孩吧！

如果擔心在住院時必須與小孩分隔兩地，可以在懷孕時找找看有沒有能帶著小孩一起住進去的醫院。

不過，大多數的小孩雖然會在分離的瞬間嚎啕大哭，但也很快就能恢復情緒，反而是媽媽會操心個沒完，一直掛念著小孩。

考慮到產後要照顧嬰兒，在住院時還是請丈夫或長輩代為照顧孩子較理想。

就算小孩出現退化行為
也別責罵他

孩子之所以出現退化行為，是因為原本在獨佔父母的寵愛之下成長的孩子，必須將父母的愛分給弟弟妹妹。因此孩子若是出現彷彿退化般的行為，媽媽千萬不要不分青紅皂白地斥責他，應該將孩子的表現視作是「率直地表達出自己當下的情緒」。

此外，孩子也一定會想要「幫媽媽的忙」。可以試著請孩子幫一點忙，例如「幫忙把尿布拿過來」等等，說不定孩子就會降低退化行為或任性舉止出現的頻率。透過請孩子幫忙照顧弟弟妹妹，會讓他們產生對弟弟妹妹的憐惜之情。當孩子幫忙做事後，一定要好好稱讚他。也可以向孩子說：「現在小寶寶還只能喝奶奶而已，不像○○已經長了好多牙齒，可以乖乖吃飯了，真的好棒！」像這樣找出孩子理所當然能做到的事來讚美，效果非常好。

比起懷第一胎時，媽媽的身體有哪裡不一樣？ Q & A

Q 孩子正在戒母奶時得知懷孕了 該怎麼辦才好呢？

A 餵母奶可能會 導致肚子緊繃

在孩子滿1歲之前母奶都非常有營養價值，1歲之後就可以看媽媽與寶寶的互動情況斟酌是否要繼續餵。有些媽媽得知懷孕後會讓大一點的孩子戒母奶，也有些媽媽選擇兩個孩子都繼續哺餵母乳。不過，懷孕之後乳頭被吸吮時可能會感到不太舒服，大部分的媽媽會藉此讓大孩子戒掉母奶。乳頭被吸吮也有可能會導致肚子產生緊繃感。

Q 為了防止流產・早產 平時該注意些什麼呢？

A 別讓身體受寒、 也不可過於勉強自己

身體只要一感到寒冷，肌肉就會處於緊張狀態，導致肚子容易出現緊繃感。平時可以在肚子圍上保暖肚圍、下半身則可以穿上保暖襪或褲襪，帶給身體溫暖。同時也要取得同事與家人的諒解，別讓自己太過操勞了。試著營造出讓自己能輕鬆一點的環境吧！

Q 家裡的大孩子 撒嬌討抱抱

A 還是要讓孩子 感受到懷抱的溫暖

在懷孕時，盡量避免以站立的姿勢抱起小孩、或是直接抱著小孩去散步等，這些行為都會增加腰部與骨盆的負擔。平時媽媽可以坐在地上或沙發上，把孩子抱在膝蓋上，緊緊抱住孩子。只要像這樣讓孩子感受到媽媽的溫暖，孩子應該就會比較安心了。

Q 儘管肚子變緊繃了 但為了照顧小孩還是無法休息

A 一定得休息才行！ 只能請周遭的人多幫忙了

若是原本預計要做的家事或工作沒做完，難免會令人心情焦躁。當身體不舒服時、或肚子感到緊繃時，一定要好好休息。照顧孩子的工作先請丈夫、或是長輩幫忙吧！如果真的沒有人可以幫忙，也可以妥善地運用保母等民間托育服務來減輕自己的負擔。

Q 比起上一胎，這胎害喜更嚴重了 這代表分娩也會很辛苦嗎？

A 每一個孩子的懷孕與 分娩過程都不一樣

就算是同一位母親，每一胎的懷孕過程與分娩經驗都不會一模一樣。即使害喜的症狀比起上一胎更嚴重，也不代表這一胎分娩時一定會比較辛苦。隨著媽媽年齡的增長，害喜、腰痛、肚子緊繃感等症狀在感覺上也可能會變得更辛苦。

Q 聽說第二胎的產後痛 會更強烈，是真的嗎？

A 由於子宮更容易被撐大 收縮起來的力道也會更強

的確，第二胎的產後痛會比第一胎來得強烈。這是由於生過第一胎之後，懷第二胎時子宮更容易被撐大，收縮的力道也會變得更強烈。產後痛會在產後第三天到達高峰，實在沒辦法忍耐就請醫師開立止痛的處方藥吧！

Q 分娩時要選擇與第一胎 相同的醫院會比較好嗎？

A 如果值得信賴的話 就在相同的醫院分娩吧！

在選擇分娩醫院時，最重要的是醫病雙方的信賴關係。如果覺得生第一胎的醫院值得信賴，第二胎選擇在該處分娩應該無妨。要是第二胎想要嘗試別種分娩方式、或者是想利用不同的設備生產，換一間醫院也無所謂。

Q 產後1個月之內 真的不能外出嗎？

A 接送小孩往返幼兒園 是外出的極限

在產後1個月的月子期間，是消除分娩疲憊與恢復身體最重要的時刻，如果過於勉強自己，之後就會惹來許多麻煩。在這段時間內，除了餵奶或換尿布等照顧小孩的工作之外，必須盡量讓身體好好休息。如果非得一定要接送孩子往返幼兒園，這就是外出的極限了。

順利克服
不孕症、流產後的治療

穿越過「彷彿沒有盡頭」的不孕症治療，終於懷孕了的準媽媽們對於懷孕過程＆分娩想必會感到更加不安，同時對於寶寶即將到來的新生活也會更加期待吧！

寶寶的生命力
與自然懷孕並無二致

據說，在現在希望懷孕的夫妻之中就有大約10%發生不孕，不過在接受不孕症治療之後，終於喜獲麟兒的夫妻也不在少數。

在接受過漫長的不孕症治療後終於懷孕的人，很容易抱有強烈的念頭認為「這得來不易的小生命，一定要平平安安地誕生」，因在懷孕過程中的不安與煩惱也會被放得更大。但是，不管是接受治療後才懷孕、或是自然懷孕的寶寶，在生命力方面都不會有任何差異，一定要相信寶寶可以平安成長。

尤其是在懷孕初期，很難感受到寶寶的存在感，在以超音波看到寶寶手舞足蹈之前，難免忍不住會懷疑「寶寶真的有在長大嗎？」讓心情上下起伏不安。再加上出現害喜等令人不適的症狀，讓心中的不安與擔心雪上加霜。

一般來說，害喜的症狀正是寶寶正平安成長的證明。在好好照顧自己身體的同時，也要試著想想：「寶寶現在也正在努力呢！」以積極的態度面對懷孕的過程。

如果沒有出現早產徵兆
就可以照常生活、適度運動

也許會有些人認為：「這次好不容易懷孕了，我一定要處處小心，不可出現任何差錯」，而丈夫與長輩等周圍的人可能也會常常叮嚀孕婦：「凡事要多小心」、「謹慎一點比較好」。應該有些孕婦就會因此盡量少做家事、能不動就不動、默默過著平靜的生活，不過，其實只要醫師沒有診斷出有早產的跡象，就可以照常活動身體，而且運動不足對於分娩也不是一件好事。

許多經過漫長的不孕治療後才終於懷孕的人，都會非常熱衷於學習有關懷孕・分娩的大小事。雖然學習這件事本身並沒有錯，但事實上每一位孕婦的懷孕與生產經驗都不一樣，在這方面並沒有一套非得要遵守的標準流程。

其實，不需要瀏覽太多網路上的資訊，以免被各式各樣的說法要得團團轉。如果對於懷孕・分娩有任何疑問，絕對不可以自行判斷，要前往醫院直接請教醫師或護理師才對。

此外，雖然父母親本身並沒有意識到，但對於經過不孕治療後才懷孕的孩子，許多父母親都會抱有這樣的想法：「我們歷經千辛萬苦，好不容易才懷上的孩子，一定會是好孩子」。但是，對於孩子而言，父母親過度的期待只會造成心理上的負荷，當孩子越來越大之後，親子雙方彼此都會漸漸感到喘不過氣。

雖然說是血脈相連，但每個人都是具有不同個性的獨立個體。最好抱持著輕鬆一點的心態面對孩子，提醒自己「孩子不照著父母的想法走，本來就是理所當然」，放鬆地享受育兒這件事吧！

關於不孕症治療令人擔心的 Q & A

Q 還是會忍不住擔心：「要是流產了怎麼辦？」

A 要相信既然已經懷孕了寶寶一定可以平安地出生

許多曾有過不孕症治療經驗的媽媽們，都很容易感到不安。雖然在得知懷孕的那一瞬間會感到無比喜悅，但到了下一刻卻又擔心「不知道寶寶有沒有好好長大？」、「究竟能不能平安順產呢？」心中湧上許多新的不安與未知。不過，即便是自然懷孕，還是可能會出現這樣的憂慮與擔心，接受過不孕症治療後懷孕的人不會面對比較高的風險。在真正成為母親之前，每個人都必須經過這個充滿不安與懷疑的階段，不需要因此而過度憂心。

請試著告訴自己，懷孕＝「母親有能力平安地生下、養育寶寶」、「寶寶本身也具有順利長大的能力」，對自己有自信一點，積極地度過懷孕的每一天吧！不過絕對不可以太隨便，即使沒有必要每天臥床安養，也不可以過於勉強自己，只要出現令自己在意的狀況，一定要直接就醫求助。

Q 跟自然懷孕比起來懷孕過程會有什麼不一樣嗎？

A 沒有明確證據顯示會有不同不需要太過擔心

在接受不孕症治療後才終於懷孕、分娩的過程中，雖然某些醫學報告曾指出，不孕症治療可能會與前置胎盤、胎盤早期剝離、染色體異常等現象有所關連，不過並沒有任何明確的證據指出彼此有因果關係，因此不必太神經質，放鬆心情度過懷孕生活吧！

Q 為什麼大部分的例子都是停止治療之後就懷孕了呢？

A 心情獲得放鬆之後自然就能迎接美好的結果

在接受不孕症治療的過程中，許多人每天都隨著自己基礎體溫的上下起伏讓心情在一喜一憂之間擺盪，生活的重心全都放在「為了懷孕而努力」，使得治療這件事本身就造成龐大的壓力。其實懷孕最重要的就是放鬆心情，因此在停止治療、環境與心情都有所變化的情況下，反而能迎接美好的結果。

Q 以往曾有流產經驗很擔心「重複流產」

A 最重要的是不要想太多！

無論在懷孕前是否有接受過不孕症治療，在懷孕初期的流產幾乎都是由於染色體異常等受精卵本身的問題才會發生。若之前曾有過流產經驗，可能會讓人忍不住擔心「下一次懷孕會不會也……」不過如果是1～2次的流產，不太可能會是習慣性流產，因此不需要過於擔心。

Q 懷孕初期有少量出血情形這是因為接受治療的影響嗎？

A 懷孕初期的出血現象並不少見

直到懷孕5個月左右為止，胎盤都還正在形成當中，不免會有些出血的狀況，這在自然懷孕的情況下也非常常見。要是在懷孕初期發生出血的現象，還是要早點就醫，不要等到下一次產檢的日期再去醫院。等主治醫師檢查過後表示：「不必擔心喔！」就可以先放下心了。

Q 產後若沒有好好調理身體下一胎也會不孕嗎？

A 也許下一胎會出現早產的傾向也說不定

產後是否有好好調理身體，不會造成第二胎不孕，卻會影響懷第二胎時的狀況。由於剛生產完不久的階段，荷爾蒙的狀態還跟懷孕時一樣，使得肌肉處於比較鬆弛的狀態，如果在此時勉強自己做事，可能會導致子宮下垂、子宮脫垂等問題，可能會導致下一胎出現早產的傾向。

應感到幸福的此刻，心裡卻很多煩惱？

舉凡自己的身體狀況、丈夫與家人的情況、即將到來的分娩等等，懷孕中令人煩惱的事還真不少。不過，懷孕的時光其實轉瞬即逝。盡量想辦法讓自己積極一點、開開心心地過日子吧！

在懷孕時感到不安或憂鬱都是非常正常的現象

無論是「懷孕」或「生產」，都是以前未曾經歷過的事，心中想所當然會感到不安。而且懷孕時受到荷爾蒙變化的影響，每個人的心情都容易起伏不定，甚至變得焦躁不安。再加上以前最喜歡的美酒與運動等等都無法繼續享受其中的樂趣，或多或少會讓日常生活變得綁手綁腳，在無形之中可能會帶給準媽媽不少壓力。在懷孕時產生的憂鬱、焦躁不安的情緒，都是在種種原因下交織而成的結果。

不過，若是覺得「畢竟懷孕了也只好忍耐」，每天都過著鬱鬱寡歡的日子，未免太可惜了。舉例來說，可以藉由參加孕婦游泳課程、媽媽教室等認識新朋友，在身體狀況不錯的日子與朋友見見面、出去看場電影或美術展覽等等，以自己的方式讓情緒穩定下來。心中若是對於懷孕‧生產有任何疑問與不安，也可以和醫師好好談一談，在生產之前解決所有的煩惱吧！

懷孕初期特別容易感到的不安

● 還無法實際感受到自己已經懷孕的事實

當害喜已經逐漸平復，但肚子卻還尚未明顯隆起的這個階段，可能會讓人很難相信自己真的懷孕了。不過，若是換一個角度來想，其實沒有真實感就表示沒有發生出血等異常情形，請好好把握這段期間，做點自己喜歡的事情。等到感覺到胎動、肚子越來越大之後，就能漸漸感受到寶寶真的在自己的肚子裡面平安長大了。

● 其實自己不怎麼喜歡小孩……

可能也會有許多人會因為懷孕‧生產對生活帶來的變化過於劇烈，以及對往後的日子感到不安，而沒有自信能當個好母親。但是，就算是懷孕了，也沒有必要勉強自己非得要喜歡上小孩不可。在感受胎動、看著超音波照片裡寶寶的模樣時，就能一點一滴滋長出母愛。不需要太著急，讓身體與心靈都慢慢地適應媽媽這個角色吧！

● 想到以後體型會走樣就忍不住覺得難過

在懷孕時出現的各種身體變化，都是由於荷爾蒙的變化所造成，在某種程度上來說是沒辦法避免的事。可以試著換個角度想：「正是因為懷孕，才能體驗到這些改變」，如果將胸部變大、腫脹的情形，想作是為了分泌母乳而做的準備，也許就能把這當作是即將成為母親的幸福象徵。懷孕時造成的體型改變，到了產後只要重新鍛鍊，就可以靠自己的力量恢復到原本的模樣。

● 辭掉工作之後感覺好像與社會脫節了

非常多孕婦會覺得辭掉工作之後，就好像與社會脫節了。其實在生活中並不只有工作才能與社會接軌，無論是在懷孕中或是生產後，都可以藉由參予志工活動等，對社會做出貢獻。

如果希望在產後可以繼續回歸職場，則可以在懷孕時就先查詢好讓自己能同時兼顧工作與育兒的各種資訊，提前做好準備。

● **辭職後沒有熟識的朋友讓人好不安**

辭職後若是周遭連一位朋友都沒有，想必會感到很寂寞吧！其實在懷孕時出乎意料地會有很多機會交到新朋友。比如可以試著參加醫院裡舉辦的媽媽教室或社區內的準媽媽社團等，也很推薦參加孕婦游泳教室或孕婦瑜珈等專為孕婦開設的課程。準媽媽們彼此容易有共通的話題，很快就可以打成一片。

對於丈夫與家人的不安

● **丈夫對於懷孕漠不關心很擔心產後如何養育小孩**

當女性懷孕後，身體就會不斷出現變化，會比較早開始產生母親的自覺。但準爸爸就不一樣了，由於男性的身體並不會出現任何變化，因此比較難感受到自己即將成為父親。平時可以請丈夫陪同前往產前檢查，一起看看寶寶的超音波圖片、聽聽寶寶的心跳聲，也許就可以引發出父性。雖然現在可能會覺得丈夫還沒有進入狀況，不過總有一天他也會意識到自己成為爸爸了，在那之前就在一旁溫暖地守候吧！

● **心情焦躁不已總忍不住和丈夫吵架**

要是吵架了，先讓自己冷靜下來，回想看看吵起來的原因吧！如果原因很清楚明確，就不是因為自己心情焦躁的緣故。到了產後，夫妻必須一起同心協力養育小孩，吵架並不是一件壞事，反而能夠讓彼此更了解對方。不過，事後還是必須針對吵架的原因好好談一談，等到下次再遇到同樣狀況時便能彼此協調讓步，一點一滴地成為真正的家人吧！

● **丈夫很排斥要在分娩時陪產**

其實有許多男性會對於陪產這件事感到排斥。如果丈夫真的很排斥，千萬不要強硬地堅持要他陪產。可以試著坦率地說出自己的心情：「如果你能在我身邊的話，我會比較安心」、「我一個人會很害怕」等。如果真的沒辦法在分娩室陪產，也許在待產室的時候可以陪在身邊也說不定。記住不要試圖「說服」對方，夫妻兩人好好溝通才是最重要的。

● **長輩對孫兒的期待讓人壓力很大**

長輩對於孫兒的期待，其實只是對於孫兒的誕生感到喜悅的表現而已。有時過度的期待的確會造成很大的壓力，這就不太好了。畢竟孩子的父母還是自己，平時可以試著找機會將自己對於育兒的想法表達給父母。有時候直接開門見山地說：「雖然對於孩子抱著種種期待是很好，不過孩子畢竟是上天賜給我們的寶物，他也有自己的使命呢！」可能也會有不錯的效果。

● **平時與公婆同住心裡感到疲憊不已**

到了產後，一起同住的婆婆可能可以幫上許多忙，應該能成為令人安心的靠山。平時對婆婆不要總是客客氣氣地顧忌許多，偶爾可以試著向她撒嬌，婆婆一定會感到很高興的。要是無論如何都還是覺得很疲憊，早點回到娘家待產也是一種方法。遇到這種情形，千萬不要一個人默默煩惱，也要與丈夫好好談一談。

● **懷孕之後老大出現了退化行為**

孩子的內心非常敏感，能敏銳地察覺出媽媽自從懷孕了之後，心思就不是只放在自己身上，也許會出現忌妒等情緒。當家裡的大孩子出現退化行為時，記得好好抱抱他，讓孩子盡情地在妳懷中撒嬌。這時候千萬不要說：「你就快要當哥哥（姊姊）了，要多忍耐才行」，而是要想著「你也是媽媽重要的寶貝」，將這樣的心情表達在言語及態度上傳達給孩子。

● 將大孩子託付給長輩照顧還是忍不住會擔心

首先，一定要先向孩子說明清楚為什麼媽媽非得去住院的理由。雖然有可能會因為孩子的年齡太小，而無法真正理解，但孩子絕對能夠感受到有事情發生了。在住院時如果有探視時間，也要在准許的範圍內盡量讓孩子待在身邊。與孩子分隔兩地的時間最多不要超過1個星期，同時也要找自己能夠放心的對象幫忙照顧孩子。

對於分娩所抱持的不安

● 陣痛感覺起來好可怕！
不知道自己能不能撐過去

雖然陣痛的確是非常難受的過程，但不會突然變成非常強烈的疼痛。隨著時間一點一滴流逝，疼痛感會慢慢地增強，在這段時間，身體對於疼痛的忍耐度也會漸漸增加，因此絕對是可以承受的。此外陣痛也並非長時間地持續疼痛，在每一波疼痛襲來之前都一定會有一段時間可以休息，因此只要把握間隔時間好好休息，就可以順利撐過去。要相信自己既然已經懷孕了，就一定具有成功克服陣痛的力量，不要太過擔心。

● 要是自然產到一半要改為剖腹產怎麼辦？

如果是自然產到一半突然要改為剖腹產，一定是因為醫師認為「這是對於母親與寶寶最好的選擇」，才會做此判斷。雖然剖腹產具有一定的風險，還是要相信醫師會以最完善的準備進行手術，不要太擔心。如果已經與醫師建立起醫病雙方的信賴關係，即使醫師臨時決定要改以剖腹生產，應該也能夠安心地將自己與寶寶託付給醫師。在懷孕的這段期間，一定要與醫師建立良好的溝通。

● 在沒有人陪產的情況下自己一個人真的有辦法生下寶寶嗎？

在難熬的時刻，如果有人能陪伴在身旁，多少都能緩解心中的不安。但是對於產婦來說，能成為支柱的並不只有丈夫一個人而已，在分娩時，還會有護理師陪在身邊。如果是對於一個人生產感到非常不安，但家人卻沒有人能夠陪產的情況下，可以直接坦率地對身旁的護理師表示：「我覺得很不安，希望你可以一直陪在我身邊」，護理師應該會盡可能陪在妳身邊給予支持。

● 聽說娘家媽媽以前就是難產讓人感到好害怕

在以前媽媽的那個年代，生產時遇到「前置胎盤造成大出血、緊急接受輸血」的情形並不少見。跟以前比起來，現在的醫療技術已經相當進步了，只要在每一次產檢都有好好確認懷孕的情況，就能判斷是否必須採取剖腹產、寶寶誕生之後必須採取哪些應變措施等等。一定要先相信自己絕對可以平安順產。

● 萬一體力不足
生到一半就沒力了怎麼辦……

雖然生產的確是件非常辛苦的事，但不需要經過什麼特殊訓練、特別培養體力就能辦到。在初產的情況下，大部分的產婦都會花很長的時間，就算大家在途中可能時時感到快撐不下去，都還是想盡辦法克服了陣痛的難關，努力到最後一刻，產下健康的胎兒。產婦本人過於緊張，也會導致分娩時間拉長、產程進展緩慢等問題。請盡量抱持著輕鬆的心情面對分娩吧！

PART 6
為了順產必須做的準備

期盼許久，終於快臨盆了。

此時，身為準媽媽的妳，心中一定充滿了對寶寶的期待，

同時也對生產時必須面對的疼痛感到焦慮不安吧！

別擔心，妳一定可以順利生下寶寶。

趁現在先掌握生產時即將要面對的事項，做好心理準備吧！

即將生產的3個徵兆
陣痛、落紅、破水

懷孕邁入37週之後，隨時都有可能會面臨生產。
讓心理與身體都做好萬全的準備，懷著期待的心情迎接生產的那一天吧！

確實做好隨時入院的準備
並且與丈夫做好沙盤推演

懷孕37週0天到41週6天的這段期間內，都是屬於正常分娩的範圍可稱作「足月產」。即使孕期已進入到37週，也並非隨時都有可能會面臨生產，只是媽媽的身體正慢慢為生產做好準備，同時，寶寶的內臟器官也已經充分發育，隨時離開子宮也沒問題。進入到這個時期後，一有任何突發情況，媽媽也不需要感到慌張，只要做好萬全準備就沒問題。

為了避免在緊急時刻丟三落四，先將待產會用到的東西收納在家裡固定的地方，方便到時出門前直接拿取；

待產包與計程車費等立刻要用到的東西，也放在方便拿取的位置，如此就可以很順暢地前往醫院準備生產。不在家的這段期間，有什麼事情必須委託先生處理，也可以列出一張清單或備忘錄，並確認是否有任何遺漏事項。

在生產之前，要先與丈夫溝通好緊急時刻的聯絡方式。當開始出現產兆、感覺身體突然出現變化時，一定要立刻與丈夫取得聯繫，事先整理好醫院、丈夫、娘家等聯絡方式，會使妳比較安心。

千萬不可一不小心吃太多
盡量避免出遠門

在這段期間內，請盡量避免出遠門，如果要出門，也必須隨身攜帶健保卡與孕婦健康手冊、醫院的聯絡方式等。也建議攜帶產婦用衛生棉（產褥墊），要是在外面突然破水，就可以派上用場。

越接近產期、胎兒的位置會逐漸下降，長期以來一直被壓迫的胃會感到比較輕鬆，有些人到了這個階段會食慾大開，再加上可能有「反正就快要生了」的心態，導致體重急速上升、血壓居高不下，千萬要注意不可放任自己暴飲暴食。

除了被醫師禁止運動的產婦外，也建議大家保持運動習慣。平時多在腦海中模擬生產流程，並想像寶寶的模樣，盡量以放鬆的心情迎接分娩的到來。

即將面臨分娩的3個徵兆！

陣痛

一開始只會感到輕微的緊繃、間隔期間也很長，但這樣的緊繃感會逐漸變強、間隔時間也會變得越來越短。一般來說，初產婦的陣痛間隔達到10分鐘1次、或是1小時6次，就可以當作是預備分娩的開端了。

落紅

由一部分的胎膜和子宮壁分離所造成的出血情形。有些人的落紅像是粉紅色的分泌物，僅有些許沾附於內褲，也有些人的會呈現咖啡色的黏稠狀，並且持續不斷地出血。甚至有些人不會經歷落紅，就直接開始陣痛了。

破水

由於胎膜破裂導致羊水流出體外。破水又分為高位破水與低位破水，若是高位破水羊水量較少；低位破水由於離子宮口較近，則會流出大量的羊水。有些產婦會在陣痛之前就先破水。

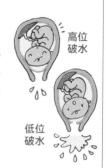

高位破水

低位破水

在3項產兆當中
必須特別注意「破水」

即將分娩前會出現3項產兆，分別是「陣痛」、「落紅」與「破水」。不過，究竟何時會面臨分娩、會以怎麼樣的情形迎接新生命，誰也說不準。若是有感覺寶寶的位置開始下降、或是大腿根部開始疼痛，都是快要分娩的預兆。

預備自然產的孕婦，即使已經出現了以上3項產兆，並不代表寶寶馬上就要出生了。也有許多產婦的經驗是已經落紅了，並且陣痛持續了1～2天才面臨分娩。

陣痛最大的特徵是會以規律的週期持續一段時間，若腹部的緊繃感並非呈現規律步調，則有可能是所謂的假性陣痛。假性陣痛與真正的陣痛不同，不管腹部出現了幾次緊繃感，都會在一陣子後逐漸消失。

另一方面，破水原本是在子宮頸口完全張開的狀態下才會發生的產兆，不過也有許多人在陣痛開始前就已經破水。一旦破水，細菌很有可能會經由陰道進入子宮，導致寶寶感染病菌，因此發現破水，就必須要立即與院方聯繫、趕往醫院。

如果「不知道該怎麼分辨漏尿與破水」，可以先打電話至醫院，向醫護人員說明自己的情況，即使在半夜也沒關係。

要是確定自己已經破水了，就先用加長型的孕婦用衛生棉墊著，立即前往醫院吧！若是破水的量很多，可以用大浴巾包裹住下半身、或是墊在車椅的坐墊上，準備好幾條替換用大浴巾，也會讓人感到比較安心。已經破水的產婦，必須盡量維持姿勢不動，並且盡可能以橫躺的方式前往醫院。

由於破水後就會有細菌感染的風險，要是一旦破水，千萬不可泡澡或淋浴了。

預產期只是一個參考
不須對日期感到過於焦慮

初產婦的分娩時間大約為12～15小時左右，而經產婦（已生過一胎以上的產婦）大概只需要一半的時間。

所謂的預產期，是將懷孕前最後一次月經開始的日期當作是懷孕0週0日，從那一天開始算起的40週0日就是預產期。為了讓寶寶娩出的日期控制在足月產，懷孕滿36週之後就必須密集地接受產檢，不過預產期也只是一個參考的基準，並不需要對寶寶是否在預產期當天出生感到過度焦慮。

聯繫醫院的恰當時機

☐ **陣痛開始呈現規律性的週期**

初產婦的陣痛達到10分鐘1次的規律間隔（或是1小時內6次以上），經產婦的陣痛達到15分鐘1次的規律間隔，就可以與醫院聯繫了。如果陣痛間隔是7分鐘或5分鐘1次，則等到陣痛的間隔變規律之後再與醫院聯繫。

☐ **腰部產生規律性的疼痛**

每個產婦對陣痛的感受及痛楚感不相同，有些人的陣痛是從腰部疼痛開始，要是疼痛感讓妳開始懷疑「這是不是陣痛？」就可以開始測量每一次疼痛間隔的時間是否規律。

☐ **計算腹部產生緊繃感的週期**

剛開始陣痛時會感覺腹部呈現緊繃感，即使並不覺得很痛，只要腹部緊繃感變得規律，必須開始測量緊繃的間隔時間，若是10分鐘就緊繃1次的話，也要立即與醫院聯繫。

☐ **破水了就必須緊急聯絡醫院**

破水了、或是懷疑自己可能破水，就算在半夜也要立即與醫院聯繫，以免導致細菌經由陰道進入子宮，使寶寶有細菌感染的風險。

必須要立即入院的時刻！

☐ **腹部呈現毫無間隔的疼痛**

疼痛感或緊繃感都會呈現間歇性，陣痛的期間內會反覆感受到疼痛與不痛的階段。當腹部呈現毫無間隔的疼痛感時，子宮呈現異常的緊繃，有可能是胎盤早期剝離，必須立即前往醫院。

☐ **比生理期第2天更大量的出血**

即使腹部並不特別疼痛，但流出了比生理期第2天更大量的血，或是出血時還伴隨著強烈的疼痛感，請立即趕往醫院。

☐ **在破水前後流出了液體以外的東西！**

在破水後，有些產婦會出現臍帶掉落出來的情形 →P119。臍帶受到壓迫，便無法繼續提供氧氣與營養給胎兒，導致非常危險的狀態！請叫救護車立即趕往醫院。

先來預習 分娩的流程吧！

分娩可說是一場馬拉松，進行長跑時會經過哪些路線、
在路途中又會發生哪些事？現在就先來了解路途的構成與大致流程吧！

子宮頸口、胎位下降、陣痛就是順產的關鍵

為了讓分娩過程順利進行，「子宮頸口張開」、「胎位下降」、「強烈陣痛感來襲」這3項缺一不可。

分娩共可分為3個階段，分別從出現產兆開始、一直到子宮頸口全開為止稱為「第1產程」，子宮頸口全開到寶寶誕生稱為「第2產程」，寶寶誕生後到胎盤完全娩出則稱為「第3產程」。

在這3個階段當中，花費最多時間的就是「第1產程」。為了不讓自己在一開始就消耗太多體力，並且持續為寶寶輸送氧氣到最後一刻，產婦必須事先了解自己處於何種狀況，並且知道接下來的流程，在每一個階段都採取恰當的應對措施。

在分娩之前，先具體了解一般分娩的時間表與詳細流程，就能在分娩當下確實知道自己的身體正經歷什麼變化，對順產會相當有幫助。

第1產程
直到子宮頸口完全張開為止，經歷陣痛的整個階段
- 初產婦　10～13個鐘頭
- 經產婦　4～7個鐘頭

在「分娩第1期」的階段，可再細分為子宮頸口張開0～3cm的「準備期」、子宮頸口張開4～7cm的「進行期」、以及子宮頸口張開8～10cm的「活躍期」。

在「準備期」，陣痛的疼痛感還在可忍受的範圍內，1次陣痛的長度大約持續30～60秒，陣痛之間間隔大約5～10分鐘，在不痛時可與其他人正常對談。要是在這段期間就開始緊張，接下來會感到疲倦，可以聽一些喜歡的音樂、適度補充水分，盡可能保持輕鬆的心情。

隨著產程的進行，陣痛的痛楚漸趨強烈，到了「活躍期」的陣痛會持續60～90秒，間隔僅有1～2分鐘。此時，會陰部到肛門附近會感受到從體內湧出一股強烈的壓迫感，陣痛達到最顛峰，是最難熬的一個階段，必須努力將精神集中於「長長的吐氣與吸氣」；在短暫不痛的時間內，盡量要讓身體放鬆、好好休息。

使分娩過程順利進行的3大要素

子宮頸口張開

越是接近分娩時刻，由於荷爾蒙的作用，會導致子宮頸口變得柔軟，當分娩開始進行時，藉由子宮收縮以及胎位下降等刺激，子宮頸口會張開到直徑10cm的大小。

胎位下降

腹中的胎兒會配合著陣痛的節奏，旋轉自己的身體，在狹窄的產道中朝向出口推擠。隨著胎位下降，子宮頸口也會跟著逐漸張開。

陣痛（子宮收縮）變得越來越強烈

陣痛之所以會變得越來越強烈，為了幫助子宮頸口逐漸張開、使胎兒順利娩出。為了有助於平安順產，產婦必須經歷一定程度的強烈陣痛。

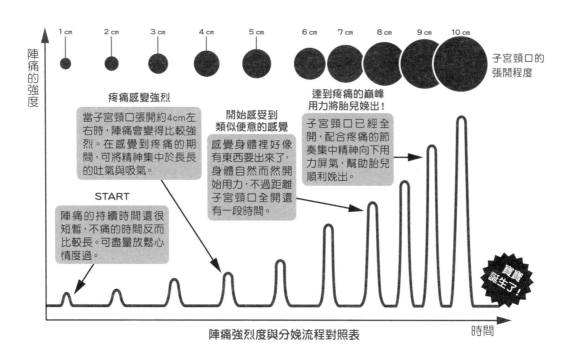

陣痛強烈度與分娩流程對照表

圖中文字：

陣痛的強度

1 cm　2 cm　3 cm　4 cm　5 cm　6 cm　7 cm　8 cm　9 cm　10 cm

子宮頸口的張開程度

疼痛感變強烈
當子宮頸口張開約4cm左右時，陣痛會變得比較強烈。在感覺到疼痛的期間，可將精神集中於長長的吐氣與吸氣。

開始感受到類似便意的感覺
感覺身體裡好像有東西要出來了，身體自然而然開始用力，不過距離子宮頸口全開還有一段時間。

達到疼痛的巔峰用力將胎兒娩出！
子宮頸口已經全開，配合疼痛的節奏集中精神向下用力屏氣，幫助胎兒順利娩出。

START
陣痛的持續時間還很短暫，不痛的時間反而比較長。可盡量放鬆心情度過。

寶寶誕生了！

時間

第2產程

子宮頸口完全張開
終於要將胎兒娩出的階段

● 初產婦　1～2個鐘頭
● 經產婦　30分鐘～1個鐘頭

　產婦的子宮頸口達到完全張開的程度時會被移至產房。必須配合陣痛的節奏集中精神用力，幫助胎兒順利娩出。至於用力的方式與時間點，須依照護理師的指示照做。

　隨著陣痛用力的過程，會經過幾個階段，首先是宮縮時一用力就會隱約看見寶寶的頭部，沒有用力的間歇期時則看不見，稱為「胎頭撥露」，接著，寶寶的頭已經通過產道移動至體外，稱為「著冠」，這個階段就不必再用力了，只要淺淺的短促頻率呼吸。等到寶寶的頭部

與肩膀都離開母體時，寶寶就順利誕生了！

第3產程

排出胎盤及胎膜等。
分娩過程已完全結束

● 約10～15分鐘

　寶寶娩出後，宮縮會暫停一會兒又重新開始輕微的收縮，藉由收縮的力量，胎盤從子宮壁剝落移向子宮口，再次用力後胎盤順利脫出。雖然胎盤會自然排除體外，要是時間拖得太長，出血也會跟著變多，必要時採取醫療措施使胎盤盡速排出。排出胎盤後，院方會確認整體出血量及子宮內部是否還殘留胎盤與卵膜等，若有必要，在這個階段也會進行會陰縫合手術。

胎盤娩出期

雖然母體並無特別顯著的變化
仍要悉心觀察

● 2個鐘頭左右

　分娩順利結束之後，產婦必須待在產房內臥床休息大約2個鐘頭的時間。若是子宮收縮的情況不佳，會導致大量出血，並引發貧血及血壓急遽改變等症狀。由於在產後會出現的問題大多都跟生產完直接起身下床有關，因此休息時醫護人員也會持續觀察產婦的狀態。

　醫護人員會悉心觀察產婦的出血量、子宮收縮的狀態、血壓、脈搏、呼吸次數等，發現子宮收縮狀態不佳，也會為產婦施打子宮收縮劑，幫助子宮順利收縮。

肚子裡的寶寶是以旋轉的姿勢出生

當媽媽正在忍耐一波波陣痛時，肚子裡的寶寶也正為了穿越狹窄的產道而非常努力。
在這段期間，媽媽與寶寶正在一起努力唷！

寶寶將身體縮得更小
以便在產道中旋轉前進

由於產道十分狹窄、又具有彎曲角度，為了要順利通過產道，寶寶必須將身體縮得更小，一邊旋轉身體、一邊往出口的方向前進。

寶寶在產道內旋轉前進的過程可分為4個階段。首先，寶寶會縮起下巴、以橫向姿勢進入骨盆內，此為「第1次旋轉」，接著將臉部轉成朝向媽媽的背後，此為「第2次旋轉」，再以向後仰的姿勢，將臉部轉向媽媽的臀部方向，此為「第3次旋轉」，為了使肩膀也能順利擠出產道，寶寶會再度旋轉90度，變成橫向位置，此為

「第4次旋轉」。

陣痛（子宮收縮）與媽媽的屏息用力，可以幫助寶寶順利地進行以上4次旋轉。不僅如此，為了使旋轉順利進行，媽媽所感受到的陣痛會越來越強烈，子宮頸口也會越來越張開。

只要寶寶的臉部完全出來
接下來就會非常順利！

從「第2次旋轉」的尾聲進展到「第3次旋轉」的階段，在媽媽屏氣用力時，從子宮頸口能夠隱隱約約地看見寶寶的頭部。

不過，媽媽要是停止屏氣用力，寶寶的頭又會回到產道內部，無法從子宮頸口窺

見寶寶的頭部。隨著媽媽屏氣用力的節奏，一下子可以看到寶寶的頭部、一下子又不見蹤影，這樣的狀態稱之為「胎頭撥露」。

隨著分娩的進行，寶寶會將臉部轉向媽媽的臀部方向，在上一階段還若隱若

寶寶的頭蓋骨接縫處於尚未密合的狀態。　分娩時寶寶的頭蓋骨會緊密接合，形成無接縫的狀態。

寶寶剛出生時，從外表看不出來頭蓋骨的模樣。

寶寶在產道中旋轉的示意圖

從子宮頸口會看到的
「胎頭撥露」

以橫向姿勢將頭部朝向橫長的骨盆
媽媽的骨盆為橫長的橢圓形，寶寶的頭部呈現長橢圓形，為了順利將頭部下降到媽媽的骨盆位置，寶寶的身體成橫向姿勢，下巴與手臂緊貼胸部，縮起肩膀、並彎曲膝蓋，盡可能地將自己的身體縮小，努力進入媽媽的骨盆位置。

以90度旋轉的方式朝向媽媽的脊椎側
寶寶的頭部進入到媽媽的骨盆位置，就會縮起下巴、身體持續保持縮小，將身體方向旋轉90度，朝向媽媽的脊椎方向，接下來往骨盆的出口持續前進。由於骨盆的出口呈現縱長型，為了比較容易前進，寶寶才會採取這樣的姿勢。

持續朝向媽媽的脊椎側往產道方向前進
配合子宮收縮的節奏，寶寶繼續保持朝向媽媽脊椎側的姿勢，慢慢地往產道前進（第2次旋轉）。接著，為了不讓後腦杓抵住位於骨盆出口的恥骨，寶寶會從將下巴縮起，慢慢轉變為臉部朝上、頭往上抬。

抬起下巴、頭部上揚從頭頂部開始出來
由於恥骨的關係，產道出口會呈現「く」字型。在通過如此狹窄的區域時，寶寶會以頭部向上、抬起臉部持續前進，以後腦杓部位接觸到媽媽的恥骨，槓桿原理將頭部擠出產道。

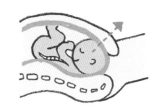

現的寶寶頭部，現在即使媽媽並不特別屏氣用力，也能從子宮頸口清楚窺見了，這就是所謂的「著冠」。到了這個階段，媽媽可以停止屏氣用力，只要以「呼、呼、呼」的方式，淺層短促呼吸即可。

在「著冠」之後，寶寶的頭部會完全露出產道，此時，不必再用力為腹部加壓，光靠子宮收縮的力道可以自然地使寶寶的身體持續前進。

頭蓋骨交疊
讓頭變得更小

寶寶的頭蓋骨是由5片骨頭接合起來，在即將出生前，這5片骨頭的接合狀態不緊密，彼此之間還存有明顯的間隙。不過，在分娩的時刻，這5片骨頭會以大泉門為中心重疊閉合，頭型也會變化成小小的細長型，藉由這樣的方式，使頭部更順利地通過狹窄的產道。

因此，許多剛出生的寶寶，頭型會呈現出狹窄的細長型，不過不必過於擔心，之後寶寶的頭型會逐漸變圓，等到出生2個月之後就會呈現一般的頭型囉！

羊水堪稱是產道的潤滑油
幫助寶寶向前推進

當子宮頸口達到完全張開的程度，寶寶即將出生時會「破水」，此時流出來的羊水可為產道帶來潤滑的作用，幫助寶寶向前推進。

不僅如此，羊水還可以在子宮收縮時保護寶寶，避免細菌與雜菌在此時侵襲寶寶。也就是說，在懷胎十月的過程中，一直守護著寶寶安全的羊水，在分娩時也在持續幫助寶寶。

若是旋轉進行得不順利
便會動用真空吸引器、產鉗

分娩時，寶寶在產道中的動作如下圖所示，是以一邊旋轉的姿勢一邊慢慢前進。不過，並非每個寶寶的動作都如此順利，當旋轉進行得不順利時，寶寶難以脫離產道，這種情況稱為「旋轉異常」。

一般來說，會引起旋轉異常的原因通常為以下幾點。

● 寶寶的頭部尺寸與媽媽的骨盆大小不符。
● 胎盤或子宮肌瘤造成寶寶前進時的阻礙
● 巨嬰
● 體重過低

當胎兒發生旋轉異常現象時，若醫護人員在現場判定此情況不適合繼續自然分娩，通常會藉由真空吸引器、產鉗 →P199 輔助分娩，或是直接改由剖腹產，幫助胎兒順利出生。

從子宮頸口會看到的「著冠」

寶寶將臉部朝向媽媽的臀部整顆頭部完整露出

當寶寶的頭部通過狹窄的恥骨後，臉便會朝向媽媽的肛門方向，以抬頭的姿勢朝向產道的出口前進（第3次旋轉）。配合媽媽屏氣用力的節奏，從可隱隱約約看見頭部的「胎頭撥露」階段，進行到頭部完整露出的「著冠」狀態。

為了讓肩膀更容易出來再次旋轉為橫向姿勢

為避免肩膀頂到位於產道內側的「坐骨棘」，寶寶在此時會再度旋轉身體，將身體轉為橫向姿勢，讓肩膀更容易出來。（第4次旋轉）

單側肩膀出來後再換另一側

在寶寶的身體中，最大的部位就是頭部，只要頭部能順利通過產道，其他部位幾乎也會順利出來。不過，有些寶寶的肩膀會在產道卡住。分娩時大部分的寶寶都不會以雙肩同時通過產道，而是巧妙地先以單側肩膀出來、再換另一側肩膀。

全身都順利出來後寶寶就此誕生囉！

寶寶的頭部與肩膀通過產道後，其餘的身體部位都會順利出來，此時寶寶就正式出生了。剪斷臍帶後，寶寶不會再從媽媽的身體獲得氧氣與營養，可說是正式揮別胎兒的身分，從此便要靠自己呼吸、喝奶，開啟一段新生活。

順利度過分娩出寶寶的
巨大力量　陣痛期

陣痛是為了讓寶寶順利出生，媽媽必須要生出的巨大力量。
絕不是「痛苦」、「可怕」的過程，而是「為了要順利見到寶寶」的必須手段。

「子宮」、「骨盆」、「產道」的3種疼痛感互相交織成陣痛

陣痛是為了幫助寶寶順利娩出的重要關鍵，也是讓寶寶出生的最大力量，沒有陣痛，寶寶就不可能順利出生。

所謂的陣痛是由以下3種力量構成。

● 子宮收縮的力量

子宮是由肌肉所構成的袋狀器官，平常皆保持在柔軟鬆弛的狀態，只要一開始陣痛，子宮會轉變為僵硬緊繃的狀態，並藉由整體子宮規律性的收縮，將胎兒推出子宮。子宮剛開始收縮時，會感覺到肚子有股緊繃感，隨著產程的進行，子宮收縮程度越來越強烈，使產婦感受到疼痛感。

● 骨盆神經被壓迫的力量

為了讓龐大的胎兒通過媽媽狹窄的骨盆，在分娩時，媽媽骨盆的骨頭與神經都必須承受胎兒頭部與身體巨大的壓迫力道。

媽媽的腰部、恥骨、臀部、腳跟等部位，都不得不承受從內側湧出的巨大力量，造成強烈的疼痛感。隨著產程的進行，寶寶越是前進到越下方，疼痛感也會越來越強烈。

● 產道擴張的力量

原本非常狹窄的產道，為了讓寶寶在出生時能順利通過，媽媽的子宮頸口、陰道及會陰部等「軟產道」部位，會在分娩時擴張變大，藉由分娩時釋放的荷爾蒙，令子宮頸口等部位變得柔軟有彈性。

即使如此，下腹部與會陰部等部位，還是會由於內側肌膚的擴張拉扯而感到十分疼痛。

陣痛就是由以上「子宮」、「骨盆」、「產道」的3種疼痛感互相交織而成。

為使子宮頸口順利張開
放鬆身心也非常重要

配合著一波波陣痛襲來的節奏，寶寶便能順利下降，此時子宮頸口如果也能柔軟地張開，分娩的過程會十分順利。但是，陣痛已經很強烈、寶寶也已經下降到適當位置，而子宮頸口卻十分僵硬、無法完全張開，寶寶還是沒辦法順利出生。

子宮頸口無法順利張開的原因，包括媽媽的身心過度緊張、產道附著脂肪導致更為狹窄，或是由於體質關係子宮頸口天生就比較僵硬等。產婦必須盡量放鬆身心，不要過度畏懼分娩，也是順產的一大關鍵。

哦！開始痛了

順利度過陣痛、平安順產的方法

嘗試各種姿勢

找到一種讓自己最感到輕鬆的姿勢

在陣痛時，每個人感到輕鬆的姿勢不一樣。不會建議產婦「一定要維持○○姿勢」、「保持○○姿勢會比較舒服」等，只要能「讓自己感到最輕鬆舒服」就是最好的姿勢！在待產時不要光是躺著，可以嘗試看看各式各樣的姿勢，找到對自己最輕鬆舒服的姿勢或狀態吧！

將上半身朝下側躺的姿勢，可以達到放輕鬆的效果。

將雙手與膝蓋置於地面或床上的姿勢，會感到比較舒服。

維持打坐般的姿勢，呼吸也會變得比較順暢。媽媽將身體抬起來，能幫助寶寶順利下降。

緊緊握住某個東西

毛巾、丈夫的手等只要是能握住的東西都OK

在疼痛的時候，身體裡會不由自主地充滿力量，但這就等於是處於緊張狀態。而分娩時最重要的就是必須盡量保持輕鬆，因此在疼痛時，建議在手裡緊緊握住某樣東西，以釋放身體當中的力量，疼痛感也會稍微減輕一些。無論是毛巾、病床旁邊的柵欄、丈夫的手等，只要是能握住的東西都OK。

走路・蹲下

要是維持不動感覺很辛苦走路或蹲下也都沒關係

當陣痛逐漸變強烈時，有些人會覺得躺在床上非常不舒服，遇到這種情形，不妨下床到處走走，或是採取蹲姿等，適度活動筋骨。由於站著或走路時的姿勢會受到地心引力影響，能連帶幫助寶寶順利下降，或許也能幫助產程順利進行喔！

扭動腰部

在陣痛比較不強烈時扭腰也能夠幫助分娩

站著將雙腳張開至與肩同寬，雙手插在腰部，慢慢地大幅度扭動腰部。在腰痛時，如果能伸展腰部，不僅可以減輕疼痛感，也可以同時減輕陣痛所帶來的疼痛，若是在陣痛感比較微弱時，進行扭腰動作，也能達到幫助順利分娩的效果。覺得扭腰的動作會令自己很不舒服，那就慢慢地以前後、左右的方向搖擺腰部即可。

依靠著某物

也可以緊緊靠在丈夫身上

也有一些產婦表示，在陣痛時如果能將上半身依靠在某物上面，或是將身體靠在別處，也能減輕疼痛感。例如，以反方向坐在椅子上，並將上半身靠在椅背上，或是將身體靠在平衡球、大抱枕、或丈夫身上，都可以減輕疼痛感。

請別人幫忙按摩腰部

具體指出要按摩哪個部位、按摩方式

實際詢問過多位產婦後，許多人表示：「請身旁的丈夫幫忙按摩腰部，感覺好像有比較舒服一點。」只不過，究竟要按摩哪個部位、以及該如何按摩才會獲得舒緩則因人而異，在請別人幫忙按摩時，最好明確地指出希望對方如何按摩哪個部位。相反地，也有些人覺得在陣痛時被觸碰身體不舒服，要是感到不舒服時也要明確地說出來。

使腰部保持溫暖

溫暖腰部可以緩和疼痛感尚未破水的話也可以泡澡

讓身體保持溫暖，不僅可以讓身心得到放鬆，還能達到緩和疼痛感的功效。由於溫暖身體可以促進血液循環，對分娩有一定程度的幫助。如果溫暖身體可以帶來緩和放鬆效果，使用暖暖包或是熱水袋都是不錯的選擇，若是尚未破水，甚至也可以去泡澡或沖澡，效果會很不錯。

適度補充營養

可以吃香蕉或飯糰等
容易消化且方便的食物

分娩是一場馬拉松，把握能進食的時候，吃一些吃得下的東西，為自己補充能量。在陣痛的間隔期間可以吃一些容易入口、能立即補充能量的食物，例如香蕉或三角飯糰等，此外像能立即補充卡路里的冰淇淋，在陣痛時吃一點也未嘗不可，平時若是有習慣喝的營養補出飲料也OK，只要是容易消化的食物皆可。

泡手・泡腳

促進血液循環
對維持陣痛節奏很有幫助

在陣痛時，建議將雙腳放進溫水中進行足浴或泡腳，適度舒緩疼痛感，讓身體放輕鬆，同時促進血液循環，幫助產程的進行。或者採取更簡單的方式，將雙手浸泡在溫水中，就算沒有洗臉盆也沒關係，只要利用待產房中的洗手台，將洗手台的栓子拴上再開熱水，把雙手浸泡在溫暖的水中即可。

叫出聲音

如果叫出聲音感到比較輕鬆也OK
別忘了讓身體好好休息

如果在承受陣痛的當下，叫出聲音會讓自己感覺比較好受，叫出聲來也無妨。為了不叫出聲而勉強忍耐，反而會讓身體更用力，造成不好的影響。若是大聲嘶吼能有助於減輕痛苦，叫出來會比較好，不過在陣痛的間隔期間，還是別忘了要好好休息，並讓身體放輕鬆喔！

補充水分

預防脫水&重新提振精神
不甜的飲料也可以

在承受陣痛的這段時間，許多人會痛得流滿身大汗、喉嚨也會感到口乾舌燥，為了預防脫水並讓自己重新打起精神，可以在陣痛的間隔適時補充水分。如果是甜的果汁類飲料反而會讓喉嚨更渴，建議可攝取不含糖分的茶類或開水。

嗅聞精油放鬆心情

精油也具有幫助
順利分娩的效果

芳香精油不僅可以幫助產婦舒緩放鬆心情，同時具有促進產程的效果。由於不是每一間醫院都推廣在陣痛時利用精油舒緩情緒，因此在入院前要先向院方確認清楚可否攜帶精油待產。可以利用方便攜帶的精油芳香袋，或是在手帕上事先噴灑精油，就能輕鬆地放在手邊隨時嗅聞。

深呼吸

藉由深呼吸讓身心放輕鬆
寶寶也會變得比較放鬆

在感到疼痛時，呼吸會變得越來越快，甚至會暫停吐氣，這種時刻請記住要深呼吸。藉由緩緩地深層吐氣、吸氣，讓身體放鬆下來，同時也能運送給寶寶充足的氧氣。要是能確實地吐氣，身體自然就會確實吸氣，在陣痛時要一邊意識到徹底吐氣，確實進行深呼吸。

陣痛

聊天

發出聲音聊天談話
也能協助放鬆情緒

因為緊張導致身體過度用力，反而會造成疼痛感更加強烈。這時可以找身旁的人聊聊天，任何人都好，只要能開口講講話，就會感覺到心情沒那麼緊張，疼痛感也不似先前這般強烈了。發出聲音或是吐氣具有同樣的效果，如果可以唱唱歌應該也會有不錯的功效。

遵照護理師的指示

請教分娩方面的專家
讓自己感覺好受一點的方法

由於護理師在產房中見過了無數次的分娩過程，非常了解產婦該如何熬過陣痛。除了指導產婦正確的呼吸法外，能提供許多能讓產婦感覺比較好受的姿勢與按摩法。不過，不可以什麼事都想依賴護理師，只有自己積極面對陣痛，才能獲得最恰當的建議。

可幫助排解陣痛的小物

● CD・音樂播放器

聆聽自己喜歡、能帶來元氣的歌曲，讓心情保持愉快，也有助於放鬆。有人表示，陣痛時聽懷孕時常聽的音樂，也能放鬆心情。

● 抱枕

枕頭或抱枕不僅可以抱著，也可以將力量發洩在上面或是將臉部埋在裡面，用途非常廣泛，在陣痛時如果手邊有抱枕會很方便。

● 高爾夫球

有許多人都表示，在承受陣痛卻忍住用力時，若是將高爾夫球壓在肛門附近，會感到比較好過一些。

● 網球

網球的作用與高爾夫球一樣，在忍耐用力時可用來抵住肛門，會感到比較舒服一點。也可以跪坐在網球上，對肛門造成壓迫。

● 手機

在等待分娩時必須與家人聯繫，或是產後向家人報告「寶寶順利出生了」。不過在醫院中有些地方會限制使用手機，使用前必須先向院方確認清楚。

● 毛巾

在陣痛時可以雙手握住、或扭轉毛巾，也可以用來擦汗。如果是平常愛用的毛巾，更能帶來安心的效果。

● 平衡球

在陣痛時，可以坐在平衡球上左右搖擺晃動，或是雙膝跪在地上，僅將上半身靠在平衡球，以雙手抱住平衡球等，使用方式相當多元。

● 攜帶型寶特瓶吸管瓶蓋

在起不了身的時候，可彎曲的攜帶型寶特瓶吸管瓶蓋就能大大派上用場。在需要時能夠立刻為喉嚨帶來滋潤。

● 開水、茶等無糖飲料

在承受強烈疼痛時，一定會流許多汗水，拚命努力呼吸，導致口乾舌燥。如果是喝果汁類飲料反而會更口渴，一定要事先準備好開水或茶。

● 調節燈光明暗

在準備分娩時，比起明亮刺眼的室內燈光，偏向昏暗的照明設施能更讓人感到安心，順利度過陣痛。如果覺得燈光太強烈刺眼，可請身旁的人將燈光稍微調暗一些。

● 雜誌

參考母嬰雜誌，再次確認分娩的流程，了解「自己現在正處於哪個產程」，能讓自己感覺更安心。閱讀與生產有關的文章，也能達到轉換心情的效果。

● 暖暖包、熱水袋

在陣痛時，若能為腰部、雙腳保持溫暖，感覺會比較舒服，也能達到緩和疼痛感的效果。

● 護唇膏

在預備分娩時，有很多機會要用嘴巴呼吸，容易使雙唇乾燥。隨身攜帶護唇膏，常保雙唇的滋潤度吧！

● 襪子

有時候由於身體過於寒冷，也會導致產程無法順利進行。只要讓雙腳保持溫暖，也會連帶使腰部溫暖起來，要記得穿上襪子保暖喔！

● 平安符

如果是習慣持有平安符的人，在面臨分娩時通常會帶在身邊，就會令人感到安心。

● 精油、香氛

在陣痛間隔的時候，若能嗅聞自己喜歡的香氛，也能達到舒緩放鬆的效果。在產婦間據說檸檬、葡萄柚等柑橘調香氣，以及薰衣草的香氣都很受歡迎。

● 髮圈

雖然一開始並不會察覺到髮圈的重要，但隨著產程的進行，散落凌亂的髮絲會令人感到焦躁不安。長頭髮的人可以隨身攜帶髮圈或髮夾，在需要時能派上用場。

● 筆記本與筆

在陣痛的間隔時，若能隨手記錄下待產的進展與心情，能令自己稍微冷靜一些，並同時鼓勵自己繼續努力。這會成為很好的紀念與回憶。

● 扇子

在預備分娩時，很多人都表示「非常熱」、「熱到大汗淋漓」。可以請站在身旁的人拿著扇子搧搧臉部，讓自己重新振作起來，心情也會變得比較平靜。

● 附秒針的時鐘

陣痛時間最長也不過1分鐘～1分30秒左右的時間，如果在陣痛時能看著附有秒針的時鐘，就能倒數計時，在心裡默想「當指針指到這裡時就不會痛了」，比較容易撐過陣痛的時刻。

● 按摩用品

在陣痛時可利用一些按摩用品，請旁人幫忙按摩腰部與背部的穴道，也能使產婦感覺比較舒服一些。即使是在陣痛的間隔時間，也能利用按摩用品

產程進行不順
如何度過微弱陣痛？

產程的進行方式與速度因人而異，不是只有發生問題時才會導致產程過長，產婦本人過度緊張也會導致時間拉長。必須盡可能保持冷靜，盡量以輕鬆的心情迎接分娩，才能比較順利喔！

什麼情況下
產程會拉長？

每個人分娩的過程不同，受到不同的個性、體格、想法所影響，過程有許多差異。舉例來說，無法以積極的心態面對，分娩的時間會拉長。

無論對誰來說，分娩的過程都相當艱辛，不僅要花費一段時間，肉體與精神上的負擔也相當龐大，要是無法以積極的心態來面對分娩，精神方面會比肉體更快感到疲憊，導致陣痛期間更加難熬。

相反地，若是能事先了解分娩的流程、平時也能積極培養體力，以積極的心態面對分娩，自然也能以比較好的狀態來迎接分娩的過程。

即使已經開始陣痛一段時間，入院待產的產婦，也有可能發生陣痛遲遲無法變強、或是痛到一半開始變弱，導致產程拉長。不過，就算分娩時間稍微拉長了一些，也不會造成寶寶的不適，因此不需要過度擔心。

立起上半身、或是補充
短暫的睡眠都很有效

當產程無法順利進行時，大多是由幾個因素所引起，例如陣痛遲遲無法變強、寶寶沒有降落至骨盆、或子宮頸口張不開等。在產程進行不順利時，比起一直躺在床上，倒不如立起身子比較有幫助。

有時是媽媽過於疲倦或緊張，導致產程無法順利進行。若是在這種情況下，必須注意盡量保持放鬆的姿勢，不要讓身體用力，如果可以不妨稍微睡一下。即使在陣痛間隔期間的幾分鐘內，藉由短暫的睡眠解除身體與心靈的疲憊感，讓身心感到放鬆。也有例子是產婦經過睡眠後，產程自然就變順利了。

陣痛感很微弱時
可以施打陣痛促進劑

陣痛變得越來越微弱、疼痛感逐漸消失時，稱為微弱陣痛。微弱陣痛的原因可能是多胎妊娠 →P124 、羊水過多 →P116 、子宮肌瘤 →P148 等子宮的問題，或是由於母體過於疲勞以及心理上的不安，也有不少例子的原因不明。

微弱陣痛不僅會拉長產程，也會增加破水細菌感染的可能，院方通常會施打陣痛促進劑，以使產程順利進行。

Column

產程過快有可能
在上產台前就先分娩

比起耗費長時間的分娩，短時間就結束所消耗的體力會比較少，但是千萬不要誤以為「時間短＝輕鬆」，因為原本必須花費許多時間的分娩過程，突然在濃縮在短時間內快速進行，疼痛感必然會更加強烈。甚至也人的產程速度過快，「還來不及抵達醫院，就在計程車上生出寶寶了！」這樣的情形稱作急產，對產婦與寶寶非常危險。

就算多花一點時間，只要能依照自然的產程進行，慢慢地平安生出寶寶，以結果來看也可以算是順產。

此外，使產程無法順利進行的原因，還有分娩延遲、軟產道強韌症等情況。

分娩延遲是指在陣痛開始後的30小時、經產婦則是15小時，寶寶遲遲無法順利出生，可能是由於寶寶的旋轉異常、或母體的微弱陣痛。產程過度拉長，對母體與寶寶的負擔變大，發生意外狀況的可能性也會提高。

另一方面，軟產道強韌症是指，原本應該相當柔軟的子宮頸、陰道、會陰等部位變得僵硬、無法順利張開。軟產道強韌症多發生於高齡產婦，會使寶寶難以順利下降，拖延了分娩的時間。

若是發生了以上的情形導致產程過度拉長，院方就會為產婦施打陣痛促進劑以利產程順利進行。

邊以分娩監視裝置監控邊施打陣痛促進劑

陣痛促進劑的副作用，會帶來過度強烈的陣痛，有時因為藥效過強導致陣痛過於激烈，造成胎盤的血液循環變差，可能會發生胎兒假死的危險性，此外，雖然不常見，但也有可能引起子宮破裂。時至今日，院方在施打陣痛促進劑時，會利用分娩監視裝置確實掌握母體與胎兒的健康狀態，也會慎重地少量逐次施打藥劑，不必太擔心。

由以上可得知，當子宮頸口過於僵硬無法順利張開、導致產程進行不順時，可借助藥物的力量讓子宮頸等部位變得柔軟，再施加外力使子宮頸口順利擴張，幫助產程進行。

產程無法順利時，可試試這些動作

站立・走路

利用地心引力讓產程更順利！當產婦站著的時候，會受到地心引力的影響，讓胎兒往下移動，進而促進產程進行，如果能讓身體動一動更好。如果身體並無大礙，可以在醫院的走廊或庭院等較近的區域散散步，呼吸一下新鮮空氣，能使心情變得煥然一新唷！

飲食

當產程一直遲遲無法向前推進時，也就表示接下來還會花更多時間生產。建議產婦可在適當的時間點，為自己確實補充營養，可多加攝取糖分幫助恢復精神，例如：冰淇淋、優格、果凍或布丁等容易吞嚥的甜點類為佳。

刺激三陰交的穴道

位於雙足內側、腳踝上方4根手指的位置，就是三陰交的穴道。以手指緊緊壓住三陰交，或是利用暖暖包、足浴等方式為此部位帶來溫暖，便可能發揮促進陣痛的功效。

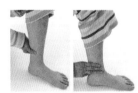

打坐

打坐的姿勢可以讓骨盆關節完全打開來，讓地心引力幫助胎兒下降。打坐時要盡可能伸展背部肌肉，不僅可幫助胎兒下降，還能讓心情沉澱下來。

泡澡

利用泡澡或沖澡讓身體溫暖起來，促進血液循環，很有可能可以促進陣痛，也能帶來放鬆的效果！讓身體流出汗水，心情也能重新振作起來。不過，已經破水就千萬不可以泡澡了。

請護理師刺激子宮頸口

陣痛期間，護理師會隨時觀察產婦子宮頸口的張開情形，確認產程進行到哪一階段。護理師會以手指刺激子宮頸口，幫助陣痛順利進行。由於以手指刺激子宮頸口屬於內診，造成一定程度的疼痛，但可使產程進行順利，必須多加忍耐。

必要時才會進行
分娩時的醫療措施

在分娩的前後、以及過程中，很可能會進行各式各樣的醫療措施。依照各間醫院的方針，在準備生產前務必要先與醫師確認清楚，在何種情況下會採取何種醫療措施，讓自己有心理準備。

為了讓分娩順利進行
必須預先採取的準備

在分娩之前，有一些例行的醫療措施必須事先進行，例如：灌腸、導尿、確認血管位置、剃毛等。

為了不讓腸道中殘留的糞便擋住產道、使產道變更狹窄，再加上若是在分娩時排便會造成衛生的疑慮，因此產婦抵達醫院時會先灌腸；導尿也是為了避免膀胱中儲存的尿液壓迫產道。

而為防止在分娩時突然大量出血，導致母嬰陷入危急狀態，院方會先確認好產婦的血管位置，在緊急時刻能立刻施打藥劑。最後，剃毛是為了在剪開會陰部時更順利、同時預防感染。

上述的每一項步驟都是為了讓分娩更順利進行，使媽媽安全地娩出寶寶，將母體的負擔降到最低。

不過，依照每一間醫院的醫療方針不同，有些時候並不會採取每一項醫療措施。在分娩前，可事先查好預定生產的醫院在分娩時會採取哪些醫療措施，也可以先與醫師討論分娩時採取醫療措施的必要性，讓自己完全理解了之後，再全心迎接分娩。

確認血管位置

預先施打點滴
萬一危急時即可立即急救

萬一在分娩時突然發生了緊急狀況，事先確認好血管位置，就能及時施打藥劑或是輸血，在分娩前，院方會先確認好產婦的血管位置。

要是產程過度拉長，也可以利用點滴為筋疲力竭的產婦補充熱量。只不過，預先確認血管位置代表著產婦不能隨意移動，有些醫院僅會為高危險群的產婦進行這項醫療措施。

導尿

為了促進子宮順利收縮
所進行的步驟

在即將分娩前，院方會將一根很細的管子插入產婦的膀胱中幫助排尿，一旦開始陣痛之後，要是尿液仍累積於膀胱中，會使子宮收縮的能力變差（＝陣痛感越來越微弱），並導致胎兒無法順利下降等，帶來許多不良的影響。此外，在陣痛強烈時產婦無法自行上廁所、或是在產後難以感受到尿意時，也都會幫產婦導尿。

剃毛

讓縫合會陰的步驟更順利
同時預防感染

為避免在剪開會陰部時遭受感染、並讓縫合更加順利，院方會事先為產婦剃除會陰部周邊的毛髮（如下圖所示），並非剃除所有的陰部毛髮。由最近不希望剃毛的產婦越來越多，也有些醫院不會進行這項措施。建議可在產前確認清楚剃除毛髮的範圍及程度。

只會剔除從陰道口到肛門的會陰部位毛髮。

灌腸

有些醫院會為產婦灌腸
避免新生兒受到感染

在分娩的過程中，要是媽媽屏氣用力時也一起排出了糞便，可能會造成新生兒感染大腸桿菌，有些醫院會為產婦灌腸，避免新生兒受到感染，不過也有許多醫院不會採取這項醫療措施。

陣痛促進劑、擴張子宮頸口

利用藥物與器具
確保母嬰安全

陣痛促進劑是專門用來促進子宮收縮的用藥，在以下情形發生時會使用，例如產婦遲遲沒有出現強烈陣痛、陣痛微弱、延遲分娩、軟產道強韌症、過期妊娠（妊娠42週後尚未分娩），以及計畫分娩。

即使施打了陣痛促進劑，在每位產婦身上發揮的藥效也不同，就算施打同樣的劑量，產程的進展與疼痛感因人而異，不僅如此，施打陣痛促進劑也有可能造成陣痛感過度強烈（過強陣痛）。因此，為了確保母嬰的安全，院方在為產婦施打陣痛促進劑時，會利用分娩監視裝置確實確認陣痛程度，以微調藥劑用量。

此外，若是子宮頸口一直維持封閉狀態，院方會使用子宮頸熟化劑讓子宮頸口變得柔軟且容易擴張，或是藉由子宮頸擴張器具（子宮頸擴張棒、子宮頸管擴張充氣膨脹球等），撐開子宮頸口。

剪開會陰部

不僅能讓胎兒順利出生
並可避免撕裂傷

會陰部指的是從陰道口到肛門之間的部位。在分娩時，會陰部位的肌肉會延展地相當薄，以利胎頭順利娩出。如果會陰部位能充分地擴張，使胎頭順利出來，會陰部就不需要剪開。

但是，由於胎兒頭部的直徑大約有10cm，如果會陰部的肌肉沒辦法擴張得這麼大，自然會被撕裂開來，稱為會陰撕裂傷。為避免會陰撕裂傷，有些醫院會先為產婦進行剪開會陰的手術。

剪開會陰部這項手術，每一位醫師的想法不相同。有些醫師認為：「等會陰部自然擴張即可，盡量不要剪開會陰」；但也有些醫師主張：「就算子宮頸口已經完全張開，但會陰部卻還沒完全擴張，還是先提前剪開，對母嬰的負擔會比較小」。是否要事先剪開會陰部，建議大家盡量找與自己想法相同的醫師。

若是在沒有提前剪開會陰，導致在分娩時會陰部自然撕裂，不僅出血量會比較多、傷口也比較不易縫合，這些情況也必須考量進去。

等到分娩結束、胎盤也娩出後，會進行會陰部的縫合手術，傷口的疼痛感會持續大約2～3天，等到出院之後就不會痛了。

如果妳希望「盡量不要剪開會陰部」，建議妳平時多做一些伸展或瑜珈等可以使骨盆關節張開的運動，也要控制好體重，讓體重以適當的幅度增加。

真空吸引分娩

利用真空吸引器
貼合胎兒頭部拉出胎兒

真空吸引器是矽膠或金屬製的半圓形杯狀物體，進行真空吸引分娩時，將真空吸引器插入子宮頸口，吸住胎兒頭部，慢慢吸引出胎兒。當發生微弱陣痛、胎兒旋轉異常等產程延遲情形時，胎兒的心跳可能會越來越薄弱，必須盡可能及早將胎兒取出，這種時候就會以真空吸引的方式幫助分娩。

產鉗分娩

連還在深處的胎兒
也能以產鉗拉出

產鉗分娩是以2個金屬製的湯匙狀器具（產鉗）夾住胎兒頭部，在產婦屏氣用力時順勢將胎兒夾出。由於以產鉗拉出的力道更強，比真空吸引分娩更能拉出位於深處的胎兒。不過，醫師必須擁有相當高超的技巧才能安全地使用產鉗，最近大多數的醫院還是偏向使用真空吸引分娩。

剪開會陰部的步驟

子宮頸口完全張開	剪開會陰部	寶寶誕生	縫合會陰部
距離寶寶真正出生還有一段時間。在胎兒心跳還不至於過低的情形下，通常會等會陰自然伸展開來，達到能讓胎兒頭部順利通過的程度。	若是會陰無法完全伸展開來，為避免分娩造成會陰撕裂傷、或是顧及胎兒心跳可能變低，會事先將會陰部剪開一定程度。	剪開會陰後，再進行1～2次的屏氣用力，寶寶就可以順利出生了。娩出胎兒之後，接著臍帶與胎盤等也會跟著出來。	先前剪開的部位必須進行縫合。有些情況下醫師會採用事後不需拆線的縫線、有些則會採用事後必須拆線的縫線進行縫合。

子宮頸口完全張開為止
請忍住不用力

「雖然很想用力、、還不可以真正開始用力」，這段必須忍耐的時間，對產婦而言應該是最難熬了。不過，在子宮頸口完全張開前得花點時間，再努力忍耐一下吧！

為了使產程進行得更順暢「往下」用力與「忍住」用力的訣竅

剛開始陣痛時，只是類似於經痛般的感覺，不過等到子宮頸口張開到大約4cm大小時，疼痛感會變得比較強烈，到了張開5～6cm時，胎兒的頭部便會壓迫到子宮頸口，慢慢地感受到類似於便意的疼痛感。

等到子宮頸口張開到7～8cm時，陣痛的間隔會變得很短，便意也會變得非常強烈，這段時間對產婦來說最難熬。等到子宮頸口完全張開後，產婦會被移至分娩室，接著配合陣痛感的來襲屏氣用力，增加腹壓，便能幫助寶寶順利出生。

雖然不到最後關頭沒辦法預知生產時的情況，不過，為了達成平安順產的目的，產婦可以掌握「往下用力」與「忍住用力」的訣竅。

在子宮頸口完全張開前以屏氣用力的方式度過這個難關

在陣痛時必須以「往下用力」的方式出力，幫助寶寶推出產道。當子宮頸口張開到10cm大小時，產婦必須配合陣痛的頻率往腹部加壓＝「往下用力」，助寶寶一臂之力，不過，在這之前會先感受到類似便意的感覺。

隨著產程的進行，胎兒漸漸往下前進，一旦前進到接近子宮出口的部位時，胎兒頭部會壓迫到骶骨、膀胱、腸道等器官，會湧現如同想排便的感覺。

這種類似便意的感覺就是「自然而然會想要往腹部與肛門用力」、「好像有東西要出來、很想把它趕緊排出體外」的感覺。早一點可能在子宮頸口開到5～6cm時就會湧現，不過還是必須忍耐到子宮頸口全開才能真正開始用力。

無論是為了寶寶或是為了自己都要再忍耐一下！

要是在子宮頸口尚未達到全開程度前就先開始用力，寶寶也會連帶受到壓迫，很不舒服，也有可能使子宮出口受傷，引起大出血，或造成子宮頸口浮腫，使得子宮頸口更難張開，也會引起陣痛微弱，使得產程時間過度拉長等。因此千萬要記住，在子宮頸口尚未全開前，「忍住用力」非常重要。趁現在先把「忍住用力」的訣竅牢牢記在腦中吧！

感受到便意時就靠這些方法忍住用力!

壓迫會陰部位

可利用網球或
高爾夫球抵住會陰部

感覺就像在對抗寶寶往下降落的力量一樣,以強烈的力道壓迫會陰與骨盆腔一帶,可以巧妙地對抗緩解便意感,忍住想用力的感覺。

如果家裡剛好有網球或高爾夫球,請務必帶去醫院試試看。首先,將網球或高爾夫球放在會陰及肛門附近位置,坐在上面。當「便意感」襲來時,再以全身的重量壓在網球或高爾夫球上,抵擋便意感。

若是丈夫有在身邊陪產,也可以請丈夫將手用力壓在肛門到會陰之間的部位,取代網球與高爾夫球的作用。

此外,也可以採取跪坐的姿勢,將腳踝放在肛門與會陰之間的位置,利用腳踝帶給肛門壓迫感,也是不錯的方法。

呼吸法

在心裡隨時意識到
「慢慢吐出氣息」

在產前先學習呼吸法,分娩時會輕鬆不少,許多媽媽教室中都有指導呼吸法的課程。呼吸法種類繁多,例如:在不同分娩階段會有所變化的拉梅茲呼吸法、吐氣呼吸同時訓練冥想以對抗陣痛的冥想呼吸法、逆腹式呼吸法等等。

在面臨強烈的疼痛感時,呼吸會不由自主地變急促,很容易不小心屏住呼吸,但是一定要記住慢慢地吐出氣息,讓身體好好放鬆,才能運送給胎兒足夠的氧氣。只要能好好吐出氣息,身體自然而然會吸飽空氣,若是在分娩時突然忘記之前學習過的呼吸法,只要先意識到好好吐氣就沒問題了。在便意感強烈時,慢慢吐氣「呼~」之後,再小小聲地發出「嗯」的聲音,絕對不可以太用力,這麼一來即可藉由輕輕出力來避免身體過度用力。

將網球或高爾夫球放在肛門附近,利用體重帶來壓迫感。可以在塌塌米或地板、椅子上進行,如果沒有網球或高爾夫球,也可以直接利用腳踝來壓迫。

呼~
吐氣

嗯
發出短音

緩長的呼吸
重點在於發出「嗯」的聲音時,絕對不可以太過用力!

在忍耐用力時,也可以利用這些方式有效地轉移注意力!

專心聽音樂
轉移自己的注意力

在分娩的過程中,真正達到強烈疼痛的時間全部加起來大約僅有30分鐘~1個鐘頭。不妨聽聽自己喜歡的音樂、或是能為自己提振精神的歌曲轉移注意力。

想要叫出來的時候
就放聲大叫吧!

若是大聲叫出來、或是放聲大吼「哇~」,可以讓自己分散注意力,放聲大叫也無妨。千萬別讓自己太累,在陣痛時讓身體獲得放鬆、好好休息一會兒吧!

想想肚子裡的寶寶
也正在努力

當媽媽在對抗陣痛的疼痛感、努力忍住用力的感覺時,寶寶也在媽媽的體內努力旋轉、一點一滴地讓自己前進。可以試著想想:「肚子裡的寶寶也跟我一起在努力呢!」幫助自己度過煎熬的時光。

如果很短暫
即使暫時用力也OK

當子宮頸口還沒完全張開時,千萬不可以開始用力。不過,在陣痛達到巔峰時,身體會自然湧現出力量,此時有一點用力也沒關係,只要在過了疼痛感巔峰後立刻吐氣,讓呼吸回復正常即可。

真的很怕痛
也可以選擇無痛分娩

由於無痛分娩可以讓人在相對輕鬆的狀態下面臨分娩，近年來越來越多人選擇。
不過，並不是每一間醫院都可以為產婦施行無痛分娩，如果妳希望接受，就必須事先詢問。

推薦給對疼痛忍耐力較低、容易感到不安的產婦

雖然陣痛是為了幫助寶寶順利出生的助力，但若是對疼痛忍耐力較低、或是對生產有恐懼感及強烈不安的產婦而言，承受巨大的壓力反而會對分娩造成阻礙。對這樣的產婦來說，無痛分娩是使分娩順利進行的方式之一。

由於進行無痛分娩必須具備麻醉設施，並不是每一間醫院都能提供這項醫療措施，依據方針不同，有些醫院認定無痛分娩並不具備醫學上的必要性，因此也不會主動為產婦施打。

如果妳希望在分娩時借助無痛分娩的力量，先盡早向醫院確認吧！

即使施打了還是可以用力、也能聽見寶寶的哭聲

若是決定要施打無痛分娩，一必須事先決定分娩的日期，在當天進入醫院後接受麻醉，再引發陣痛。

無痛分娩採取的是硬膜外麻醉，是只降低腹部疼痛感的一種局部麻醉。硬膜外麻醉是將局部麻醉藥注入脊柱管內硬腦膜與骨頭空間中（硬膜外空間），使感受到陣痛的神經產生麻痺作用。

當麻醉藥劑發揮功效後，並非所有的感覺都會被麻痺，也不會讓子宮停止收縮，產婦還是可以持續用力，意識也相當清楚，當寶寶順利出生後，也可以清楚聽見寶寶的哭聲。

若是產程進展較快等理由而來不及施打硬膜外麻醉、或是由於別的原因導致硬膜外麻醉的成效不佳，有時候也會採取腰椎麻醉的方式降低分娩時的疼痛感。

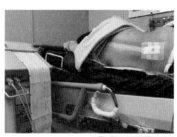

先進行局部麻醉後，以粗針頭刺入脊柱管，從該處插入導管，在恰當的時間點注入麻醉藥劑。

無痛分娩的流程

● **入院**
到達醫院後必須先接受診察，確認子宮頸口張開的程度以及寶寶的狀態。進行浣腸。

● **局部麻醉**
為了預防感染，必須先消毒背後到腰間部位。由於硬膜外麻醉使用的針頭很粗，不會直接將針頭刺入脊椎，會先施打局部麻醉藥，才開始進行。

● **刺入硬膜外針、插入導管**
將針頭刺入腰椎中的硬膜外空間，當針頭抵達硬膜外空間時，便會接通藏在針頭當中的麻醉藥導管。

● **施打陣痛促進劑點滴**
為了測試硬膜外針是否確實進入硬膜外空間，會先施打少量的麻醉藥劑。之後再進行人工破膜，開始為產婦以點滴施打陣痛促進劑，接著再補充200ml的輸液點滴，預防血壓過低。

● **麻醉發揮作用**
大約20分鐘後，麻醉會漸漸發生效用，雖然還是感覺到腹部的緊繃感，不過卻不會再感覺到難忍的疼痛。此時產程也會持續進行。

● **子宮頸口達到全開程度**
等到子宮頸口達到全開程度後，會進行導尿，將產婦移動至產房。

● **開始屏氣用力**
進入產房後，必須配合陣痛的頻率屏氣用力。護理師會在一旁指導產婦如何用力。

● **寶寶誕生**
即使接受了麻醉，還是能清楚感受到分娩的那一瞬間，確認分娩的真實感。

關於無痛分娩的 Q & A

Q 有沒有人不適合施打無痛分娩？

A 不能施打麻醉、以及容易出血的人不適合

曾接受過椎間板突出症手術、患有脊椎側彎等脊椎疾病患者，不能施打硬膜外麻醉。體質容易出血、是會對麻醉產生過敏反應的產婦，也不可以進行無痛分娩。不過，由於無痛分娩可以降低分娩對母體造成的負擔，因此罹患心臟疾病、嚴重妊娠高血壓症候群的產婦反而適合施打。

Q 麻醉有可能會達不到預期的效果嗎？

A 雖然每個人的感受不同就算痛也只是生理痛的程度

在陣痛較微弱時施打麻醉後，就算只有些微的疼痛感，產婦也會很敏感地立即察覺，因此有些人會覺得麻醉無法發揮功效。也有些人會誤以為「無痛」就是完全不會痛，不過疼痛感還是因人而異。雖然依麻醉劑量的不同，降低疼痛感的程度也不一樣，但頂多像生理痛的程度而已。

Q 施打麻醉會不會對寶寶造成影響呢？

A 只有微量的麻醉劑進入體內不必擔心對寶寶造成影響

由於硬膜外麻醉屬於局部麻醉，就算進入到媽媽的血液、通過胎盤傳達到胎兒的體內，也僅剩微量而已，對寶寶幾乎不會造成任何影響。就算效果像施打了全身麻醉般，導致媽媽處於睡眠狀態，寶寶也會在睡眠狀態下平安出生。

Q 可以在分娩過程中臨時改為無痛分娩嗎？

A 在子宮頸口開到8cm之前在醫學上都可以施打

雖然在醫學上可以施打，但有時院方人手不足無法臨時施打，此外，若是疼痛感過於強烈，導致產婦無法固定橫躺姿勢時，也會很難施打。因此，初產婦在子宮頸口開到8cm後就無法再改採取無痛分娩了；而經產婦會在更早的階段即無法施打無痛分娩。

Q 無痛分娩的費用會比一般分娩來得高嗎？

A 每間醫院的收費方式皆不同在生產之前先詳加確認吧！

無痛分娩的費用不在健保支付的範圍內，也會因為麻醉藥劑種類、用量及分娩時間長短導致費用不一，若是希望採取無痛分娩，最好先與院方詳加確認後再做決定。一般來說，施打無痛分娩費用約6000台幣左右。

現在！屏住氣息用力～！

Q 分娩時間會延長還是縮短呢？

A 一般來說，無痛分娩會使陣痛變弱

施打無痛分娩之後，可以舒緩肌肉的緊張感，產道也會因此而擴張，如此能使寶寶順利地通過產道，並且讓分娩時間縮短。但是，也有產婦會因為麻醉而使陣痛變弱，導致分娩時間拉長，遇到這種情形，在醫師的判斷下可能會使用陣痛促進劑，幫助分娩順利進行。

Q 施打無痛分娩後有可能臨時改成剖腹產嗎？

A 胎兒旋轉異常的發生機率仍與自然分娩相同

雖然施打麻醉之後會使子宮的收縮變弱，不過大多只是一時的現象而已。萬一在最後時刻施力不順，醫師會利用真空吸引器或產鉗幫助胎兒娩出，若是胎兒的情況在過程中變危急，也有可能會直接剖腹將胎兒取出。以上這些情形的發生機率，無論是在無痛分娩與自然分娩的情況下都是相同的。

產婦最大！
陪產者注意事項

所謂的「陪產」並不是見習。陪產者必須抱持著與產婦一起努力的心情，
先仔細了解分娩流程，並且守候在產婦身旁。

抱著「一起生產」的心情
守候在產婦身邊

現在有越來越多醫院都贊成產婦分娩時伴侶在一旁陪產，這麼做「能讓產婦更安心地面對生產」。不過，要是單單只因為覺得好奇、或是以見習的心態陪產，那就完全失去意義了。

好不容易才能一起迎接寶寶誕生的那一瞬間，伴侶應該在分娩前先認真了解分娩相關知識，抱著「一起生產」的心情守候在產婦身邊。

如果能在一旁幫產婦擦擦汗、餵她喝水、幫她按摩腰部等等，在產婦身邊扮演好「守護者」的角色，也能讓產婦無論是在身心等各方面都更有勇氣面對生產。對於夫婦來說，這也絕對會成為一輩子難忘的珍貴經驗。

陪產者必須是
不會讓產婦感到緊張的人

若是因太太回娘家生產，或由於工作等因素無法陪產，先生就算想陪產也心有餘而力不足……。在這種情況下，至少要讓太太在接近分娩時能立刻聯絡得上，兩個人好好講講話。

此外，在分娩時陪伴在身邊的人，有時候反而會讓產婦感到更加緊張，如果可以，盡量找能讓產婦徹底放鬆、盡情撒嬌的人陪伴在身邊會比較好。

如果是懷第二胎，也可以讓老大陪伴媽媽一起產檢，藉由超音波看看小寶寶的模樣，甚至是在分娩時也進入產房一同陪產，如此能增進與媽媽、手足之間的感情。

只是，考量到衛生層面上有可能感染病菌，也有些醫院禁止兒童陪產與探視，這一點要在分娩之前先與院方確認清楚才行。

陪產時丈夫必須注意的事項

絕對禁菸！
就算在休息時也不可吸菸

不僅在醫院裡理所當然不可抽菸，在陣痛間隔時也不可以抱有「反正是休息時間，去外頭抽根菸也無妨」的心態，因為產婦對味道十分敏感，尤其是在難熬的陣痛時聞到菸味更會感到不悅。在媽媽與寶寶都在努力地當下，爸爸也稍微忍耐一下吧！

穿著乾淨服裝
指甲也要事先修整好

許多醫院中會規定陪產者必須戴帽子、口罩，並穿上白色的隔離衣。想著「反正都會穿戴隔離衣與帽子」，就以凌亂隨便的穿著、亂七八糟的頭髮現身可不行。請穿著乾淨整齊服裝，此外也將指甲修剪整齊吧！

順著妻子的心意
盡量滿足她

在生產時，產婦是處於特殊情況當中，就算是平常聽起來「太任性」的話，要是妻子在生產時提出了什麼需求，還是盡量滿足她吧！生產的時候是特殊情形，請抱著「把妻子當作女王看待」的心情，順著妻子的心意照顧她吧！

即使受到責備
也請多加包容忍耐

在生產的過程中，主角當然是正在努力分娩的妻子，請最優先考量正在承受極大痛苦的妻子。就算在此時對丈夫的說話語氣或舉止有點粗暴，也要多加包容忍耐，請想作是「因為生產是如此辛苦的事，妻子才會變成這樣」，溫柔地在一旁守護著妻子吧！

雖然錄影拍照也很重要沒錯
但千萬不要只淪為紀錄者！

有許多丈夫會認為：「這麼重要的瞬間一定要好好記錄下來！」而事先準備好攝影器材帶去陪產，但是可千萬別忘了陪產的目的並不是「記錄」，而是兩人一起真切地感受生產時的每一個當下，在往後的日子裡可以彼此回憶「那時候真的好痛，分娩真是不容易呢！」等等，兩個人一起努力的點滴。

越是接近分娩
陪產者也會跟著睡眠不足

雖然也有產婦只花了2～3個鐘頭就平安生下寶寶，但大部分的產婦都會花上半天以上的時間。由於丈夫無法一起分擔產婦的痛苦，越到尾聲、越容易疲倦想睡。因此快要接近預產期的那段日子，丈夫也必須養成早睡的習慣，提早儲備好體力，才能在最後的緊要關頭好好支持妻子。

陪產時必備
扇子、毛巾、飲料

在持續的陣痛下，不僅呼吸節奏會被打亂、體溫也會跟著升高，產婦會經常處於口渴的狀態，如果能準備好附有吸管的水杯或飲料，就能輕鬆派上用場。此外，能隨時幫產婦擦汗的毛巾，也是陪產時不可或缺的物品之一；還可以利用扇子幫產婦搧搧風，帶來些許涼意，也具有讓產婦冷靜下來的功效。

千萬不能說「加油」
「沒關係」才是正解！

正在經歷陣痛的過程中，如果身旁有人能給予支持、為產婦加油打氣，就能帶給產婦無比的勇氣與力量。不過，在陪產時千萬不能對正在拚命忍耐陣痛的妻子說：「加油」、「一定要繼續忍耐下去才行」，而是要以正面的語氣說：「妳真的很努力呢～真了不起！」等，肯定妻子的努力。

就算哀號太大聲也不可責備妻子

為了承受陣痛時的痛楚，有些產婦會忍不住發出大聲的哀嚎，在這種時候千萬別說出：「叫這麼大聲太丟臉了，妳小聲一點」等責備的話語。因為這可是在醫院裡生產，不是一般情況。妻子正在努力挑戰分娩的此時，就以溫柔的態度在一旁守候她吧！

在懷孕時期就開始練習
為妻子按摩腰部

面臨分娩時，要一個人承受陣痛的痛楚相當不容易，若是丈夫能在身旁守候，產婦的心情也會變得稍微輕鬆一些。丈夫也可以在懷孕時期就開始練習為妻子按摩腰部，事先了解需要按摩的部位、力道的輕重、要以何種手法按摩等等，到了真正面臨分娩時就能順利地為妻子按摩，減輕陣痛的痛楚。

就算沒有在妻子身邊陪產
父親的角色也不會有所改變

「雖然我也很想陪產，但是只要一看到血就會引起貧血症狀」、「到了真正要分娩的時刻，妻子卻對我說：『你還是別在旁邊比較好』」、「因為工作的關係沒能及時趕到醫院」等等，有許多原因使得丈夫無法在妻子身邊陪產，不過，身為父親的角色也絕不會有所改變！

即將見到寶寶了！上產台生產

等到子宮頸口張開至全開後，令人痛苦不已的忍住用力的過程也即將結束了。
現在開始要盡量用力讓寶寶順利誕生。就快要抵達分娩的終點囉！

在陣痛的高峰時用力、間隔時則盡量放鬆

到子宮頸口張開至全開的程度後，總算可以開始用力了。配合陣痛的節奏施加腹壓，用力將胎兒娩出才是重點。

此外，在短暫的陣痛間隔時間內，還是要盡量放鬆身體，如此有助於子宮內的血液循環，確實輸送氧氣給寶寶。若是在陣痛間隔的時間，身體還持續用力，會讓子宮長時間處於緊張的狀態，導致媽媽與寶寶都筋疲力竭。在這最後的關鍵時刻，千萬別忘了「隨著陣痛的節奏用力」→「陣痛一旦稍微緩和，就要盡量放鬆身體」。

若是臨時忘了該怎麼用力，直接老實說：「我不知道該怎麼用力」也無妨。就算在孕期時學過用力的訣竅，很多人到了真正上產台時都忘得一乾二淨，這時候只要照著護理師的指示做就沒問題了。

照著護理師的指示做就不會有問題！

關於用力的時間點，可參考左下方的圖示。

感覺到陣痛襲來時，先大口的深呼吸，盡量吸入多一點空氣，趁勢吐出一些些氣後就要停住，接著再以「嗯～～～」的方式盡量保持長時間往腹部用力，等到陣痛的感覺逐漸平息後，再慢慢把氣吐出來，回復到原本的呼吸節奏。

若是在用力的過程中感覺很痛苦，暫時呼吸一下也沒關係。一次陣痛的時間大約會維持50秒～1分鐘，屏氣用力→吐氣、接著再屏氣用力→吐氣，這樣的循環平均一次要花30秒，因此一次陣痛可分成兩次循環，只要心裡有這個概念就可以了。

在用力的過程中，護理師

也會在一旁指導呼吸的節奏，只要照著護理師的指示做就不會有問題。

先在腦海中記住用力的訣竅吧！

坐上產台時，眼睛要保持張開、下巴往內縮、背部與腰部要用力朝下施力，將雙腿大幅度張開，使用腹肌的力量，朝著臀部的方向用力，千萬不可以在手部過於用力、或是扭曲身體，以免無法正確地施力。此外，要是雙腿張得不夠開，會很難將寶寶順利娩出，因此要盡量把雙腿張開才行。

另外，產婦一旦陷入恐慌的情緒中，就會變得聽不見周遭的聲音，一定要想辦法靜下心來，仔細傾聽護理師的指示，才能在正確的時間點用力。

一般來說，在產台上的姿勢分為「仰臥式」、以及稍微將上半身立起來的「半仰臥式」，不過，實際上生產的姿勢還有許多種，例如「側躺式」、「貓式」等等。無論分娩時選擇的是何種姿勢，都要先將正確的用力訣竅牢記在心。

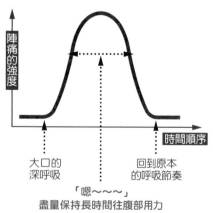

陣痛的強度 / 時間順序

大口的深呼吸　回到原本的呼吸節奏

「嗯～～～」
盡量保持長時間往腹部用力

在產台上的用力方式

縮起下巴
看著腹部的方向

縮起下巴，將視線朝向肚臍的位置，並請稍微拱起背部，如此能較容易朝臀部方向施力。

NG

臉部肌肉不可過於用力！

「不可在臉部用力！」這是產婦在產台上常見的錯誤。若是不小心將下巴往上抬、臉部呈現仰角姿勢，就很容易使臉部肌肉過於用力。比起臉部，更應該將注意力放在腹部的位置。

不可閉起眼睛

要是看不見周圍事物，很容易將注意力全部集中在疼痛的感覺上，使產婦陷入恐慌的狀態。因此，在分娩時一定要睜大雙眼喔！

不可抬起腰部

為了使臀部盡可能地往上抬，背部及腰部都必須要牢牢緊靠在產台上，必須注意不可將腰部往上抬、或是任意扭動身體部位。

雙手緊緊握住把手

雙手要緊緊握住把手，感覺就像是用力將把手往自己的方向拉過來一樣，並朝腹肌用力。

將雙腿大幅度張開

如果腿部沒有完全張開，等於是關閉了寶寶的出口，必須盡量將雙膝往外、大大張開雙腿。腳底牢牢踩住踏板，以腳跟抵住踏板用力。

朝著臀部的方向用力

在屏氣用力時，要將注意力擺在臀部周圍的位置。當陣痛的感覺襲來時，就像是「想要上大號的感覺」，這時候要不顧一切地往臀部方向用力，就像是將寶寶推擠出來般，盡可能地維持長時間的屏氣用力。

分娩室的實際樣貌

所謂的產台是可以隨意調整高低、及背部傾斜角度的床，並且附有可供抓握的把手與踩踏的踏板。如果可以，建議在懷孕時就先參觀分娩室，儘管只是大致了解分娩室的氣氛，也能讓人感到比較安心。如果沒有機會藉由媽媽教室的課程事先參觀分娩室，也可以與醫師商量，在產前先看看分娩室的環境。

預先了解 剖腹產的相關知識

雖然心裡比較希望陰道分娩，但到時候要是有什麼突發狀況，還是有可能採取剖腹產的方式。為了使寶寶安全誕生，剖腹產也是其中的一種方式。

想追求更安心的分娩方式 也可以選擇剖腹產

醫師判定經由陰道生產有困難，會採取剖腹產的方式，直接剖開產婦的腹部將胎兒取出。在以前醫學較不發達的時代，有多數的寶寶與媽媽會因為生產而殞命，為了營救媽媽的生命，逐漸發展出剖腹的生產方式。

近年來，選擇剖腹產的產婦越來越多。隨著醫學的進步，手術中、手術後的全身醫療照護變得更加安全，也是剖腹產盛行的原因之一。

以前，採用剖腹方式生產的幾乎都是胎盤位置太低，擋住子宮頸口的前置胎盤、胎頭比媽媽的骨盆腔要大，導致胎頭很難通過骨盆腔等，若是不採取手術介入生產，可能危及胎兒性命等較危險的情形。

近幾年來由於手術的安全性大為提高，像是胎位不正、多胎妊娠等，經由剖腹產也更能確保母子平安。

必須事先了解 剖腹產的優缺點

剖腹產最大的優點就是，即使是被判定很難經由自然產，也可以藉由剖腹產平安地產出胎兒。舉例來說，罹患心臟病的產婦，在以前只能被迫放棄懷孕，但是在現代能選擇以剖腹的方式生產，確保母子性命平安無虞。

但是，千萬不可誤以為「只要選擇剖腹產，就能保證所有的生產過程平安順利」。事實上，即使發揮了最先進的醫療技術，在產房裡還是有無法挽救的生命，請務必先了解清楚。

比起自然產，剖腹產的缺點則是出血量大，必須接受輸血，手術後可能罹患感染症或血栓等併發症，還有因麻醉所造成的頭痛等。

如果要選擇剖腹產，一定要事先詳細了解剖腹產的種種優缺點，仔細評估剖腹產是否對寶寶與媽媽都是最好且必要的選擇。

剖腹產 可分為二種方式

剖腹產可分為二種，在孕期就先決定好剖腹日期的「預定剖腹產」、在分娩過程中緊急改採剖腹方式生產的「緊急剖腹產」。決定採取剖腹產的原因，可能是因為媽媽、也可能是因為寶寶，不過近年來也有部分原因是「經過長年來的不孕治療之下終於懷孕」、「高齡產婦希望以更安全的方式生產」等，由媽媽這一方主動要求希望剖腹產的例子也越來越多。

好好加油喔！

在下列幾種情況下
會採取預定剖腹產

● **子宮肌瘤** →P148

　　子宮肌瘤的位置與大小不同，可能會影響胎兒很難順利通過產道，導致大量出血，因此會以剖腹的方式生產。若有子宮畸形也會建議剖腹產。

● **多胎妊娠** →P124

　　為了避免分娩時間過長導致胎兒在分娩途中產生問題，懷有多胞胎的產婦通常會選在比預產期更早一些的日期剖腹生產。不過，採取自然產的例子也不少見。

● **胎位不正** →P120

　　胎位不正的胎兒在經由陰道分娩時會承受過多壓力，可能必須接受剖腹產。

● **前置胎盤** →P117

　　前置胎盤意味著胎盤覆蓋在子宮頸口上方，導致難以自然必須採剖腹產。

● **胎頭過大**

　　當醫師推測寶寶的頭部比媽媽的骨盆更大，或是兩者形狀不適合，導致胎兒很難通過產道時，會建議採剖腹產。

● **上一胎剖腹產**

　　由於上一胎生產時，子宮已經被手術刀切開過一次，在下一次生產時會有子宮破裂的風險。不過，每個人懷孕、生產

過程皆有不同，還是有機會可以嘗試自然產。

下列情形
會採取緊急剖腹產

● **胎盤早期剝離** →P117

　　若是在胎兒出生前，胎盤便已從子宮壁剝離，就無法順利將氧氣及營養輸送給胎兒，母子都會處於非常危險的狀態。必須立刻將胎兒取出。

● **胎兒機能不全**

　　若是胎兒的心跳越來越微弱，表示胎兒的生命處於危險狀態，必須盡早將胎兒取出。

● **臍帶脫垂** →P119

　　在分娩時若是臍帶先掉出來，會卡在產道與胎兒間，無法順暢輸送氧氣，使胎兒處非常危險。當胎位不正或早期破水時則常見臍帶脫垂的情形。

剖腹產的流程

1 決定手術日期
雖然等到懷孕37週進入足月後再進行剖腹比較理想，不過若是產婦有妊娠高血壓症候群等母體併發症，只要先確認胎兒的發育情形，就可提早剖腹取出胎兒。剖腹產必須要在開始陣痛前進行，必須比預產期提早。

2 入院
在手術日期的前一天先住院，聽取手術說明並接受相關檢查。要是在手術預定日當天生病、發燒了，如果情況允許可以延後1～2天再進行剖腹手術。若是在手術前就先開始陣痛，則會緊急採取剖腹手術。

3 聽取醫師說明並同意
醫師向產婦解釋必須施行剖腹手術的原因，請產婦本人及丈夫（或家屬）簽署手術同意書。為了在緊急情況下能盡快進行手術，也可能會請生產風險較高的產婦及家屬事先簽署好手術同意書。

4 聽取麻醉說明
婦產科醫師及麻醉醫師會向產婦說明手術前麻醉的注意事項。若是已提前決定以剖腹生產，通常只會採取腰椎麻醉或硬膜外麻醉等半身麻醉，或是以兩者併用的方式進行剖腹。如果是緊急剖腹產，也有可能會採取全身麻醉。

5 開始注射點滴
為了及時應付在手術中的突發情況，有可能需要臨時輸血或注入藥物，必須在手術前先注射點滴，確認好血管的位置。此時使用的點滴，是以電解質液為主，等到寶寶出生後，為了防止細菌感染，有可能在點滴裡放入抗生素。

6 施打麻醉
推往手術室，將預計施打麻醉的腰部先進行局部麻醉，再以麻醉針注入麻醉藥劑。已提前決定要以剖腹生產的產婦，只會施行下半身麻醉，因此還是能夠感覺到胎兒被取出，也能清楚聽到寶寶啼哭的聲音。

7 開始進行手術
醫師確認麻醉已開始發揮藥效後，開始進行剖腹手術。以最低限度的方式切開子宮，胎兒由頭部先出來。

8 寶寶順利誕生
由於在剖腹時，產婦的意識十分清楚，取出寶寶的當下就能立刻看見寶寶。有些醫院會將剛出生的寶寶放置在母親的胸前（袋鼠療法），也會讓寶寶含住媽媽的乳頭。

● **軟產道強韌、胎兒旋轉異常而造成分娩延遲、分娩停止**

在子宮頸口遲遲無法張開，使胎兒無法順利降落等情況下，常會導致分娩時間過長、甚至停止分娩，考量分娩對母子造成的負荷過重，會採取剖腹的方式取出胎兒。

● **早期破水造成子宮感染**

如果只是早期破水還不是什麼大問題，但細菌一旦進入子宮內部，寶寶便很有可能受到感染，最好改採取剖腹產，立即將寶寶取出。

**手術後的住院生活
會是如何呢？**

手術後的恢復情形要視麻醉方式、產婦的身體狀況，以及該醫院的醫療方針而定。一般來說，進行剖腹手術後的當天必須讓身體好好休息，隔天起再慢慢地讓身體稍微動一動。

除了住院時間稍微長一些之外，剖腹產的恢復情形與自然產的差異不大。不過，由於剖腹產手術之後不能立刻活動身體，因此腿部容易產生血栓靜脈炎，血栓進入到肺部，容易引起肺栓塞。為了避免產生這種情形，產婦躺在床上休息時，也要盡量立起膝蓋、伸展腿部，讓

下半身動一動，才能促進血液循環。

● **站立、走路**

一般來說，剖腹產的產婦在手術的隔天就可以開始練習走路。一開始可練習走去廁所，再走到遠一些的新生兒室，慢慢增加步行距離。越早開始活動身體，越能幫助母體早日恢復，對促進乳汁分泌也很有幫助。

● **開始正常飲食**

近年來由於麻醉技術的進步，手術後的第6個小時就可以開始攝取水分，隔天就可以開始吃一般的食物了。

● **淋浴、入浴**

最近普遍認為沖水可以讓剖腹的傷口更快恢復，也有些醫院會讓剖腹產的產婦在產後的頭幾天就沖澡。

● **餵寶寶母奶**

由於傷口疼痛，產婦幾乎不太能自由活動身體，因此餵母奶的時間也會推遲幾日，也許要等個幾天乳汁才能順利分泌。最近越來越多醫療機構會為產婦注射麻醉劑，降低傷口的疼痛感，以便早一點開始親餵母乳。

● **照顧寶寶**

等到產婦能夠走路之後，

必須開始親餵母乳及照顧新生兒。要是傷口很痛、或是疲憊不堪，就請護理人員代勞吧！不要太勉強自己，慢慢地開始照顧寶寶就好了。

Column

剛出生不久的寶寶
容易發生新生兒黃疸

胎兒待在母親子宮裡的期間，是透過流經臍帶的血液來獲得氧氣，為了提供足夠的氧氣給寶寶，負責輸送氧氣的紅血球量非常大，但是，等到寶寶一出生的瞬間，就不再需要那些紅血球了，因此在寶寶出生後紅血球會開始分解。肝臟在分解紅血球的時候會產生一種叫作「膽紅素」的物質，通常經由寶寶的糞便排出體外，不過要是膽紅素分泌過多，會導致血液中膽紅素的濃度上升，形成黃疸。新生兒的皮膚泛出明顯的黃色，就是黃疸的特徵。

新生兒黃疸是十分常見的生理現象，無須過於擔心，不過要是膽紅素數量超過正常範圍，必須照光治療，也就是對肌膚照射紫外線來破壞膽紅素。發生黃疸情形時，新生兒必須進入一個設置有紫外線的保溫箱，持續24小時照光治療，因此也有可能會稍微晚一些出院。

在早產、體重過輕、胎內營養不足等情形下，會造成比較嚴重、需要治療的黃疸；此外，母親與胎兒的血型不合、先天膽道閉鎖症、以及一些遺傳性疾病也會造成黃疸。

還有更多關於剖腹產的相關知識

可以主動要求 以剖腹方式生產嗎？

A 有些情形可以剖腹、有些則不行。希望剖腹必須及早規劃

就算符合自然產的條件，但也有些產婦希望以剖腹的方式生產。不過，這必須依照醫院的方針與產婦的情況來決定，有些情形下可以剖腹、有些則不行，因為對產婦來說，比起自然產、剖腹產的風險更大。如果希望以剖腹方式生產，先與自己的婦產科醫師討論看看吧！

醫師建議採取「剖腹產」 可以拒絕嗎？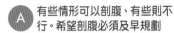

A 依照情況不同，也可以不採取剖腹方式生產

如果是前置胎盤、胎盤早期剝離、胎頭過大、臍帶脫垂等狀況，基本上無法經由陰道分娩。若是上一胎剖腹產、胎位不正、多胎妊娠等情形，則可以與醫院商量看看，應該也有機會以陰道分娩。不過，還是要以母子安全為最高原則，與醫師討論過後再慎重決定比較好。

「可能必須剖腹產」 在孕期中可以做些什麼準備？

A 預先了解 剖腹手術後的注意事項

無論是剖腹產或自然產，在孕期中必須做的準備幾乎沒有差異。只不過，若是剖腹產，手術後會由於傷口疼痛而無法動彈，或因水分不足引起血栓性肺栓塞，因此在懷孕期間必須多補充水分，並且適度活動腳踝關節，讓下半身保持溫暖，藉此促進腿部的血液循環。

橫向或縱向剖開 哪一種比較常見呢？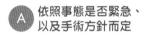

A 依照事態是否緊急、以及手術方針而定

剖腹切開的方向，會依手術的方針不同。由於縱向切開會比較容易取出胎兒，因此在緊急狀況、風險較高的情形下，就採取縱向切開的方式。不管是縱向或橫向切開，傷口的長度與寬度都幾乎相同，不過橫向切開的疤痕看起來比較不明顯。將來要是再剖腹，原則上會與第一次切開的方向相同。

有比較適合 剖腹產的體型嗎？

A 骨盆的形狀與寬度 可能會有所關聯

若是媽媽的骨盆較為狹窄，即使寬度足夠但形狀會妨礙寶寶旋轉，也會導致分娩無法順利進行，可能必須以剖腹方式生產。不過，若是寶寶沒有那麼大，也許在上述情形下也能順利出生，因此，光是看媽媽體型的胖瘦，無法判斷是否需要剖腹產。

剖腹產的時候 丈夫可以在一旁陪產嗎？

A 每間醫院的規定 皆不相同

一般來說，多數醫院皆規定剖腹時家屬不可在旁陪產。因為手術時有不特定多數的人進出手術室，容易引起感染。不過，依各醫院的方針不同，家屬也許可以在遵守規定的情況下在一旁陪產，生產之前再向院方好好確認清楚吧！

剖腹產的費用 比自然產較貴嗎？

A 依照自費的金額、以及 醫療院所的不同有所差異

由於非自願剖腹產的手術費用適用於健保給付，生產費用不見得較貴。不過，除了手術費用外，還有病房費用、新生兒照顧費等需要自費的費用，不同的醫療院所收費也不盡相同。建議在生產之前，先確認相關費用。

剖腹產之後若計畫生下一胎 要間隔多久比較好？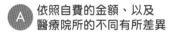

A 如果希望自然產 請間隔半年～1年的時間

最好等到剖腹的傷口完全恢復之後再懷孕，一般來說大約間隔半年～1年的時間。若是下一胎要以剖腹方式生產，不必特別間隔時間也無妨。關於下一胎的生產方式，可能會受到第一胎剖腹產的影響，最好先跟醫師商量再做決定。

35歲以上的產婦 剖腹產的機率比較高嗎？

A 每個人的情形都不相同 不能一概而論

隨著年齡增長，罹患妊娠高血壓症候群的風險會隨之上升，可能會併發子宮肌瘤的問題，因此剖腹產的機率會比較高。此外，年齡較長的產婦會擔心體力不足以應付自然產，不過，體力與年齡並沒有關聯，不必太過擔心。

守護母嬰的健康
生產後的檢查與處置

寶寶一旦順利誕生後，就必須立即確認母親與寶寶的健康狀態，施予一些必要的處置。
在住院的期間，是為了出院後能快速回到日常生活的準備階段，就讓身體好好休息吧！

生產後的2個小時
必須待在分娩室

即使分娩過程順利，生產還是一件大工程。剛生完的產婦，除了被撐大的子宮會在產後立刻急速縮小之外，胎盤剝落的部位會開始止血，而且女性荷爾蒙的分泌量也會快速降低，體內會在短時間內起相當大的變化。

若是產程拉長，更會消耗大量體力，在產後的2小時內，產婦必須繼續待在分娩室休息，讓醫護人員確認子宮收縮與出血的情況。

這段時間內，可以好好小睡一會兒或和家人聊聊天，2個小時後若一切沒有異常，就會在護理人員陪同下走回病房，或是利用移動式病床或輪椅回到病房。

自然產後若無大礙
可以在第3天出院

產婦恢復情形順利，必須接受的檢查或處置沒有想像中多。每天固定的有測量體溫、血壓，並且觀察子宮底部長度來推測子宮恢復的狀態，以及是否有水腫現象等等。在住院的這段期間內，也會檢查一次產婦是否有貧血症狀。

如果是用不會自行溶解的縫線來縫合會陰部位，大約在產後3天時必須拆線。等到接近出院的時刻，必須接受出院診療，確認產婦出院後是否能順利銜接日常生活，同時以內診的方式檢查子宮的恢復情形，確認子宮內有無殘留異物、會陰傷口的癒合情況等。

若是恢復情形沒有大礙，從自然產當天算起的第3天即可辦理出院手續；即使是剖腹產的產婦，近幾年來住院的天數也逐漸縮短，住院大約5天就出院的產婦也不在少數。

如果是剖腹產
必須接受拆線或拔釘的處置

剖腹產住院與自然產住院的差異在於，剖腹產需要較長的時間靜養休息，一直到能起身走路之前，都需要裝置導尿管，等到能自行走去洗手間如廁之後，在院中的生活就與自然產的產婦並無二致了。

基本上，住院時每天早上醫護人員都會來確認產婦的身體狀況，住院期間內必須接受一次貧血檢查，出院前再接受一次出院診療即可。

近幾年來，由於恢復較快，越來越多醫師不使用縫線，而是使用美容釘將剖腹傷口釘起。若是使用美容釘來縫合傷口，跟一般縫線需要拆線一樣，在出院的幾天前必須接受拔釘的處置。

若患有妊娠高血壓症候群
產後必須好好休息

若患有妊娠高血壓症候群的產婦，在產後必須深入觀察身體恢復情形。由於妊娠高血壓症候群因為懷孕而起，大多數人在產後就能夠恢復；不過，要是妊娠高血壓症候群在懷孕後期變嚴重的話，容易導致難產，產後恢復也會比較緩慢一點。

妊娠高血壓症候群的重症患者，從懷孕時就開始住院的情形也很常見，就算產後也不能掉以輕心，必須好好

靜養休息。在住院期間，1天必須測量3～6次血壓，不僅如此，為了確認尿蛋白的指數，每天都必須檢查尿液，同時確認身體水腫的情形。要是恢復狀況比較差，住院的天數也會因此拉長。

生產後的體力特別低落
必須嚴加注意各種併發症！

由於生產之後的身體會產生急劇的變化，更容易引發一些併發症。

最常見的併發症有：部分胎盤殘留在子宮內部的「胎盤殘留」、血栓（血塊）堵塞於肺部導致呼吸困難的「血栓性肺部栓塞」、會陰部傷口或子宮內部細菌感染導致發高燒的「產褥熱」、子宮收縮情形不佳的「子宮復舊不完全」、分娩時陰道或子宮頸破裂的「陰道、子宮頸裂傷」等等。

在產後體力特別低落時，若引發以上這些併發症，很容易會演變成重症，因此，只要感覺到自己的身體「好像哪裡怪怪的」，就必須及早接受治療。

確認寶寶是否健康有活力、
產程是否對寶寶有影響

寶寶來到這個世界，順利發出洪亮的哭聲後，最重要的是必須確認寶寶是否健康有活力，能否適應子宮外面的世界。

寶寶與媽媽面對面接觸的時間結束後，立刻得測量體重、身高、心跳數、呼吸頻率、檢查臍帶血，藉此檢查產程有無對寶寶造成影響。

有些醫院會對新生兒檢測體溫，不過也有些醫院只針對破水而導致分娩的新生兒檢測體溫。這是為了調查寶寶是否有因分娩過程中受到感染。

此外，剛出生的寶寶還必須在臍帶斷面消毒，於眼睛點上抗生素眼藥膏等，這些都是預防感染的醫療處置。

上述的這些檢查與處置，會於分娩室的診療台進行。在進行這些診察時，為了避免寶寶身體寒冷，會讓寶寶躺在保溫床上接受診察。

將寶寶移動至新生兒室後
觀察寶寶的健康狀態

等到分娩室的檢查都告一段落後，就會將寶寶移動至新生兒室，連續24小時觀察寶寶的健康狀態。剛出生的寶寶情況稍微穩定，醫師會再視診及觸診一次，確認寶寶的原始反射 →P221 行為是否正常。

● 觸診
藉由觸摸寶寶的身體，確認寶寶有無異常。醫師會稍微用力地壓寶寶的肚子，檢查是否有腫脹或是硬塊。

● 聽診器
將聽診器抵在寶寶的胸部、肚子與背後，聽取心音與呼吸器官的聲音。在住院的這段期間內，每天都會以聽診器檢查寶寶的健康。

● 確認原始反射
藉由確認寶寶是否有原始反射，來判斷寶寶的中樞神經是否正常。

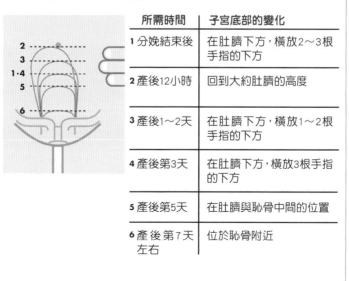

子宮的恢復情形

婏出胎盤後子宮會縮小，子宮底部大約在肚臍下橫放2～3根手指的下方位置。不過，到了分娩後12小時，由於支撐著骨盆的肌肉與韌帶逐漸恢復，加上膀胱脹大的緣故，子宮會再度回到肚臍的高度，之後才會再慢慢縮小。大約要到產後6～8週才會恢復原本的大小。

	所需時間	子宮底部的變化
1	分娩結束後	在肚臍下方，橫放2～3根手指的下方
2	產後12小時	回到大約肚臍的高度
3	產後1～2天	在肚臍下方，橫放1～2根手指的下方
4	產後第3天	在肚臍下方，橫放3根手指的下方
5	產後第5天	在肚臍與恥骨中間的位置
6	產後第7天左右	位於恥骨附近

寶寶的相關檢查與處置

體重&身高

雖然在孕期中都有定期以超音波推測寶寶的體重，但寶寶出生後的實際體重與身高更是判定寶寶成長情形的重要指標。

頭圍&胸圍

頭圍是以眉毛位置為基準、胸圍則是以乳頭位置為基準，利用捲尺測量實際大小。若是頭圍過大，則有腦積水的疑慮，必須進一步詳細檢查。

視診&觸診

確認手指與腳趾數量、關節是否能正常轉動，同時觀察寶寶被觸摸時的反應與表情，藉此了解寶寶在母親子宮中的發育是否正常，以及是否有骨折情形。

脈搏與呼吸頻率

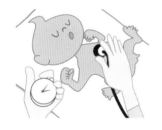

運用阿帕嘉新生兒評分法，將新生兒的狀態分成呼吸、脈搏、肌肉張力、外觀、反應等指標給予評分，藉此確認寶寶的健康狀況。

臍帶血檢查

檢查臍帶血的pH值，評估寶寶是否在分娩的過程中承受過多壓力。若檢查發現臍帶血裡的氧氣較低，也有可能會將寶寶放進保溫箱中。

吸出羊水

剛出生的寶寶鼻子、口腔、喉嚨裡會殘留黏液、羊水與血液，妨礙寶寶呼吸，因此必須利用細導管抽出這些液體。不只是剛出生時要抽，必須抽好幾次才行。

點抗生素眼藥膏

由於產道內可能潛伏著細菌或病毒，導致新生兒失明，為了預防感染眼睛疾病，必須在產後30分鐘內為寶寶點抗生素，也有些醫院會同時使用眼用軟膏。

臍帶消毒

在肚臍的位置利用臍帶夾夾住臍帶。為了預防細菌感染，會於臍帶斷面傷口擦上清潔液消毒、擦上乾燥劑，再以消毒紗布包裹住臍帶斷面，貼上OK繃。

繫上姓名腳環

即使是實施親子同室的醫院，為了讓剛分娩完的產婦好好休息，會將寶寶移動至新生兒室。避免抱錯嬰兒，會在寶寶的腳步繫上寫有媽媽姓名的腳環。

PART 7

產後立即開始育兒、
產後的身體恢復

寶寶誕生了，馬上必須展開育兒生活。
要怎麼樣才能讓自己的身體好好休息，
同時又能迎接愉快的「家庭生活」呢？
必須了解的事情還有好多好多！

出乎意料地忙亂！
產後住院時的生活

寶寶誕生了，馬上必須展開育兒生活。要怎麼樣才能讓自己的身體好好休息，同時又能迎接愉快的「家庭生活」呢？此時必須了解的事情還有好多好多！

為了展開愉快的育兒
先好好放鬆休息

產後住院的期間，可說是從「懷孕‧生產」到「育兒」之間的過渡時期。當分娩一結束，必須檢查產婦的子宮恢復情形、惡露出血情況、身體狀況等各項檢查，雖然接下來必須好好調養身體，不過，最重要的還是要讓產婦好好休息、開始照顧新生兒。由於產後必須接受的檢查不算太多，住院的這段期間內先讓自己放輕鬆，好好休息。

剛出生的寶寶必須藉由各式各樣的檢查與處置，確認寶寶的健康與發育情況，在不影響成長的前提下給予適當的照料。媽媽得慢慢開始習慣照顧嬰兒，出院後才能更加得心應手。

在住院的這段期間內，也能與在同樣時期生產的產婦們交流。在醫院中認識的媽媽朋友們，想必能夠在接下來漫長的育兒時光中互相交換情報、彼此加油打氣。

在「不要勉強自己、放慢腳步好好休息」的前提之下，一邊享受住院生活、一邊開始展開愉快的育兒時光吧！

在住院的這段期間也許會有許多親朋好友來訪，注意別讓自己太累了。

生產住院期間的行事曆

分娩當天

寶寶誕生之後，產婦必須躺在分娩台上休息靜養2個小時左右，如果沒有異狀，會協助產婦回到病房，與新生兒好好面對面相處。接下來休息1天，讓產後的身體好好休養。

產後第1天

差不多要開始照顧新生兒了。護理師會過來指導媽媽該如何餵奶與換尿布等等，同時為了觀察身體狀況的恢復情形，會幫產婦量血壓、體重、體溫等，並進行產後診療。

產後第3天

已經可以洗澡洗頭了。會開始指導如何幫寶寶洗澡、進行產褥體操等，媽媽本身會相當忙碌，雖然這段時間可能會有很多訪客，還是盡量避免過於操勞較好。將自己的身體放在第一位，能休息時就要好好休息。

出院

確認了產婦的身體復原狀況後，經醫師同意就可以辦理出院手續。收拾好病房內的東西，付清醫療款項後即可回家。如果還有什麼疑惑的事，就趁出院之前問清楚吧！

如果是剖腹產，依據產婦的身體狀況，住院時間可能會比較長，手術後大約會住到5-7天的時間；此外，洗澡洗頭、幫寶寶洗澡的日程也會稍微延後。

產婦身體檢查

在住院的這段期間
必須觀察子宮與身體的復原情況

即使分娩過程都很順利，生產畢竟是一件大工程。剛生完的產婦，除了被撐大的子宮會在產後立刻急速縮小外，胎盤剝落的部位會開始止血，女性荷爾蒙的分泌量也會快速降低，體內在短時間內起相當大的變化。

若是產程時間拉長，更會消耗大量體力，產後千萬不要太勉強自己，一定要讓身體獲得充分的休息。

在分娩時剪開會陰的步驟，若是使用不會自行溶解的縫線來縫合，大約在分娩後的3天必須拆線。出院前也必須再次檢查子宮的恢復狀況、並確認子宮內是否有殘留異物，以及會陰傷口的癒合情形。若一切沒有大礙，就可以直接辦理出院手續了。另外，檢查子宮恢復狀況時，也會同時採用超音波檢查。

在懷孕時若罹患妊娠高血壓症候群，不僅很可能會導致難產，產後身體也會恢復得比較慢。因此，在產後也必須每天測量血壓、尿液，並觀察身體的浮腫情形。

每天都必須接受的檢查有體溫、血壓、子宮底部長度，並觀察身體是否有浮腫情形。確認子宮底部長度是為了了解子宮的恢復情形。

寶寶身體檢查

剛出生時必須檢測「健康度」
是否受到分娩過程影響

伴隨著響亮哭聲來到這個世界上的寶寶，最重要的是必須先確認他的「健康度」，這關係他是否能順利適應子宮外面的世界、能否順利健康成長。做完一切新生兒必須的檢查後，每天都必須測量體重，觀察是否有出現急遽的變化。若是黃疸症狀較嚴重的寶寶，在住院的這段期間內必須接受照光治療。此外，出生後的第3～5天寶寶體重會下降 →P220，大約比剛出生時會下降300g左右是正常的，不必擔心。

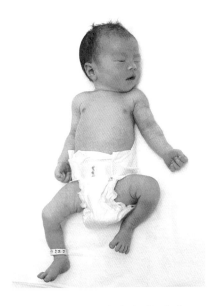

為了預防新生兒顱內出血
讓寶寶服用維生素K糖漿

新生兒缺乏維生素K會導致「新生兒維生素K缺乏出血症」，為了避免此症狀發生，故通常寶寶一出生洗完澡即會施打維生素K。

在醫院時檢查身體狀況
為出院做好準備

剛出生的寶寶不僅五官及表情時時刻刻都在變化，就連身體也會出現很大的改變。不過，由於這時的寶寶還不太適應外界的環境，也有可能會受到病菌感染；此外，可能在剛出生時還看不太出來寶寶是否異常，過了幾天也可以慢慢看得出來，因此，在住院的這段期間，每天都必須測量寶寶的體溫、體重、呼吸頻率、以及母乳攝取量等，觀察寶寶的健康度與成長情形。此外，在住院的期間內也會為寶寶做一些預防感染的處置。

Column
剛出生的寶寶
必須接受新生兒聽力篩檢

也許大家都聽說過「新生兒聽力篩檢」，一般來說，會在寶寶出生後的第2天～出院的這段期間內做這項檢查。新生兒聽力篩檢是以自動聽性腦幹反應儀（aABR）進行檢測，發出聲音讓寶寶聽，觀測腦波的反應，來判定寶寶的聽力是否正常。這項檢查可以在寶寶睡著的時候進行，只要花費幾分鐘即可，無侵入性、不會對寶寶造成額外的負擔。先天性聽力障礙最重要的就是盡早開始接受治療，因此這項檢查越早做越好。在台灣，新生兒聽力篩檢為補助項目。

哺乳指導

護理師會在一旁指導
可以安心開始哺乳

生產完後，母乳的分泌並不會一開始就很順暢，要藉由寶寶的吸吮帶來刺激，母乳才能漸漸地順暢分泌；可是，剛出生的寶寶還不太會吸吮母乳、吸力也較差，媽媽與寶寶都必須練習如何哺乳。

為了不讓哺乳練習對媽媽與寶寶造成太大的負擔，並協助寶寶順利吸吮母乳，護理師會仔細指導母親哺乳的時間點、如何準備哺乳、哺乳時該以什麼方式抱住寶寶、如何讓寶寶更順暢地喝到母乳等等。住院到出院的這段期間，好好向護理師請教關於哺乳的一切問題吧！

舉凡哺乳時該如何抱住寶寶、讓寶寶正確地含住乳頭、讓母乳順利分泌、哺乳的時間點、每一次哺乳的間隔時間、讓寶寶含住乳頭的時間、讓寶寶順利打嗝、按摩乳頭／乳房的方式、消毒方法，以及如何保養照顧乳房等，護理師都會詳盡地指導。

沐浴指導

護理師會直接指導
該如何幫寶寶洗澡

護理師會一邊實際幫寶寶洗澡、一邊指導幫寶寶洗澡時的訣竅。像：「在澡盆裡放入大紗布巾，寶寶會比較有安全感」、「皮膚皺褶處要特別仔細清潔」等，可以直接學習幫寶寶洗澡的方式、以及觀察寶寶的反應等，是非常珍貴的學習時間。

洗完澡後，輕輕地擦拭寶寶的身體，從平常比較不會注意到的背後開始，一一仔細檢視寶寶全身的狀態。此外，也會指導肚臍的消毒方式、以及如何清潔耳朵與鼻孔等細節。

開始洗澡洗頭

好好慰勞生產的疲憊
放鬆地洗個舒服的澡吧！

一般來說，生產完的第2天之後就可以恢復洗澡、洗頭（若是剖腹產則要等第7天之後），不過，關於洗澡的規定每間醫院不同，請依照所屬醫院的指示進行。如果是私人醫療院所，說不定還能接受精油按摩等服務。

出院健診

最後確認母體恢復狀態
以及寶寶的健康情形

藉由測量產婦的血壓、體重、檢查尿液等方式，檢查母體的恢復狀態，同時也會觀察寶寶的身體情形，並且確認產婦已經接受過育兒方面的指導，確保出院後的生活無虞，最後由醫師判定沒問題之後就可以辦理出院手續。

如果還有什麼擔心的事，趁這個時候詢問醫師，在出院之前消除心中的不安吧！

生產住院期間的注意事項

多人病房與個人病房 各有利弊

究竟住院時該選擇多人病房還是個人病房，應該要考慮到費用、設備、以及自己的個性等層面後再做決定。首先，個人病房的費用會比較高，不過相對地，由於個人病房中擁有獨立的洗手台、冰箱、淋浴間等，住院時就可以不必顧忌旁人，讓自己好好地放鬆休息。

但是，在生產之後，若是覺得自己一個人住在病房裡會感到不安、或是想要結交其他媽媽朋友，就可以選擇住進健保房。

多人病房的優點
- 大部分的多人病房價格都比較便宜（健保房不需額外自付）
- 容易結交到媽媽朋友
- 可以和媽媽朋友們交換育兒情報

個人病房的優點
- 不需要在意旁人
- 丈夫與親朋好友來訪時，不需要特意放低音量
- 親子同室時，就算寶寶哭了也無須擔心打擾到別人
- 有獨立的衛浴設備，生活上比較方便

在住院生活中 只要有這些物品就會很方便！

除了住院時的必須物品、醫院方面會提供的東西之外，如果還能自行準備下列的「住院生活便利小物」，住院時的生活會更輕鬆自在！

髮圈
替寶寶換尿布、哺乳、懷抱等照顧寶寶的時候，就可以使用髮圈、髮箍、髮夾等將頭髮整理。

襪子、足部保暖小物
由於足部寒冷就會導致整個身體變冷，一定要記得帶上能夠帶給足部溫暖的小物。

眼罩・耳塞
攜帶眼罩、耳塞是為了在白天「想要小睡一會兒」使用。

濕紙巾
生產後還不能立刻洗澡，流汗時，可以先使用濕紙巾擦拭。

眉筆
雖然住院時基本上不會化妝，不過可能會有許多來訪視的親朋好友，至少畫個眉毛會比較好。

手機充電器
除了需要打電話之外，也會向親朋好友傳訊報平安，會比平常更頻繁地用到手機，為了以防萬一還是帶著充電器吧！

小包包
在哺乳、沐浴指導、洗漱時間等必須在醫院各處移動的時候，將隨身必備的物品放進小包包裡攜帶會比較方便。

裝飾型眼鏡
如果以素顏面對大家會覺得不自在，可以靈活運用裝飾型眼鏡來稍微遮掩。

溢乳墊
母乳開始分泌後，有時會突然滲出奶水，沾濕內衣與睡衣，在胸部前方墊著溢乳墊就能安心許多。

中空坐墊
有些人在產後傷口還很疼痛，不使用這種中空坐墊根本無法好好坐著。

針織外套！連帽外套
醫院會冷也是一項因素，在住院時基本上不會穿內衣，因此在有訪客來訪時，在睡衣外頭套上外套，就不必擔心尷尬。

住院餐點也很令人期待 好好補充營養吧！

醫院內提供的飲食全都是以營養均衡為考量，對產後的身體復原相當有幫助。不僅是在產前必須為了生產養好體力，產後更要讓自己快快復原、為出院做準備，得好好攝取均衡營養才行。

醫院提供能讓產後的身體早日恢復、並且促進母乳分泌的餐點。

有任何擔心的事 不要猶豫，直接詢問護理師吧！

無論是生產之前也好、產後要實際開始照顧寶寶也好，一定會有許多不明白或做不好的地方，這種時候，護理師能在第一時間提供協助，給予恰當的建議，對媽媽們來說絕對是非常值得信賴的好幫手。為了讓自己早一點適應育兒生活、享受與寶寶親密共處的時光，只要有任何不明白或擔心的事，都應該趁著住院期間直接詢問近在身旁的護理師；當然，也可以問問育兒小訣竅喔！

事先準備好出院當天的衣服 以寬鬆服裝為佳

就算已經順利生產了，身材還沒辦法馬上恢復原狀。在出院當天，最好準備寬鬆的洋裝、或是長版上衣等不會束縛住肚子的服裝；此外，為了能隨時輕鬆哺乳，建議大家可以準備開襟附扣的襯衫式洋裝。

雖然也有許多產婦會選擇直接穿上進醫院時待產的孕婦裝，但出院可能會因為尺寸不合身而感覺彆扭。而且，在出院當天可能會拍攝紀念照片，還是選一件喜歡的衣服吧！

剛出生、全身軟綿綿
新生兒大小事！

剛出生的新生兒，乍看之下好像對外界沒有什麼反應，不過其實已經能確實運作感官系統，接收外界的資訊，感覺到許多事物囉！

就算是剛出生的小嬰兒也能充分運作感官系統

當寶寶還在媽媽子宮裡的時候，每天都漂浮於羊水之中或醒或睡。其實，早在懷孕之初，寶寶的感官系統就已成形，到了出生，嗅覺、觸覺、味覺的發育更是已經大致完成。雖然此時寶寶的視覺與聽覺還不能算是完全發展好，但也已經十分管用，在新生兒的階段，寶寶就能夠利用眼睛、耳朵、鼻子、嘴巴、皮膚等全身的器官來接收外界傳來的各種訊息。儘管大家常常會誤以為：「剛出生的嬰兒還那麼小，什麼都不懂」、「寶寶聽不清楚、也看不太清楚，應該沒什麼感覺吧」，不過實際上，即便剛出生的寶寶，也能確切掌握到媽媽與周圍大人的聲音、模樣、心情等。

出生後體重會先減輕一些之後才會慢慢增加

雖然寶寶的體重在出生後會先稍微減少，不過那只是暫時降低一些。這是因為剛出生的寶寶喝母乳的量還不多，卻需要消耗比母乳熱量更多的卡路里。等到出生後過幾日，體重就會恢復到出生時的體重，之後才會再逐漸增加。

滿月之後的寶寶，體重增加的速度更快，平均一個月增加0.5～1kg，之後每個月增加的幅度也差不多如此，到了滿三個月，寶寶的體重比出生當時重了一倍，大約6kg左右；等到滿一周歲時，體重會是出生時的三倍、大約9kg左右。

能清楚分辨媽媽聲音、與媽媽乳房的氣息與味道

接下來，要分別針對寶寶的五個感官做詳細的說明。

● 視覺

雖然眼睛的構造在剛出生時已經發展完成，不過由於腦神經尚未發展健全，這時候的視力還很弱，無法清楚地看見東西，看什麼都是模模糊糊的。此時的視力大約是0.02左右，也就是說，距離20cm的東西，只能看個大概而已。

而這個距離剛好就是寶寶躺在母親懷裡喝母乳時，與媽媽臉部的距離，因此，平常寶寶若是哭鬧，也很適合以這個距離來哄寶寶。

一般來說，寶寶的視力到了1歲時大約會是0.6，一直要到3歲才會發展成1.0，並且比較看得清楚紅色、藍色、黃色等原色系。

● 聽覺

早在媽媽肚子裡的時候，寶寶就能清楚聽見媽媽及外界的聲音。因此，出生後沒多久寶寶就能明白地分辨出媽媽的聲音。

大約到出生後3個月左右，寶寶的聽覺就能發展得跟成人一樣，寶寶就可以模

仿媽媽的聲音,並開始會注意聲音的來源方向。

● 觸覺

即使是剛出生的寶寶,皮膚也能清楚地感受到癢、痛、熱、冷等等,而且最喜歡待在媽媽溫暖的懷抱中!

可以多抱抱寶寶,讓寶寶藉由肌膚接觸感受到媽媽溫暖的感覺。

到了3個月大,寶寶就會雙手交握、觸摸腳部等,從自己的身體開始探索學習觸覺,到了5～6個月大時,寶寶會開始將各種東西放入嘴巴裡,利用舌頭、唇部及嘴巴四周的皮膚來感受物體的觸感,藉此認識各種物品。

● 嗅覺

一般認為,嗅覺也是在媽媽肚子裡時就已大致形成,因此一出生的寶寶可以清楚分辨出母乳及媽媽的味道;儘管同樣都是母乳,寶寶也能分辨出母親與別人的區別。剛出生的寶寶,就連聞到討厭的味道時也會直接展現在表情上,不過,有時候對成人來說不好聞的味道,寶寶聞起來倒是並不會特別討厭。舉例來說,花香是好聞的味道、垃圾是難聞的味道等,要等到寶寶長大後才能漸漸區別其中的不同。

● 味覺

在甜、辣、酸、苦這4種味道當中,寶寶最喜歡的是甜味,不喜歡辣味、酸味、苦味。不僅如此,寶寶還能夠清楚分辨配方奶與母乳,要是換了配方奶,也有可能會出現排斥的現象。到了4～5個月大,開始吃副食品後,就能慢慢體驗各種食物的味道,使味覺越來越發達。

關於新生兒特有的原始反射

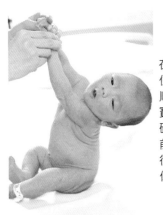

牽引反射

在寶寶平躺時,握住寶寶的雙手慢慢順勢往上拉,雖然寶寶的脖子尚未變硬,還是會出力往前方提起,看起來彷彿想自己撐起來似的動作。

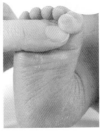

抓握反射

當有物體接觸到寶寶的手掌或手指時,寶寶會立刻將物體握緊;若是刺激腳掌,腳趾頭會向下緊縮彎曲,就像想要抓握一樣。

吸吮反射

以手指慢慢從寶寶的雙頰或嘴巴周圍接近雙唇時,寶寶會吸吮住手指;因此才剛出生的寶寶也能立刻吸吮媽媽的乳汁。

驚嚇反射

當寶寶受到驚嚇、或身體突然大幅度動作的時候,平常總是縮著的雙臂會大大地張開來,宛如想要抓住什麼似地突然展開雙臂。

踏步反射

扶著寶寶的腋下,使寶寶保持站立姿態並讓雙腳著地,當腳底碰到硬物時,會自然做出左右腳交替往前踏步的動作,這一連串的反應即為踏步反射。不過,寶寶真正開始走路大約要等到1歲左右。

給寶寶豐富的營養
母乳&配方奶哺餵訣竅

趁著在醫院時先學會哺乳的訣竅，到了要出院回家時就不會那麼手忙腳亂。
就算一開始沒辦法很順利地哺乳，只要每天不斷練習，慢慢就會習慣、越來越順利！

如何親餵母乳

**照著媽媽與寶寶的步調
順其自然地哺乳**

開始嘗試哺乳時，肯定會花不少時間，只要每天持續哺乳，就會慢慢習慣。母乳分泌情形與寶寶吸吮狀態因人而異，一開始哺乳時，只要寶寶想喝就盡量給寶寶喝，漸漸地就能拉長哺乳的間隔時間，找出屬於彼此的步調。

1 將寶寶抱起來

將手固定在寶寶的脖子下方，將寶寶抱起來。此時一定要確實支撐住寶寶的脖子與頭部。

**讓寶寶的頭部靠在
手肘內側會比較輕鬆**

讓寶寶的頭部靠在手臂內側，以整個手腕的力量支撐寶寶的脖子與背部，就能穩穩地將寶寶抱起。

2 放輕鬆、橫抱住寶寶

以整個手腕確實支撐住寶寶，讓寶寶穩穩地躺在懷抱裡。如果感覺寶寶的位置偏低，可在下方墊一個抱枕，調整成理想的高度。

3 讓乳頭變柔軟後再讓寶寶吸吮

讓乳頭與整個乳房變得柔軟之後，再讓寶寶含住乳頭。注意要讓寶寶確實含住整個乳暈。

**左右兩邊的乳房
都要讓寶寶吸吮**

藉由變換懷抱的方向，讓寶寶交換吸吮兩邊的乳房。要換邊時，不要硬將乳頭扯開來，應該要以手指按壓寶寶嘴巴周圍的乳房，讓寶寶自然地放鬆。

4 將寶寶直立抱起拍嗝

喝完之後，要將寶寶直立抱起拍嗝。由下往上撫摸寶寶的背部，或者以輕拍方式幫助寶寶把空氣嗝出來。

**也可以
嘗試看看
這些抱法**

足球抱法
就像是將寶寶夾在腋下一般，抱在身體外側。可以利用抱枕來調整寶寶身體的高度。

坐位抱法
彷彿讓寶寶坐在自己的大腿上，直立地抱住，讓寶寶的肚子緊密貼住媽媽的身體。乳頭比較短的媽媽建議使用這種抱法來哺乳。

**這些抱法
絕對NG！**

只用手支撐寶寶
● 會導致腱鞘炎。只用手的話不易支撐寶寶的頭部，寶寶也會感覺不穩。

背部往後仰
● 會對媽媽的腰部及背部造成負擔，餵起來容易累。

彎腰駝背
● 不僅母乳不易分泌，也會對寶寶造成壓迫，讓寶寶感覺不舒服。

配方奶的沖泡方式

以大約70度的熱水沖泡
避免破壞營養成分

　　倘若母乳分泌不足、或是媽媽必須外出的時候，配方奶就可以派上用場。就算是母乳派媽媽也要學會如何沖泡配方奶，在必要時能快速地沖泡好奶粉。首先，必須將奶瓶洗乾淨、並且消毒好備用。此外，沖泡時必須按照奶粉罐上的標示，以70度左右的熱水沖泡。

1 倒入1／3適當溫度的熱水

在已經消毒好的奶瓶裡，倒入70度左右的熱開水。倒入熱水的量大約為整體水量的1／3。

2 以正確的方式測量奶粉分量

利用奶粉罐中附有的量匙，利用奶粉罐邊緣刮平奶粉，裝滿一平匙的奶粉放入奶瓶中。

3 讓奶粉融化，並加滿溫水

接著以水平方向、如同畫圓般地慢慢搖晃奶瓶，使奶粉充分融化。接著補滿所需分量的熱水，最後將奶嘴與瓶蓋關緊。

4 讓奶水降溫到適合的溫度

注意別讓奶水起泡、緩緩地搖晃奶瓶，讓奶水充分混合後，利用流動的冷水沖奶瓶，或以隔水降溫法讓奶水降溫到如同肌膚般的溫度。

5 將奶水滴在手腕上 確認溫度是否恰當

將奶瓶中的奶水滴幾滴在手腕上，只要感覺「有點暖暖的」，就是適合寶寶的溫度。

絕對不可提前沖泡好配方奶
沒喝完的就倒掉吧！

　　營養豐富、含有免疫物質、不易引起寶寶過敏、提升母體恢復力、媽媽的體重容易恢復等等，哺乳的好處真是說都說不完。但是，並不是每個人產後分泌母乳的情況都能很順利，要是再怎麼努力還是無法哺乳，就使用配方

奶粉吧！由於配方奶粉是以母乳為基準所研發製造，就營養層面來說，配方奶粉跟母乳比起來也毫不遜色。

　　配方奶粉必須在寶寶要喝的當下沖泡，剛出生的寶寶一次喝的量並不多，必須非常頻繁地餵奶，在此時餵配方奶可能會感到非常辛苦，但是，再怎麼累都絕對不可以事先將奶粉沖泡好備用，而且要是寶寶沒喝完也不可留到下一餐再喝，剩下的奶水請直接丟掉吧！

　　此外，奶瓶與奶嘴一定要消毒後才能使用。可以將奶瓶與奶嘴放入煮沸的熱水中消毒，也可利用微波爐或是消毒鍋，消毒方式有許多種，選擇自己覺得最輕鬆的方式即可。

奶瓶奶嘴的孔徑分為3種

　　奶瓶奶嘴上流出奶水的孔徑形狀分為3種，由於不同的孔徑出奶方式皆有不同，請找出最適合寶寶的孔徑！

圓孔　從S尺寸開始，需配合月齡與吸吮方式更換圓孔的尺寸大小。

Y字孔　可依照寶寶的吸吮力道調整奶水流出的分量，就算寶寶長大了也不需要更換尺寸。

十字孔　十字孔與Y字孔的奶嘴相同，可依照寶寶的吸吮力道調整奶量，不過卻比Y字孔的開口更大，能流出更多奶水。

這種時候該怎麼辦呢？關於哺乳的 Q & A

寶寶沒辦法順利含著乳頭 這種時候該怎麼做才好？

A 施加按摩，將乳頭調整成容易含住的形狀

若媽媽的乳頭僵硬、脹大，形狀與大小就會改變，導致寶寶不容易吸吮到母乳。在這種時候，可於哺乳前按摩乳頭，讓乳頭變得柔軟、容易吸吮。

如果只是淺淺地含著乳頭，是無法喝到母乳的。因此在哺乳時，關鍵是要將乳頭放在寶寶的舌頭上，讓寶寶深深地含住，才能順利吸到母乳。

無論是乳頭較大、乳頭偏小，或是乳頭形狀較扁平的人，建議都要在懷孕時期開始按摩乳頭，提前打造出讓寶寶容易吸吮的柔軟乳頭為佳。

如果是乳頭凹陷的媽媽，護理師會指導保養乳頭的方法，將乳頭擠出，或者使用乳頭保護罩也是一種方法。

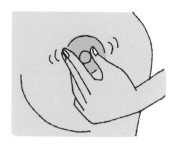

使用大拇指與食指繞住乳頭與乳暈輕輕地按壓，使乳頭變得柔軟。此外，還可以用手掌輕輕搖晃整個乳房，如此奶水也會比較容易出來。

寶寶喝到一半睡著了……？

A 剛開始很容易喝到一半就睡著。確認看看寶寶含住乳頭的方式吧！

剛出生的寶寶還不習慣喝奶，很容易喝到一半就累到睡著了。要是吸吮方式不正確，寶寶即使再怎麼努力吸吮也無法順利喝到奶，久而久之寶寶也會很累，因此要是寶寶喝到一半睡著了，就先確認看看寶寶是否連乳暈部位也確實含到了。如果寶寶真的睡著了，等他醒來後就換另外一邊乳房看吧！

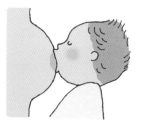

喝太多導致吐出來了

A 哺乳結束後幫寶寶拍嗝；也要留意寶寶的睡姿

寶寶的胃形狀跟大人不一樣，形狀就如同酒瓶一般，食道與胃連接的賁門尚未緊閉，就算喝進去了也很容易又吐出來，因此哺乳結束後，一定要記得幫寶寶把空氣拍出來。如果喝完奶馬上就要睡，可以在寶寶的背部墊上捲成圓形的毛巾等，讓寶寶以側睡的姿勢入眠。要是寶寶在1天內會吐奶好幾次，而且是彷彿噴水般地吐出來，有可能是生病了，請去醫院檢查看看。

不知道母乳的量究竟有多少？

A 一旦習慣哺乳後，就可以慢慢感覺到「寶寶喝夠了」

漸漸習慣哺乳後，能察覺到「原本沉甸甸的緊繃乳房，在餵完奶之後變輕了」，可實際感受到寶寶確實有喝進去。

只要寶寶的體重有日趨增加就可放心，而且母乳會越餵越多，不必擔心會餓著寶寶，盡量讓寶寶喝吧！

無法拉長哺乳的區隔時間

A 剛出生的寶寶本來就需要頻繁地喝奶

雖然常常聽說「剛出生的寶寶，哺乳間隔大約是2～3個鐘頭」，實際上剛出生一個月內的寶寶，很少能間隔到3小時以上才喝奶，通常只隔1小時就哭著要喝奶。當寶寶開始哭泣時，先將寶寶抱起來，試著換尿布、哄哄他，如果寶寶還是哭個不停，就別管間隔或次數了，直接開始哺乳吧！

如何預防乳腺炎＆消除乳腺發炎情形？

A 為了避免奶水殘留哺乳前要先搖晃乳房

寶寶沒喝完的奶水會堆積在乳房內堵塞乳腺，要是細菌進入乳腺的話就會引起發炎，這就是乳腺炎的成因。為了預防乳腺堵塞，先盡可能地讓寶寶喝奶才是正解。在哺乳之前，先輕輕搖晃乳房底部，如此堆積在乳房底部的奶水就能比較容易出來，便可避免奶水沒喝完的情形發生。

以手掌輕輕搖晃乳房底部，紓解奶水堆積的問題。乳房越是疼痛、越無法觸碰，只要輕輕地搖晃即可。

奶水容易溢出來

A 利用溢乳墊或毛巾保持乳房清潔

等到母乳分泌情形越來越暢通後，乳房可能會在哺乳的間隔期間內就變得腫脹，並自然流出母乳；或是在哺乳時，另外一側乳房也有可能溢奶，有這種困擾，可以使用溢乳墊或毛巾墊在乳頭前方，以維持乳房的清潔。

哺乳時寶寶會因嗆到而哭

A 可能是因為寶寶追趕不上母乳的分泌量及分泌速度

母奶一下子分泌太多，但寶寶卻追趕不上分泌的速度，容易嗆到。不過，隨著寶寶越來越懂得如何吸奶，漸漸地就不會嗆到了。如果是母乳分泌速度太快的媽媽，可以在寶寶適應速度之前，先將母奶擠出來一些，即可調整分泌速度。

乳頭裂傷了，好痛！該怎麼辦才好呢？

A 讓寶寶深深含住乳暈，予以保濕實在很痛可使用乳頭保護罩

如果寶寶只是淺淺地含著乳頭吸吮，很容易就會咬傷乳頭，因此一定要先確認寶寶是否有深深地含到乳暈。要是乳頭乾燥也很容易會裂開，保濕非常重要。若是因乳頭裂傷而疼痛不已，可以使用乳頭保護罩再親餵母乳。

寶寶喝完奶一直遲遲不打嗝有沒有能讓寶寶順利打嗝的秘訣呢？

A 可以試著變換各種姿勢幫寶寶拍嗝

為了讓寶寶的胃變成直立形狀，基本上拍嗝時一定要以直立方式抱住寶寶，如果寶寶一直遲遲沒有打嗝，試試看讓寶寶靠在肩膀上、或靠坐在膝蓋上拍嗝，變換各種姿勢看看。

至於為什麼哺乳結束後要幫寶寶拍嗝呢？因為寶寶在喝奶時，會一併將空氣喝進胃裡，要是空氣一直停留在胃裡面，會覺得非常難受。幫寶寶將空氣拍出來，就能感覺輕鬆許多，也不會再將喝下去的奶水吐出來。

不過，這並不意味著「一定要拍到寶寶打嗝為止」，拍嗝一段時間後，寶寶始終沒有打嗝，就直接讓寶寶睡覺也沒關係。萬一在睡著時吐奶了，為了不讓奶水堵住氣管，請換成側睡的姿勢。

讓寶寶靠在肩膀上
讓寶寶的頭部橫靠在肩膀上，由下往上輕撫寶寶的背部。此時，媽媽的身體稍微向後仰，比較容易讓寶寶打嗝。

讓寶寶靠坐在膝蓋上
讓寶寶靠坐在媽媽的膝蓋上，用手臂扶住寶寶的上半身，維持這個姿勢撫摸寶寶的背部、以輕拍方式幫助寶寶打嗝。

稀稀稠稠的大便也要清理乾淨！
尿布的替換方式

就算是同樣的尺寸，依廠商不同，紙尿布的大小還是會有所差異。請依照寶寶的體型與膚質，選擇適合的紙尿褲品牌，並勤於幫寶寶換尿布吧！

尿布的替換方式

哺乳與睡覺前後都是換尿布的好時機

在替寶寶換尿布的時候，必須先準備好新的紙尿布及濕紙巾等必備用品。當尿布上的「尿尿記號」變色、感覺好像有聞到大小便的味道、尿布看起來膨脹得又大又重等時候，就是該幫寶寶換尿布的時候了。在哺乳及睡覺前後也很適合檢查尿布的情況。

1 先準備好新的紙尿布

為了讓待會兒換尿布的過程更流暢，在換掉髒尿布之前，先在寶寶的屁股下方墊好新的紙尿布吧！

2 將屁股的髒污仔細擦乾淨

如果是男寶寶，要仔細擦拭生殖器官背面與陰囊皺褶處，女寶寶則要從會陰部位往肛門的方向，將外生殖器縫隙的髒污清潔乾淨。

3 等待擦拭過的部位變乾燥

使用濕紙巾擦拭過後，為了避免引發尿布疹，不要急著將尿布包起來，等待擦拭過的部位都變乾再包尿布。也可以利用小扇子輕輕搧風加速乾燥。

4 換上新的紙尿布

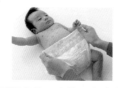

等到屁股都乾了之後，為寶寶包上乾淨的新尿布。這時候要注意肚子附近是否會過緊，並且確認防止外漏的側邊是否有拉好等等。

5 將換下來的髒尿布包成圓形再丟棄

將尿布的防漏側邊包在裡面，捲成小小的圓形，再利用原有的膠條纏緊尿布。請依照居住區域的規定丟棄尿布。

從大便的顏色來判別是否生病了

大便的顏色會依照寶寶的身體狀況與腸內環境而改變，一般來說黃色、棕色、綠色都是正常的大便顏色，無須擔心。如果寶寶的大便顏色不正常的話，則必須前往小兒科諮詢。

健康的大便顏色

黃　棕　綠

黃色～棕色都算是正常的大便顏色，有時候也會出現綠色的大變，這是因為大便中含有的膽紅素氧化的關係，無須擔心。有時候寶寶的大便中會出現一粒一粒的白色物體，那是脂肪顆粒，也不必擔心。

必須去看醫生的大便顏色

白　紅　黑

若是寶寶大出白色大便，有可能是需要早期治療的「新生兒膽道閉鎖症」，必須趕緊就醫。大便呈現紅色則可能是帶有鮮血的血便，如果持續排出大量血便請務必接受治療。黑色的大便可能是因為胃或十二指腸等消化器官出血了，也必須接受治療。

遇到這些情況該怎麼辦？關於換尿布的 Q & A

不知道該如何清潔寶寶的生殖器官

A 不要怕弄傷寶寶皺褶與縫隙也要仔細清潔

生殖器官的皮膚較薄，很容易有細菌入侵，要是尿尿或大便沾附在寶寶的生殖器官上，會招致許多問題產生。雖然這是比較脆弱又敏感的部位，但不要害怕弄傷寶寶，將看得見的部位仔細清潔乾淨吧！比起其他部位，生殖器官不是那麼容易清潔，一定要掌握以下的這幾個重點。

男寶寶的注意事項

陰囊 用手指輕輕把陰莖抬起來，將陰囊擦拭乾淨。皺褶部位要攤平開來仔細擦拭。
陰莖 陰莖與陰囊的交界處等細節部位也要擦拭乾淨。
陰囊內側 這裡很容易殘留髒污，內側也要確實清潔到喔！

女寶寶的注意事項

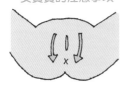

使用濕紙巾、或是將棉布沾溫水，捲在手指上，沿著外生殖器的縫隙擦掉髒污。在擦拭時，注意須從尿道口→肛門的方向擦拭。

尿布換到一半時寶寶突然尿尿了

A 先用尿布或面紙輕輕壓住

當尿布敞開時，有些寶寶會有解放的感覺，就在換尿布時尿尿或大便了。這時候不要慌張，可以先拿尿布或面紙擋住，防止尿液四處飛濺。

如何預防尿布疹？

A 勤於幫寶寶替換尿布保持屁股清爽

即使再怎麼透氣的紙尿布，如果沒有常常替換，還是很容易會長尿布疹。預防尿布疹的方法只有勤於替換尿布，確實將屁股的髒污清潔乾淨，並加以保濕。

想試試看幫寶寶穿布尿布

A 一樣要勤於替換才能預防漏尿、尿布疹

布尿布的優點是不會製造出垃圾，比紙尿布環保許多，要是沒有勤於替換，很容易會溢漏排泄物、或引起尿布疹，必須特別注意。

要是寶寶大便了該怎麼處理紙尿布呢？

A 先將大便沖進馬桶裡再丟棄紙尿布

利用衛生紙將大便拿起來，扔進馬桶裡沖掉，再將紙尿布包成圓形丟棄。

寶寶便秘了該怎麼辦？

A 可利用棉花棒灌腸法或幫寶寶按摩肚子

以棉花棒沾取嬰兒油，將前端1cm的部位小心地伸入肛門，刺激寶寶排便。或是在寶寶的肚子上以「の」字型的方式按摩，也可以促進腸胃蠕動。

準備好這些小道具就會很方便！

有些寶寶會因為濕紙巾不適合肌膚而起疹子，如果有這種情形，可以在容器中裝滿溫水，直接幫寶寶洗屁股；或是將化妝棉浸泡在溫水裡，以化妝棉幫寶寶擦拭屁股。

稀稀糊糊的大便很容易漏出來

A 先確認看看紙尿布是否有包好

包尿布時要注意腰部的尿布會不會過於寬鬆、防漏側邊是否有確實拉開等細節。此外，就算尺寸都相同，不同廠商推出的紙尿布大小還是會有差異，依照寶寶的體型選擇合適的紙尿布，也是關鍵之一。

棉花棒灌腸法會不會讓寶寶上癮呢？

A 不會，請放心幫助寶寶排出大便吧

棉花棒灌腸法不會讓寶寶上癮。要是寶寶連續好幾天都沒有大便，肛門附近的大便會變硬，導致寶寶更難排出。一旦發現寶寶有便秘情形，就請早點幫寶寶解決吧！

維持身體清潔
每天幫寶寶洗澡

在沐浴時光中，寶寶會展露出「舒服的表情」。
剛開始嘗試幫寶寶洗澡難免手忙腳亂，只要習慣了後，就能一起享受愉快的沐浴時光囉！

為了預防感染，新生兒需使用嬰兒澡盆

寶寶的新陳代謝速度快，容易汗流浹背，再加上尿尿的次數頻繁，口水及吐奶等更會造成造成臉部及身體的髒污，請每天都幫寶寶洗澡，維持身體清潔。剛出生1個月內的新生兒不可和大人共用浴缸，必須使用嬰兒專用澡盆單獨幫寶寶洗澡。幫寶寶洗澡時，需要準備好下列物品：

☐紗布衣、外衣等
☐嬰兒澡盆
☐大紗布巾
☐香皂、或沐浴乳
☐裝乾淨清水的臉盆
☐熱水溫度計
☐浴巾
☐替換的衣服

幫寶寶洗澡的時間，最好每天都固定在同一個時段，避免在剛餵完奶、空腹、及深夜時洗澡。像是在傍晚等寶寶容易焦躁不安的時候幫寶寶洗澡，也可以達到讓寶寶轉換心情的效果。

準備

調整好適當的水溫
注意別讓洗澡水變涼了

由於剛出生的小寶寶，身體調節體溫的機能尚未發展完全，為了避免寶寶在洗完澡後身體急速變冷，一定要趕緊將寶寶身上的水分擦乾，替換的衣服也要提前先準備好，讓寶寶洗完澡後立刻就能穿上衣服保暖。在幫寶寶洗澡之前，請先將以下的必備物品都準備好。

● 要替換的衣服
  需依照順序疊好
寶寶洗完澡之後要穿的紗布衣、外衣等，事先依照順序疊好，袖子也都先套好，到就能很快穿好衣服。

● 準備好另一盆乾淨的熱水
幫寶寶洗澡時，先在手邊準備好另外一盆乾淨的熱水，很快將寶寶身上的泡沫沖洗乾淨。

● 準備好香皂、沐浴乳、大紗布巾
  、洗手台等等
將寶寶洗澡的必備物品都集中放置在嬰兒澡盆的旁邊吧！

● 為了防止水溫降低
  要將室溫調節得稍微高一些
由於寶寶的體溫很容易受到外在氣溫的影響，在洗澡必須裸著身子的時候，將室溫稍微調高一些吧！

將寶寶泡入熱水前
要先將臉部清潔乾淨

如果沐浴時間太長，寶寶容易覺得累，等到寶寶越來越習慣洗澡後，可以逐漸拉長沐浴時間。將寶寶放進澡盆前，要先清潔寶寶的臉部，沐浴時間（讓寶寶泡在溫水中的時間）控制在10分鐘左右即可。

眼　將紗布巾以溫水沾濕再擰乾，輕輕擦拭寶寶眼睛周圍的髒污。不需要使用清潔用品，從眼頭輕輕擦到眼尾。

耳　耳廓等細節部位也不需要使用清潔用品，只要以沾濕再擰乾的紗布巾輕輕擦掉污垢。

口　寶寶的嘴巴周圍容易因為口水或吐奶而藏污納垢，利用沾濕再擰乾的紗布巾仔細溫柔地擦掉髒污吧！

幫寶寶洗澡的方法

1 確認泡澡水的溫度
適當溫度為38～40度

泡澡水的溫度不可過熱，也不能太溫，不然水很容易會冷掉。大約38～40度是最適合的溫度，可以用手肘感覺一下水溫，感覺起來「好像溫溫的」就可以了。還沒有把握確認溫度前，可利用熱水溫度計來確認水溫。

2 披上大紗布巾
慢慢將寶寶放入水中

寶寶感覺自己光著身子，可能會因為不安開始哭泣，可先用一條大紗布巾披在寶寶身上，再慢慢放入水中。用手舀起溫水，輕輕淋在寶寶身上。

**利用整個手臂
支撐寶寶的身體**

千萬不要只用手掌支撐寶寶的頭部，而是要將寶寶的頭部放在手肘彎曲的角度中，以整個手臂的力量支撐寶寶。

3 利用香皂洗頭後
先以乾紗布巾擦乾頭髮

將紗布巾沾水擦濕頭髮，使用香皂等清潔用品，以指腹溫柔地幫寶寶洗頭髮。沖洗掉泡沫後，再以擰乾的紗布巾吸乾頭髮上的水分。

4 拿開大紗布巾，溫柔地
從頸部開始洗到腹部

以「V字」手法清洗頸部、「の字」手法清洗胸前及腹部。沖洗掉泡沫後，再蓋上大紗布巾。

5 皺褶部位
要特別仔細清洗

像是腋下、手肘內側等有皺褶或折痕，以及平時彎曲起來的部位，特別容易藏污納垢，必須仔細地將這些地方清洗乾淨。

當寶寶手掌握拳時，只要將手指從寶寶的小指側邊插入，寶寶的手掌就會自然鬆開了。另外，像是膝蓋後方、腳趾間、腋下也是很容易忽略的部位，要記得清洗乾淨。

6 將身體轉向背面
清洗背部

將手放住寶寶的腋下，確實撐住身體，就能將寶寶轉向背面，輕鬆清洗到背部。

7 仔細清洗生殖器官

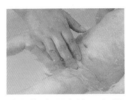

手上先沾滿泡沫，仔細地清洗生殖器官的縫隙、背面、皺褶內部等，連小細節也不可放過。

8 淋上乾淨的溫水
沖掉泡沫

從寶寶身上拿開大紗布巾，用事先準備好裝滿溫水的臉盆，為寶寶淋上乾淨的水，沖掉身上的泡沫。

229

新陳代謝特別快
局部保養時更要仔細

為防止細菌入侵，在幫寶寶洗完澡後，一天一次仔細地呵護寶寶身體的局部細節吧！
在幫寶寶保養時，可確實觀察到寶寶的身體是否有異，更能享受到親密的親子時光。

眼睛、耳朵、鼻子、嘴巴、指甲照順序幫寶寶保養

寶寶身體的細節部位不只小而已，也非常敏感脆弱，很容易受到感染，因此經常幫寶寶清潔就顯得更重要。

幫寶寶清潔身體的細節部位時，請依照眼睛→耳朵→鼻子→嘴巴→指甲的順序一一進行。

萬一被細菌感染了，眼睛的症狀會最嚴重，依次是耳朵、鼻子、嘴巴、指甲。要是寶寶亂動，就會很難處理的眼睛與耳朵部位，要清潔時先用手確實壓住寶寶的頭部，就能安心進行。

洗完澡後是最佳保養時機 也別忘了幫寶寶擦上保濕用品

雖然無論何時幫寶寶保養細節部位都無所謂，不過，最佳時機還是在剛洗完澡之後，由於含有適量的水分，指甲會比較容易修剪、耳垢與鼻屎也會變得比較柔軟，更容易清除。

儘管寶寶的肌膚看起來水水嫩嫩，但其實肌膚的防禦功能還尚未成熟，很容易變乾燥、也很容易受到刺激，非常脆弱。幫寶寶清潔完細節部位後，記得再使用嬰兒乳液等保濕用品幫寶寶做好保濕工作。

梳洗清潔

眼

基本上一天清潔眼部一次
感覺變髒就隨時清理

將沾過溫水再擰乾的紗布巾或化妝棉、清潔棉等，從眼頭到眼尾輕輕地擦拭眼周。要是紗布巾上沾到眼睛分泌物，就翻到另外一面乾淨的地方再繼續清理。要是感覺到眼睛附近又變髒，可以隨時幫寶寶清潔。

耳

以棉花棒清潔耳廓與
耳道入口等看得見的部位

將寶寶的頭部轉成側面，設法固定頭部、不要讓寶寶亂動。寶寶的耳道很短，就算傾斜一側仍會呈現水平狀態，要注意別將棉花棒放得太深。只要清潔耳廓的溝槽處、耳道入口等看得見的部位即可。

鼻

將棉花棒前端放入鼻孔中
以旋轉方式迅速清潔

先固定住寶寶的頭部，將棉花棒的前端放入鼻孔入口，慢慢旋轉棉花棒，迅速地將鼻屎沾出來。只要放入棉花棒的前半部即可，避免傷害到鼻子深處的黏膜與血管。

口

輕柔地擦拭嘴巴周圍
切勿粗魯摩擦

將沾過溫水再擰乾的紗布巾或化妝棉、清潔棉等，溫柔地擦拭嘴巴旁邊與四周，動作太粗魯容易傷到寶寶脆弱的肌膚，在擦拭時一定要注意力道。發現奶水或口水殘留在嘴巴周圍，就立刻幫寶寶清潔乾淨吧！

指甲

趁著洗完澡後指甲變柔軟時
幫寶寶剪指甲

以大拇指與食指抓住要剪的那一根手指，再用手掌握住寶寶的其餘四根手指，讓寶寶不能隨意揮舞。利用嬰兒專用的指甲刀，一點一點地將突出的角度剪圓。趁著洗完澡後寶寶的指甲變柔軟時，修剪起來會比較順手。

肚臍

在肚臍變乾燥之前
每天都要以藥用酒精消毒

即使寶寶的臍帶已經脫落了，在肚臍尚未變乾燥前，每天都要在洗完澡後幫寶寶清潔肚臍。利用沾取了藥用酒精的棉花棒，輕柔地擦拭臍帶脫落處，並且清潔肚臍周圍360度的區域。

這些情形該怎麼辦呢？關於局部保養的 Q & A

棉花棒會不會傷到寶寶？真令人擔心

A 利用整個手臂的力量抱住寶寶的頭部予以固定

在清潔寶寶的耳朵與鼻子時，要是寶寶的頭不小心轉動，會使棉花棒過於深入，造成危險。因此在幫寶寶處理這兩個部位時，要以沒有拿棉花棒的另一隻手及整個手臂包圍寶寶的頭部，確實固定住頭部。

在幫寶寶剪指甲時好怕剪到手指

A 趁著寶寶睡著的時候幫他剪指甲吧！

在幫寶寶剪指甲時，寶寶一動就好怕剪到他的手……。就趁著寶寶睡覺時幫他修剪指甲吧！修剪時不僅要將表面過長的指甲剪掉，還要從手指內側的方向再三確認。只要將超過指頭範圍的指甲修剪整齊即可。

寶寶的鼻子塞住了感覺很可憐……

A 可利用吸鼻器吸出鼻水再用小鑷子等工具取出鼻屎

要是寶寶的鼻子塞住了，可以幫寶寶將鼻水集中擤出來，或利用吸鼻器吸出鼻水，再以棉花棒或專用小鑷子等工具取出鼻屎。如果寶寶沒有發燒等情形，看起來也沒有很不舒服，其實無須過於擔心。

只有左眼一直流出分泌物真令人擔心

A 可能是因為睫毛倒插造成眼睛發炎

在剛出生的小寶寶身上，常見睫毛往內側生長所形成的睫毛倒插問題。由於睫毛碰觸到眼球，寶寶很可能會用手指搔抓眼睛，導致結膜發炎。遇到這種情形可前往小兒科領取眼藥水等處方藥。

寶寶的臉頰乾燥粗糙會是異位性皮膚炎嗎？

A 寶寶的肌膚容易乾燥請勤於保濕

寶寶的肌膚特別薄，容易散失水分，容易變得乾燥粗糙，請特別用心地幫寶寶做好保濕工作！一般來說，低月齡的寶寶很難判斷是否罹患異位性皮膚炎，基本上在寶寶滿2個月大之前不會發出現皮膚炎的症狀。

臉部很容易長濕疹

A 以香皂清潔臉部肌膚持續長濕疹需就醫

在寶寶滿3～4個月前，臉部肌膚的皮脂分泌相當旺盛，額頭容易冒出痘痘，頭皮也很容易堆積皮脂導致嬰兒脂漏性皮膚炎。平時可利用香皂幫寶寶清潔臉部肌膚，再仔細塗上保濕用品。如果持續不斷冒出濕疹則需就醫。

產後1個月
媽媽身體與心靈的變化

生產後1個月，媽媽與寶寶的身心都很健康，才算是真正的「順產」。不僅要寶寶的健康狀態，更要留意自己身體與心靈的變化，如果有發現任何異狀就必須及早就醫。

生產結束後
一定要讓身體好好休息

分娩結束後，媽媽的身體為了要回復到懷孕前的狀態，將會出現非常劇烈的變化。因此，在剛分娩完的2小時內，必須待在分娩室裡休息靜養，確認子宮收縮與出血的情況。2個小時過後如果沒有什麼問題，可以在護理師的陪同下慢慢走回病房休息（依照媽媽身體狀態，也可能會乘坐輪椅）。

剛生產完的產婦會感到非常疲憊，應該將休息列為第一考量。如果產後經常無法入眠、或是子宮收縮（後陣痛）與會陰部位非常疼痛，不需等到產後1個月的健康檢查，可以提前聯絡醫院，有必要就直接去看醫生吧！

荷爾蒙的分泌產生變化
讓母乳能夠順利分泌

分娩結束，體內的荷爾蒙就會立刻發生變化，製造母乳的荷爾蒙積極運作，使乳房中的乳腺開始製造母乳。

母乳是從乳腺經過位於乳頭的輸乳管，一經寶寶吸吮就會從乳腺出口湧出。剛出生的寶寶也許沒辦法很順利地吸吮母乳，導致母乳分泌情形不佳。不過，只要讓寶寶多吸幾次，母乳就會越來越多了。

子宮在逐漸恢復的過程中，會排出俗稱惡露的分泌物，惡露顏色的變化為紅色→紅棕色→黃色→乳白色，大約持續5～6週就漸漸沒有了。要是子宮恢復狀況不佳，惡露的量可能會突然增加、或顏色又回到偏紅色。

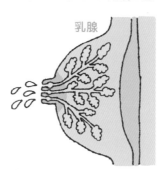
乳腺

乳腺是集合乳腺葉、輸乳管、輸乳竇等整個範圍的總稱。

小心產後
容易出現的併發症

分娩時剪開會陰、或會陰撕裂的傷口經由縫合後，到了產後傷口依舊會疼痛，無論是走路或坐著的時候都很令人難受。不過，到了出院的那天，會陰部位的疼痛應該也會比較緩和了。產後常見的併發症如下所示。

● 胎盤殘留
有一部分胎盤殘留在子宮內部。

● 血栓性肺部栓塞
血栓（血塊）堵塞於肺部以致呼吸困難，嚴重甚至可能導致死亡。

● 產褥熱
會陰部傷口或子宮內部細菌感染，引起高燒。

● 子宮復舊不完全
產後子宮沒有完全收縮，恢復情形不佳。

● 陰道、子宮頸裂傷
分娩時引起陰道或子宮頸破裂。

在體力特別衰弱的產後1個月，要是出現併發症，很容易演變為重症，因此雖然在產後總會凡事以寶寶為優先、容易忽視自己的身體，要是察覺有任何不對勁，必須及早就診。

關於產後身體與心靈的 Q & A

不知道是不是因為生產時失血過多，產後也有貧血問題

A 先接受診療確認看看是否真的貧血吧！

若經常感覺頭暈目眩、感覺像是貧血，還是先去醫院抽血檢查看看吧！因為有時候感覺起來像是貧血的症狀，可能是由於低血壓所導致，也有可能是因為睡眠不足、育兒過於疲憊的緣故。透過抽血檢查可確認是否真屬貧血，若是貧血症狀嚴重，必須服用鐵劑等配方藥。

聽說餵母乳可以瘦身是真的嗎？

A 雖然很多人因此變瘦但還是要確實攝取營養

透過哺餵母乳，能帶給寶寶豐富的營養，也能藉此消耗熱量，有許多哺乳媽媽因而瘦下來。此外，育兒所帶來的疲憊感也會導致食慾下降，自己反而沒有好好吃飯。為了能提供較高品質的母乳，必須確實攝取營養，為自己準備容易消化的餐點。

都已經生完了腿部還是很浮腫……

A 浮腫情形應該會慢慢好轉花點功夫讓腿部舒服些吧！

隨著日子一天天過去，腿部浮腫的情形也會慢慢紓解。不過，有些人產後經了1個月還是持續浮腫，即便如此，也不需要刻意減少水分的攝取。可以嘗試扭動腳踝伸展、或是穿上彈性絲襪與襪子、睡覺時將腿部墊高等各種方式，讓腿部感覺舒服一些。

何時可以開始努力回復產前的身材呢？

A 以半年內恢復為目標絕對不可以勉強限制飲食

在產後沒多久就立刻進行劇烈的運動，對身體的復原並不是好事。等到身體狀況比較穩定一些後，再從散步、仰臥起坐等較輕鬆的活動開始會比較好。不過，千萬不要只把心思放在身材上，勉強自己限制飲食，會導致母乳分泌狀況不佳、容易疲倦、肌膚乾荒、掉髮等各種影響。請以產後半年內恢復身材為目標，不要著急、慢慢恢復就可以了。

生理期什麼時候會再來呢？

A 有些人是停止餵奶後會再來不過還是因人而異

在哺餵母乳的這段期間內，由於荷爾蒙的影響，暫時不會有生理期，一般來說都是停止哺餵母乳後才會來生理期。不過，當然也有些人是還在哺餵母乳的期間內就來生理期了。也有人是感覺惡露快要結束時又再度出血，其實那就是生理期恢復了。要是停止哺乳的6個月後還沒來生理期，請就醫諮詢。

要是生理期一直沒來是不是就不需要避孕呢？

A 就算沒來生理期也有可能會懷孕

由於生理期是在排卵之後才會來，因此就算生理期還沒來，也有可能已經排卵了。實際上也有許多例子是因為生理期還沒來而沒有避孕，卻遲遲不見生理期來訪，才發現自己懷孕了。如果不希望很快再懷下一胎，就請好好避孕吧！

產後好像有漏尿的情形！

A 試試看做體操緊緻生產時過度伸展的肌肉

產後漏尿是由於在分娩時屏氣用力，造成支撐膀胱的骨盆底肌肌肉群以及尿道括約肌過度伸展、失去彈性的緣故。只要稍微增加腹壓，就會引起漏尿的現象。可以嘗試做做看能使尿道、陰道、肛門周圍肌肉恢復緊緻的體操，或是院方指導的產褥體操，改善漏尿情形。

睡眠不足、整天都暈頭轉向該怎麼辦才好呢？

A 將寶寶交給丈夫或家人照顧讓自己好好休息

因為頻繁哺乳，且還不習慣照顧新生兒，新手媽媽很容易睡眠不足。當寶寶睡覺時，媽媽可以稍微躺一下，多少讓身體休息一會兒。千萬不要認為「都已經當媽媽了，一定要好好努力才行」，家事與週末時的育兒工作就請丈夫多擔待一些吧！

產後1個月健康檢查
順利通過就能安心了

媽媽的身體

主要是檢查子宮恢復情形、以及母乳分泌狀況

產後1個月回診時,最主要需觀察子宮的恢復情形。如果子宮恢復狀況良好,惡露應該差不多變成透明狀的分泌物,只要停止出血,就可以暫時安心。到了此時,進行性行為也無妨。在這次的回診中,會檢查乳房的狀態、母乳分泌情形、乳腺是否出現堵塞現象等等。

回診時不僅會檢查媽媽的身體狀況,醫師也會關心媽媽是否有睡眠不足、或因還不習慣照顧新生兒而過度疲憊,以及心情是否低落等心理方面的診察。如果有任何擔心或在意的事,就請在回診時請教醫師吧!

接受診療時,除了詢問醫師身體狀況之外,也可以和醫師聊聊自己的心情。

寶寶的身體

最重要的檢查重點是確認體重是否有順利上升

在寶寶的各項檢查中,最重要的是觀察體重上升的情形,這是寶寶是否有好好喝奶的最重要指標,也會詢問關於寶寶大便的情形與狀態如何。也會同時確認寶寶股關節與肚臍的狀態、觀察寶寶的原始反射。當然也會測量身高・體重、胸圍、頭圍等數值。如果這次檢查沒有什麼特別的問題,之後就可以帶著寶寶去附近走走,或與大人一起泡澡也沒問題了。

小兒科醫師會幫寶寶觸診,也會向媽媽問診,如果平時照顧寶寶時有什麼擔心的事,就在此時向醫師提出吧!

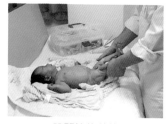

股關節的狀態
確認寶寶的股關節是否脫臼、是否出現可能脫臼的徵兆。也會順便觀察尿布疹。

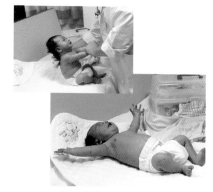

觀察寶寶的原始反射
觀察寶寶是否出現牽引反射、驚嚇反射等原始反射。

寶寶體重的增加狀況
比起寶寶體重增加了多少,更重要的是寶寶是否有依照自己的步調確實增加體重。不知為何,測量體重時寶寶容易哭泣。

在懷孕時，常會把生產當作努力的目標；
不過，其實生產才是揭開育兒生活序幕的起點。
產後過了1個月，應該多少已經可以
適應跟寶寶親密相處的育兒生活了吧！
當寶寶長到1個月大，
對媽媽來說同樣也是1個月大，
任何人都不可能突然變身為完美母親，
就照著寶寶慢慢長大的步調
慢慢、一點一滴地朝著母親的角色前進吧！
這時候，新的「家庭」已然成形，
到了此時，幸福的懷孕時光與生產經過，
一定會成為妳無可取代的甜蜜回憶。

和親愛的寶寶一起
慢慢成為「母親」吧！

再過不久，妳就即將成為媽媽了。
雖然寶寶的誕生很令人期待，但心中肯定也有些許不安。
藉著閱讀本書，安心地迎接生產的那一天吧！

每一位女性，一旦懷孕了，從母親那裡繼承來的母性自然會開始萌芽。幻想著在肚子裡逐漸長大的寶寶會是什麼模樣，也對於自己的身體狀況充滿疑惑與不安，甚至漸漸屏棄了自我，心裡只想著肚子裡的寶寶是否平安健康。這樣的心情，就是充滿光輝的母性。

無論是醫師、護理師，每一位醫療人員都陪伴在孕婦身邊，希望幫助孕婦培養母性，安心地面臨分娩時刻，直到生產平安結束，真正成為母親的那一刻，看見媽媽們喜悅滿足地抱著寶寶。

對於現代的女性來說，懷孕、生產的過程很可能是一輩子只有一次，應該會有很多人都希望能依照自己的想法、選擇喜歡的形式分娩吧！只是，懷孕、生產對女性來說並不只是單純的生理現象，不管懷孕的過程多順利、多自然地準備分娩，胎兒或母體都有可能突然發生變化，導致不得不提前結束分娩，約佔了整體分娩的20%。千萬不能一廂情願地認為自己懷孕、生產的過程一定可以順利如願，不會出任何問題。

以醫師為首的整個醫療體系，藉由定期的產檢，幫助孕婦順利地邁向分娩那一天，就算突然發生了什麼意外，也會以保障安全的懷孕・生產過程為目標，為了母親與寶寶介入醫療行為。

這 本書是由懷孕、生產方面專門的醫師，為孕婦解答在懷孕與分娩過程當中會遇到的各種疑惑與憂心。這本書像是一本懷孕、分娩的百科全書，從哪一頁翻開來開始閱讀都沒關係。請大家藉由本書，了解懷孕、分娩的基本知識，以安心的心情迎接分娩的到來。

希 望本書能幫助現在正懷孕中的各位，以平安順產為目標，到時候都能以母親的姿態，抱著健康有活力的寶寶。

木下勝之

懷孕・生產 大百科

作　　　者／	主婦之友社
監　　　修／	木下勝之
譯　　　者／	林慧雯
特約編輯／	林潔欣
主　　　編／	陳雯琪

行銷企畫／	洪沛澤
行銷副理／	王維君
業務經理／	羅越華
總 編 輯／	林小鈴
發 行 人／	何飛鵬
出　　　版／	新手父母出版
	城邦文化事業股份有限公司
	台北市民生東路二段141號8樓
	電話：（02）2500-7008　傳真：（02）2502-7676
	E-mail：bwp.service@cite.com.tw
發　　　行／	英屬蓋曼群島商家庭傳媒股份有限公司城邦分公司
	台北市中山區民生東路二段141號11樓
	書虫客服服務專線：02-25007718；25007719
	24小時傳真專線：02-25001990；25001991
	讀者服務信箱 E-mail：service@readingclub.com.tw
劃撥帳號／	19863813；戶名：書虫股份有限公司

香港發行／	城邦（香港）出版集團有限公司
	香港灣仔駱克道193號東超商業中心1樓
	電話：(852)2508-6231　傳真：(852)2578-9337
	電郵：hkcite@biznetvigator.com
馬新發行／	城邦（馬新）出版集團 Cite(M) Sdn. Bhd. (458372 U)
	11, Jalan 30D/146, Desa Tasik,
	Sungai Besi, 57000 Kuala Lumpur, Malaysia.
	電話：(603) 90563833　傳真：(603) 90562833

封面、版面設計／	徐思文
內頁排版／	陳喬尹
製版印刷／	卡樂彩色製版印刷有限公司
初版一刷／	2017年4月13日
初版 3 刷／	2021年12月29日
定　　　價／	560元

城邦讀書花園
www.cite.com.tw

國家圖書館出版品預行編目資料

〔全彩圖解〕懷孕‧生產大百科／主婦之友著；林慧雯譯
. 初版 . 臺北市：新手父母, 城邦文化出版：家
庭傳媒城邦分公司發行, 2017.04
面；　公分

ISBN 978-986-5752-51-4〔平裝〕

1. 懷孕　2. 分娩　3. 育兒

429.12   106000706